# Unity3D
# 网络游戏实战

（第2版）

罗培羽 著

Multiplayer Game Development With Unity3D
(Second Edition)

机械工业出版社
China Machine Press

## 图书在版编目（CIP）数据

Unity3D 网络游戏实战 / 罗培羽著 . —2 版 . —北京：机械工业出版社，2018.11（2025.1 重印）

（游戏开发与设计技术丛书）

ISBN 978-7-111-61217-9

I. U… II. 罗… III. 游戏程序 – 程序设计 IV. TP311.5

中国版本图书馆 CIP 数据核字（2018）第 241708 号

## Unity3D 网络游戏实战　第 2 版

出版发行：机械工业出版社（北京市西城区百万庄大街 22 号　邮政编码：100037）
责任编辑：陈佳媛　　　　　　　　　　　　责任校对：殷　虹
印　　刷：北京建宏印刷有限公司　　　　　版　　次：2025 年 1 月第 2 版第 11 次印刷
开　　本：186mm×240mm　1/16　　　　　印　　张：27
书　　号：ISBN 978-7-111-61217-9　　　　定　　价：89.00 元

客服电话：(010) 88361066　68326294

版权所有 · 侵权必究
封底无防伪标均为盗版

# Preface 前言

## 为什么要写这本书

玩到好玩的游戏时，我总希望有朝一日能做出优秀的游戏作品；对生活有感悟时，也总会期待在游戏中表达感想。自 Unity 引擎流行开来，个人和小团队也能制作精良的游戏，实现梦想不再遥远。

使用 Unity 引擎，游戏开发者再也不用过度关心底层复杂系统的实现，只需关心具体的游戏逻辑。一般来说，游戏引擎都能够很好地处理渲染、物理等通用的底层模块，但对于那些不完全通用的功能，比如本书介绍的网络模块，引擎往往没能提供通用的解决方案。这就要求开发者对网络底层有足够深刻的理解，才能做出优质的网络游戏。

如今，游戏联网是一大趋势。几大热门的手机游戏厂商只开发网络游戏，老牌单机游戏也纷纷添加联网功能。作为有志于从事游戏行业、渴望做出顶级产品的我们，更需要深入探讨网络游戏的开发技术。然而市面上的 Unity 教程，大多是介绍引擎的使用方法和简单的单机游戏的开发过程，就算涉及网络，也只是简单带过。市面上也有不少介绍网络底层的资料，但大部分没有和游戏开发结合起来，更不可能提供完整的游戏示例。想要制作当今热门的网络游戏，特别是开发手机网络游戏，或者想要到网游公司求职，很难找到实用的教程。

本书以制作一款完整的多人坦克对战游戏为例，详细介绍网络游戏的开发过程。书中还介绍一套通用的服务端框架和客户端网络模块——它是商业游戏的简化版本。相信通过本书，读者能够掌握 Unity 网络游戏开发的大部分知识，能够深入了解 TCP 底层机制，能够亲自搭建一套可重复使用的客户端框架，也能够从框架设计中了解商业游戏的设计思路。本书分为三个部分，分别是"扎基础""搭框架"和"做游戏"，本书结合实例，循序渐进，深入地讲解网络游戏开发所需的知识。

2013 年 8 月，在筹备第一本著作《手把手教你用 C# 制作 RPG 游戏》的同时，我也在规划这本介绍网络游戏技术的书籍。2016 年 11 月，《Unity3D 网络游戏实战》正式出版。此后一年多的时间里，陆续有热心读者与我交流，探讨网络游戏的开发知识，我也一直在学习和积累。2018 年 1 月，在收集了足够多的反馈，也相信自己的技术水平又上一个层次之后，我便着手本书第 2 版的写作。第 2 版的结构与第 1 版有颇多差异，对网络底层有更详细的介绍，而对场景搭建和单机游戏部分做了必要的精简，代码质量也有了很大提高，可以说全书几乎重写。

这本书凝结了我多年的工作经验，也凝结着我对国产游戏的美好愿景。愿与诸位一同努力，造就举世瞩目的游戏。

## 读者对象

这里将根据用户需求划分出一些可能使用本书的用户。

**游戏开发爱好者**：想要自己制作一款游戏的人。书中理论与实践结合，很适合作为自学的参考书。

**求职者**：想要谋求游戏公司开发岗位的人。书中对网络底层和商业游戏常遇到的问题都有介绍，覆盖常见的面试内容。

**职场新人**：刚入行的程序员。书中所介绍的网络知识和问题，是每个游戏从业人员都会遇到且必须去解决的。本书很适合作为提升技术水平的资料。

**游戏公司**：作为新人培训材料，本书能够帮助新人快速提高自身技术水平，同时书中有完整的实践项目，可使新人更快融入实际工作。

**学校**：可作为大学或游戏培训机构的教科书。本书结构安排合理，循序渐进，理论实践相结合，适合教学。

## 如何阅读本书

本书给予读者一个明确的学习目标，即制作一款完整的多人对战游戏，然后一步一步去实现它。全书涉及 TCP 网络底层知识、常见网络问题解决方法、客户端网络框架、客户端界面系统、网络游戏房间系统、坦克游戏战斗系统等多项内容。在涉及相关知识点时，书中会有详细的讲解。本书分为三个部分，阅读时要注意它们之间的递进关系。

第一部分"扎基础"主要介绍 TCP 网络游戏开发的必备知识，包括 TCP 异步连接、多路复用的处理，以及怎样处理粘包分包、怎样发送完整的网络数据、怎样设置正确的网络参数。第 3 章介绍了一款简单网络游戏开发的全过程，在后续章节中会逐步完善这个游戏。

第二部分"搭框架"主要介绍商业级客户端网络框架的实现方法。这套框架具有较高的通用性，解决了网络游戏开发中常遇到的问题，且达到极致的性能要求，可以运用在多款游戏上。书中还介绍了一套单进程服务端框架的实现，服务端框架使用 select 多路复用，做到底层与逻辑分离，设有消息分发、事件处理等模块。

第三部分"做游戏"通过一个完整的实例讲解网络游戏的设计思路，包括游戏实体的类设计、怎样组织代码、怎样实现游戏大厅（房间系统）、怎样实现角色的同步。这一部分会使用第二部分搭好的框架，一步步地做出完整的游戏项目。

由于本书重点在网络部分，因此不会过多着墨于 Unity 的基础操作和 C# 语言的基本语法。同时作为实例教程，本书偏重于例子涉及的知识点。读者如果想要深入地了解某些内容，或者了解实现某种功能的更多方法，建议在阅读本书的过程中多多查询相关资料，以做到举一反三。

本书提供的所有示例的源码和素材，读者可以在 Github 或网盘下载。我也会在 Github 上发表勘误、补充篇等内容，欢迎关注。由于网盘的不稳定性，作者不能保证多年后网盘地址还有效。若读者发现网盘地址失效，可以发送邮件到我的邮箱，我将会把最新的下载地址发给你。

> Github：https://luopeiyu.github.io/unity_net_book/
> 百度网盘：https://pan.baidu.com/s/1XhYKHJYjWTtGAqMb3uBYxQ 密码：hxuz
> 作者邮箱：aglab@foxmail.com

本书资源中的"Final"文件夹是最终游戏成品，包含服务端程序（Serv）和客户端程序（Client）两大部分。读者可以先按照 7.6 节的介绍，配置 MySQL 数据库和两个数据表，然后运行服务端程序，再打开客户端程序的 exe 文件，体验游戏。

## 勘误和支持

由于作者水平有限，编写的时间也很仓促，书中难免会出现一些错误或者不准确的地方，恳请读者批评指正。如果读者发现书中的错误，或者有更多的宝贵意见，欢迎发送邮件至我的邮箱 aglab@foxmail.com，我很期待能够听到你们的真挚反馈。

## 致谢

若没有身边众多亲朋好友的支持，本书的出版过程不可能一帆风顺。首先要感谢我的父母，他们的努力，让我有了坚实的后盾，我才能义无反顾地前行。

感谢机械工业出版社的编辑。在她的帮助下，本书得以顺利出版。

感谢邝松恩和张永明，他们是最早接触第 2 版书稿的同事，给了我很多建议。

感谢黄剑基、蒙屿森、周阳鸣、詹俊雄、陆俊壕、沙梓社、吴嘉琪、郑志铭、卢阳飞、许远帆、林文佳、梁浩林、宫文达、葛剑航、罗斌汉、江宇晴、肖聪等人在我编写本书的过程中给予诸多鼓舞。

每一款游戏都是梦想与智慧的结晶！

罗培羽

2018 年 8 月于广州

# Contents 目　　录

前言

## 第1章　网络游戏的开端：Echo ……… 1
### 1.1　藏在幕后的服务端 ……………… 1
### 1.2　网络连接的端点：Socket ……… 3
#### 1.2.1　Socket ……………………… 3
#### 1.2.2　IP 地址 …………………… 3
#### 1.2.3　端口 ………………………… 4
#### 1.2.4　Socket 通信的流程 ………… 6
#### 1.2.5　TCP 和 UDP 协议 …………… 7
### 1.3　开始网络编程：Echo …………… 8
#### 1.3.1　什么是 Echo 程序 …………… 8
#### 1.3.2　编写客户端程序 ……………… 8
#### 1.3.3　客户端代码知识点 ………… 10
#### 1.3.4　完成客户端 ………………… 11
#### 1.3.5　创建服务端程序 …………… 12
#### 1.3.6　编写服务端程序 …………… 14
#### 1.3.7　服务端知识点 ……………… 15
#### 1.3.8　测试 Echo 程序 …………… 15
### 1.4　更多 API ………………………… 16
### 1.5　公网和局域网 …………………… 17

## 第2章　分身有术：异步和多路复用 … 19
### 2.1　什么样的代码是异步代码 ……… 19
### 2.2　异步客户端 ……………………… 20
#### 2.2.1　异步 Connect ……………… 21
#### 2.2.2　Show Me The Code ……… 22
#### 2.2.3　异步 Receive ……………… 23
#### 2.2.4　异步 Send ………………… 26
### 2.3　异步服务端 ……………………… 29
#### 2.3.1　管理客户端 ………………… 29
#### 2.3.2　异步 Accept ……………… 30
#### 2.3.3　程序结构 …………………… 31
#### 2.3.4　代码展示 …………………… 31
### 2.4　实践：做个聊天室 ……………… 35
#### 2.4.1　服务端 ……………………… 35
#### 2.4.2　客户端 ……………………… 35
#### 2.4.3　测试 ………………………… 36
### 2.5　状态检测 Poll …………………… 36
#### 2.5.1　什么是 Poll ………………… 36
#### 2.5.2　Poll 客户端 ………………… 37
#### 2.5.3　Poll 服务端 ………………… 38
### 2.6　多路复用 Select ………………… 41

2.6.1 什么是多路复用 ··············· 41
2.6.2 Select 服务端 ················ 42
2.6.3 Select 客户端 ················ 44

# 第3章 实践出真知：大乱斗游戏 ···· 45

3.1 什么是大乱斗游戏 ················ 45
3.2 搭建场景 ························ 46
3.3 角色类 Human ···················· 49
　　3.3.1 类结构设计 ················ 49
　　3.3.2 BaseHuman ················· 49
　　3.3.3 角色预设 ·················· 51
　　3.3.4 CtrlHuman ················· 54
　　3.3.5 SyncHuman ················· 57
3.4 如何使用网络模块 ················ 57
　　3.4.1 委托 ······················ 57
　　3.4.2 通信协议 ·················· 59
　　3.4.3 消息队列 ·················· 60
　　3.4.4 NetManager 类 ············· 60
　　3.4.5 测试网络模块 ·············· 64
3.5 进入游戏：Enter 协议 ············ 66
　　3.5.1 创建角色 ·················· 67
　　3.5.2 接收 Enter 协议 ··········· 70
　　3.5.3 测试 Enter 协议 ··········· 70
3.6 服务端如何处理消息 ·············· 72
　　3.6.1 反射机制 ·················· 72
　　3.6.2 消息处理函数 ·············· 73
　　3.6.3 事件处理 ·················· 74
　　3.6.4 玩家数据 ·················· 76
　　3.6.5 处理 Enter 协议 ··········· 77
3.7 玩家列表：List 协议 ············· 77
　　3.7.1 客户端处理 ················ 78

3.7.2 服务端处理 ·················· 79
3.7.3 测试 ························ 79
3.8 移动同步：Move 协议 ············· 80
　　3.8.1 客户端处理 ················ 80
　　3.8.2 服务端处理 ················ 81
　　3.8.3 测试 ······················ 81
3.9 玩家离开：Leave 协议 ············ 82
　　3.9.1 客户端处理 ················ 82
　　3.9.2 服务端处理 ················ 82
　　3.9.3 测试 ······················ 82
3.10 攻击动作：Attack 协议 ·········· 83
　　3.10.1 播放攻击动作 ············· 83
　　3.10.2 客户端处理 ··············· 87
　　3.10.3 服务端处理 ··············· 88
　　3.10.4 测试 ····················· 88
3.11 攻击伤害：Hit 协议 ············· 89
　　3.11.1 客户端处理 ··············· 89
　　3.11.2 服务端处理 ··············· 91
3.12 角色死亡：Die 协议 ············· 91
　　3.12.1 客户端处理 ··············· 91
　　3.12.2 测试 ····················· 92

# 第4章 正确收发数据流 ·············· 94

4.1 TCP 数据流 ······················ 94
　　4.1.1 系统缓冲区 ················ 94
　　4.1.2 粘包半包现象 ·············· 96
　　4.1.3 人工重现粘包现象 ·········· 97
4.2 解决粘包问题的方法 ·············· 97
　　4.2.1 长度信息法 ················ 97
　　4.2.2 固定长度法 ················ 98
　　4.2.3 结束符号法 ················ 98

| | | |
|---|---|---|
| 4.3 | 解决粘包的代码实现 · · · · · · · · · · · · · · 99 | |
| | 4.3.1 发送数据 · · · · · · · · · · · · · · · · · · · · · · 99 | |
| | 4.3.2 接收数据 · · · · · · · · · · · · · · · · · · · · · · 99 | |
| | 4.3.3 处理数据 · · · · · · · · · · · · · · · · · · · · · 101 | |
| | 4.3.4 完整的示例 · · · · · · · · · · · · · · · · · · · 104 | |
| | 4.3.5 测试程序 · · · · · · · · · · · · · · · · · · · · · 106 | |
| 4.4 | 大端小端问题 · · · · · · · · · · · · · · · · · · · · · · · · 109 | |
| | 4.4.1 为什么会有大端小端之分 · · · · 110 | |
| | 4.4.2 使用 Reverse() 兼容大小端编码 · · · · · · · · · · · · · · · · · · · · · · · · · 111 | |
| | 4.4.3 手动还原数值 · · · · · · · · · · · · · · · · · 111 | |
| 4.5 | 完整发送数据 · · · · · · · · · · · · · · · · · · · · · · · · 112 | |
| | 4.5.1 不完整发送示例 · · · · · · · · · · · · · · 113 | |
| | 4.5.2 如何解决发送不完整问题 · · · · 113 | |
| | 4.5.3 ByteArray 和 Queue · · · · · · · · · · 117 | |
| | 4.5.4 解决线程冲突 · · · · · · · · · · · · · · · · · 120 | |
| | 4.5.5 为什么要使用队列 · · · · · · · · · · · · 121 | |
| 4.6 | 高效的接收数据 · · · · · · · · · · · · · · · · · · · · · · 122 | |
| | 4.6.1 不足之处 · · · · · · · · · · · · · · · · · · · · · 122 | |
| | 4.6.2 完整的 ByteArray · · · · · · · · · · · · · 123 | |
| | 4.6.3 将 ByteArray 应用到异步程序 · · · · · · · · · · · · · · · · · · · · · · · · · · · 129 | |

## 第5章 深入了解TCP，解决暗藏问题 · · · · · · · · · · · · · · · · · · · · · · · · · 133

| | | |
|---|---|---|
| 5.1 | 从 TCP 到铜线 · · · · · · · · · · · · · · · · · · · · · · · 133 | |
| | 5.1.1 应用层 · · · · · · · · · · · · · · · · · · · · · · · · 133 | |
| | 5.1.2 传输层 · · · · · · · · · · · · · · · · · · · · · · · · 134 | |
| | 5.1.3 网络层 · · · · · · · · · · · · · · · · · · · · · · · · 135 | |
| | 5.1.4 网络接口 · · · · · · · · · · · · · · · · · · · · · · 135 | |
| 5.2 | 数据传输流程 · · · · · · · · · · · · · · · · · · · · · · · · 136 | |

| | | |
|---|---|---|
| | 5.2.1 TCP 连接的建立 · · · · · · · · · · · · · · 136 | |
| | 5.2.2 TCP 的数据传输 · · · · · · · · · · · · · · 137 | |
| | 5.2.3 TCP 连接的终止 · · · · · · · · · · · · · · 138 | |
| 5.3 | 常用 TCP 参数 · · · · · · · · · · · · · · · · · · · · · · · 138 | |
| | 5.3.1 ReceiveBufferSize · · · · · · · · · · · · · 138 | |
| | 5.3.2 SendBufferSize · · · · · · · · · · · · · · · · 139 | |
| | 5.3.3 NoDelay · · · · · · · · · · · · · · · · · · · · · · 139 | |
| | 5.3.4 TTL · · · · · · · · · · · · · · · · · · · · · · · · · · · 140 | |
| | 5.3.5 ReuseAddress · · · · · · · · · · · · · · · · · 141 | |
| | 5.3.6 LingerState · · · · · · · · · · · · · · · · · · · 142 | |
| 5.4 | Close 的恰当时机 · · · · · · · · · · · · · · · · · · · · 144 | |
| 5.5 | 异常处理 · · · · · · · · · · · · · · · · · · · · · · · · · · · · · 146 | |
| 5.6 | 心跳机制 · · · · · · · · · · · · · · · · · · · · · · · · · · · · · 147 | |

## 第6章 通用客户端网络模块 · · · · · · · 148

| | | |
|---|---|---|
| 6.1 | 网络模块设计 · · · · · · · · · · · · · · · · · · · · · · · · 148 | |
| | 6.1.1 对外接口 · · · · · · · · · · · · · · · · · · · · · · 148 | |
| | 6.1.2 内部设计 · · · · · · · · · · · · · · · · · · · · · · 149 | |
| 6.2 | 网络事件 · · · · · · · · · · · · · · · · · · · · · · · · · · · · · 150 | |
| | 6.2.1 事件类型 · · · · · · · · · · · · · · · · · · · · · · 151 | |
| | 6.2.2 监听列表 · · · · · · · · · · · · · · · · · · · · · · 151 | |
| | 6.2.3 分发事件 · · · · · · · · · · · · · · · · · · · · · · 152 | |
| 6.3 | 连接服务端 · · · · · · · · · · · · · · · · · · · · · · · · · · · 152 | |
| | 6.3.1 Connect · · · · · · · · · · · · · · · · · · · · · · 152 | |
| | 6.3.2 ConnectCallback · · · · · · · · · · · · · · 154 | |
| | 6.3.3 测试程序 · · · · · · · · · · · · · · · · · · · · · · 155 | |
| 6.4 | 关闭连接 · · · · · · · · · · · · · · · · · · · · · · · · · · · · · 156 | |
| | 6.4.1 isClosing · · · · · · · · · · · · · · · · · · · · · · 157 | |
| | 6.4.2 Close · · · · · · · · · · · · · · · · · · · · · · · · · 157 | |
| | 6.4.3 测试 · · · · · · · · · · · · · · · · · · · · · · · · · · · 158 | |
| 6.5 | Json 协议 · · · · · · · · · · · · · · · · · · · · · · · · · · · · 158 | |

6.5.1　为什么会有协议类·················158
6.5.2　使用JsonUtility··················159
6.5.3　协议格式·······················160
6.5.4　协议文件·······················161
6.5.5　协议体的编码解码··············162
6.5.6　协议名的编码解码··············163
6.6　发送数据····························165
6.6.1　Send···························165
6.6.2　SendCallback··················166
6.6.3　测试···························167
6.7　消息事件····························168
6.8　接收数据····························170
6.8.1　新的成员······················171
6.8.2　ConnectCallback···············171
6.8.3　ReceiveCallback···············172
6.8.4　OnReceiveData················172
6.8.5　Update························174
6.8.6　测试··························175
6.9　心跳机制····························176
6.9.1　PING和PONG协议···········176
6.9.2　成员变量······················177
6.9.3　发送PING协议················178
6.9.4　监听PONG协议···············178
6.9.5　测试··························179
6.10　Protobuf协议·······················179
6.10.1　什么是Protobuf··············179
6.10.2　编写proto文件··············180
6.10.3　生成协议类··················181
6.10.4　导入protobuf-net.dll·········183
6.10.5　编码解码····················183

## 第7章　通用服务端框架···············186
7.1　服务端架构··························187
7.1.1　总体架构······················187
7.1.2　模块划分······················187
7.1.3　游戏流程······················188
7.2　Json编码解码························189
7.2.1　添加协议文件··················189
7.2.2　引用System.web.
　　　　Extensions·················190
7.2.3　修改MsgBase类···············191
7.2.4　测试··························192
7.3　网络模块····························193
7.3.1　整体结构······················193
7.3.2　ClientState····················194
7.3.3　开启监听和多路复用··········194
7.3.4　处理监听消息·················196
7.3.5　处理客户端消息···············197
7.3.6　关闭连接······················198
7.3.7　处理协议······················199
7.3.8　Timer··························200
7.3.9　发送协议······················201
7.3.10　测试·························202
7.4　心跳机制····························204
7.4.1　lastPingTime···················204
7.4.2　时间戳·························204
7.4.3　回应MsgPing协议············205
7.4.4　超时处理······················205
7.4.5　测试程序······················206
7.5　玩家的数据结构······················206
7.5.1　完整的ClientState·············206
7.5.2　PlayerData····················208

|       |       |                                |
|-------|-------|--------------------------------|
|       | 7.5.3 | Player ·············· 208 |
|       | 7.5.4 | PlayerManager ·········· 209 |
| 7.6   | 配置 MySQL 数据库 ············ 211 |
|       | 7.6.1 | 安装并启动 MySQL 数据库 ············ 211 |
|       | 7.6.2 | 安装 Navicat for MySQL ····· 213 |
|       | 7.6.3 | 配置数据表 ··········· 214 |
|       | 7.6.4 | 安装 connector ········· 215 |
|       | 7.6.5 | MySQL 基础知识 ········ 216 |
| 7.7   | 数据库模块 ················· 217 |
|       | 7.7.1 | 连接数据库 ··········· 218 |
|       | 7.7.2 | 防止 SQL 注入 ········· 220 |
|       | 7.7.3 | IsAccountExist ·········· 220 |
|       | 7.7.4 | Register ············· 221 |
|       | 7.7.5 | CreatePlayer ··········· 223 |
|       | 7.7.6 | CheckPassword ········· 224 |
|       | 7.7.7 | GetPlayerData ·········· 225 |
|       | 7.7.8 | UpdatePlayerData ········ 226 |
| 7.8   | 登录注册功能 ··············· 226 |
|       | 7.8.1 | 注册登录协议 ·········· 227 |
|       | 7.8.2 | 记事本协议 ··········· 228 |
|       | 7.8.3 | 注册功能 ············ 229 |
|       | 7.8.4 | 登录功能 ············ 229 |
|       | 7.8.5 | 退出功能 ············ 231 |
|       | 7.8.6 | 获取文本功能 ·········· 231 |
|       | 7.8.7 | 保存文本功能 ·········· 231 |
|       | 7.8.8 | 客户端界面 ··········· 232 |
|       | 7.8.9 | 客户端监听 ··········· 233 |
|       | 7.8.10 | 客户端注册功能 ········· 235 |
|       | 7.8.11 | 客户端登录功能 ········· 235 |
|       | 7.8.12 | 客户端记事本功能 ········ 236 |
|       | 7.8.13 | 测试 ·············· 236 |

# 第8章 完整大项目《坦克大战》······ 239

| 8.1 | 《坦克大战》游戏功能 ··········· 239 |
|     | 8.1.1 登录注册 ············· 239 |
|     | 8.1.2 房间系统 ············· 240 |
|     | 8.1.3 战斗系统 ············· 241 |
| 8.2 | 坦克模型 ················· 242 |
|     | 8.2.1 导入模型 ············· 242 |
|     | 8.2.2 模型结构 ············· 243 |
| 8.3 | 资源管理器 ················ 245 |
|     | 8.3.1 设计构想 ············· 245 |
|     | 8.3.2 代码实现 ············· 245 |
|     | 8.3.3 测试 ················ 246 |
| 8.4 | 坦克类 ··················· 246 |
|     | 8.4.1 设计构想 ············· 246 |
|     | 8.4.2 代码实现 ············· 246 |
|     | 8.4.3 测试 ················ 247 |
| 8.5 | 行走控制 ················· 248 |
|     | 8.5.1 速度参数 ············· 249 |
|     | 8.5.2 移动控制 ············· 249 |
|     | 8.5.3 测试 ················ 250 |
|     | 8.5.4 走在地形上 ············ 251 |
| 8.6 | 坦克爬坡 ················· 253 |
|     | 8.6.1 Unity 的物理系统 ········ 253 |
|     | 8.6.2 添加物理组件 ··········· 253 |
|     | 8.6.3 测试 ················ 254 |
| 8.7 | 相机跟随 ················· 255 |
|     | 8.7.1 功能需求 ············· 255 |
|     | 8.7.2 数学原理 ············· 255 |
|     | 8.7.3 编写代码 ············· 257 |
|     | 8.7.4 测试 ················ 258 |
| 8.8 | 旋转炮塔 ················· 260 |

| | | |
|---|---|---|
| 8.8.1 | 炮塔元素 | 260 |
| 8.8.2 | 旋转控制 | 261 |
| 8.8.3 | 测试 | 262 |

8.9 发射炮弹 ·········· 262
- 8.9.1 制作炮弹预设 ·········· 262
- 8.9.2 制作爆炸效果 ·········· 263
- 8.9.3 炮弹组件 ·········· 264
- 8.9.4 坦克开炮 ·········· 266
- 8.9.5 测试 ·········· 268

8.10 摧毁敌人 ·········· 269
- 8.10.1 坦克的生命值 ·········· 269
- 8.10.2 焚烧特效 ·········· 270
- 8.10.3 坦克被击中处理 ·········· 271
- 8.10.4 炮弹的攻击处理 ·········· 272
- 8.10.5 测试 ·········· 272

## 第9章 UI界面模块 ·········· 274

9.1 界面模块的设计 ·········· 274
- 9.1.1 简单的界面调用 ·········· 274
- 9.1.2 通用界面模块 ·········· 275

9.2 场景结构 ·········· 277

9.3 面板基类 BasePanel ·········· 278
- 9.3.1 设计要点 ·········· 278
- 9.3.2 代码实现 ·········· 278
- 9.3.3 知识点 ·········· 279

9.4 界面管理器 PanelManager ·········· 281
- 9.4.1 层级管理 ·········· 281
- 9.4.2 打开面板 ·········· 282
- 9.4.3 关闭面板 ·········· 284

9.5 登录面板 LoginPanel ·········· 284
- 9.5.1 导入资源 ·········· 284
- 9.5.2 UI 组件 ·········· 286

- 9.5.3 制作面板预设 ·········· 286
- 9.5.4 登录面板类 ·········· 289
- 9.5.5 打开面板 ·········· 289
- 9.5.6 引用 UI 组件 ·········· 290
- 9.5.7 网络监听 ·········· 291
- 9.5.8 登录和注册按钮 ·········· 293
- 9.5.9 收到登录协议 ·········· 293

9.6 注册面板 RegisterPanel ·········· 294
- 9.6.1 制作面板预设 ·········· 294
- 9.6.2 注册面板类 ·········· 296
- 9.6.3 按钮事件 ·········· 298
- 9.6.4 收到注册协议 ·········· 299

9.7 提示面板 TipPanel ·········· 300
- 9.7.1 制作面板预设 ·········· 300
- 9.7.2 提示面板类 ·········· 301
- 9.7.3 测试面板 ·········· 302

9.8 游戏入口 GameMain ·········· 303
- 9.8.1 设计要点 ·········· 303
- 9.8.2 代码实现 ·········· 304
- 9.8.3 缓存用户名 ·········· 305

9.9 功能测试 ·········· 306
- 9.9.1 登录 ·········· 306
- 9.9.2 注册 ·········· 307
- 9.9.3 下线 ·········· 309

## 第10章 游戏大厅和房间 ·········· 310

10.1 列表面板预设 ·········· 311
- 10.1.1 整体结构 ·········· 311
- 10.1.2 个人信息栏 ·········· 312
- 10.1.3 操作栏 ·········· 312
- 10.1.4 房间列表栏 ·········· 313
- 10.1.5 Scroll View ·········· 315

10.1.6 列表项 Room ············ 316
10.2 房间面板预设 ·············· 318
　10.2.1 整体结构 ············ 318
　10.2.2 列表栏 ·············· 319
　10.2.3 列表项 Player ········ 320
　10.2.4 控制栏 ·············· 322
10.3 协议设计 ················ 322
　10.3.1 查询战绩 MsgGetAchieve
　　　　 协议 ·················· 323
　10.3.2 查询房间列表 MsgGetRoom-
　　　　 List 协议 ············· 323
　10.3.3 创建房间 MsgCreateRoom
　　　　 协议 ·················· 324
　10.3.4 进入房间 MsgEnterRoom
　　　　 协议 ·················· 324
　10.3.5 查询房间信息 MsgGetRoom-
　　　　 Info 协议 ············· 324
　10.3.6 退出房间 MsgLeaveRoom
　　　　 协议 ·················· 325
　10.3.7 开始战斗 MsgStartBattle
　　　　 协议 ·················· 325
10.4 列表面板逻辑 ············ 326
　10.4.1 面板类 ·············· 326
　10.4.2 获取部件 ············ 326
　10.4.3 网络监听 ············ 328
　10.4.4 刷新战绩 ············ 329
　10.4.5 刷新房间列表 ········ 329
　10.4.6 加入房间 ············ 330
　10.4.7 创建房间 ············ 331
　10.4.8 刷新按钮 ············ 332
10.5 房间面板逻辑 ············ 332
　10.5.1 面板类 ·············· 332

10.5.2 获取部件 ············ 333
10.5.3 网络监听 ············ 334
10.5.4 刷新玩家列表 ········ 334
10.5.5 退出房间 ············ 336
10.5.6 开始战斗 ············ 336
10.6 打开列表面板 ············ 337
10.7 服务端玩家数据 ·········· 337
　10.7.1 存储数据 ············ 338
　10.7.2 临时数据 ············ 338
10.8 服务端房间类 ············ 339
　10.8.1 管理器和房间类的关系 ····· 339
　10.8.2 房间类的设计要点 ···· 340
　10.8.3 添加玩家 ············ 341
　10.8.4 选择阵营 ············ 343
　10.8.5 删除玩家 ············ 343
　10.8.6 选择新房主 ·········· 345
　10.8.7 广播消息 ············ 345
　10.8.8 生成房间信息 ········ 345
10.9 服务端房间管理器 ········ 347
　10.9.1 数据结构 ············ 347
　10.9.2 获取房间 ············ 347
　10.9.3 添加房间 ············ 348
　10.9.4 删除房间 ············ 348
　10.9.5 生成列表信息 ········ 348
10.10 服务端消息处理 ·········· 349
　10.10.1 查询战绩 MsgGet-
　　　　　Achieve ············ 350
　10.10.2 查询房间列表 MsgGetRoom-
　　　　　List ··············· 350
　10.10.3 创建房间 MsgCreate-
　　　　　Room ··············· 351
　10.10.4 进入房间 MsgEnterRoom ··· 351

10.10.5　查询房间信息 MsgGet-
RoomInfo ················· 352
10.10.6　离开房间 MsgLeave-
Room ····················· 352
10.11　玩家事件处理 ················ 353
10.12　测试 ··························· 354

## 第11章　战斗和胜负判定 ·············· 358

11.1　协议设计 ······················· 358
11.1.1　进入战斗 MsgEnterBattle ··· 359
11.1.2　战斗结果 MsgBattleResult ··· 359
11.1.3　退出战斗 MsgLeaveBattle ··· 360
11.2　坦克 ···························· 360
11.2.1　不同阵营的坦克预设 ······· 360
11.2.2　战斗模块 ···················· 361
11.2.3　同步坦克 SyncTank ········ 362
11.2.4　坦克的属性 ················· 362
11.3　战斗管理器 ···················· 363
11.3.1　设计要点 ···················· 363
11.3.2　管理器类 ···················· 363
11.3.3　坦克管理 ···················· 364
11.3.4　重置战场 ···················· 365
11.3.5　开始战斗 ···················· 366
11.3.6　产生坦克 ···················· 367
11.3.7　战斗结束 ···················· 369
11.3.8　玩家离开 ···················· 369
11.4　战斗结果面板 ················· 369
11.4.1　面板预设 ···················· 369
11.4.2　面板逻辑 ···················· 371
11.5　服务端开启战斗 ·············· 373
11.5.1　能否开始战斗 ··············· 373

11.5.2　定义出生点 ················· 373
11.5.3　坦克信息 ···················· 376
11.5.4　开启战斗 ···················· 377
11.5.5　消息处理 ···················· 377
11.6　服务端胜负判断 ·············· 378
11.6.1　是否死亡 ···················· 379
11.6.2　胜负决断函数 ··············· 379
11.6.3　定时器 ······················· 380
11.6.4　Room::Update ·············· 380
11.7　服务端断线处理 ·············· 381
11.8　测试 ···························· 382
11.8.1　进入战场 ···················· 382
11.8.2　离开战场 ···················· 384

## 第12章　同步战斗信息 ·············· 386

12.1　同步理论 ······················· 387
12.1.1　同步的过程 ·················· 387
12.1.2　同步的难题 ·················· 387
12.2　状态同步 ······················· 389
12.2.1　直接状态同步 ··············· 389
12.2.2　跟随算法 ···················· 390
12.2.3　预测算法 ···················· 390
12.3　帧同步 ························· 391
12.3.1　指令同步 ···················· 391
12.3.2　从 Update 说起 ············· 392
12.3.3　什么是同步帧 ··············· 393
12.3.4　指令 ·························· 394
12.3.5　指令的执行 ·················· 394
12.4　协议设计 ······················· 395
12.4.1　位置同步 MsgSyncTank ···· 396
12.4.2　开火 MsgFire ················ 396

| | | |
|---|---|---|
| 12.4.3 | 击中 MsgHit ················· | 397 |
| 12.5 | 发送同步信息 ························ | 397 |
| 12.5.1 | 发送位置信息 ··············· | 397 |
| 12.5.2 | 发送开火信息 ··············· | 398 |
| 12.5.3 | 发送击中信息 ··············· | 399 |
| 12.6 | 处理同步信息 ························ | 400 |
| 12.6.1 | 协议监听 ······················ | 400 |
| 12.6.2 | OnMsgSyncTank ············ | 401 |
| 12.6.3 | OnMsgFire ···················· | 401 |
| 12.6.4 | OnMsgHit ······················ | 402 |
| 12.7 | 同步坦克 SyncTank ················ | 402 |
| 12.7.1 | 预测算法的成员变量 ······ | 402 |
| 12.7.2 | 移动到预测位置 ············ | 403 |
| 12.7.3 | 初始化 ·························· | 404 |
| 12.7.4 | 更新预测位置 ··············· | 405 |

| | | |
|---|---|---|
| 12.7.5 | 炮弹同步 ······················ | 406 |
| 12.8 | 服务端消息处理 ···················· | 406 |
| 12.8.1 | 位置同步 MsgSyncTank ····· | 407 |
| 12.8.2 | 开火 MsgFire ················· | 408 |
| 12.8.3 | 击中 MsgHit ·················· | 409 |
| 12.8.4 | 调试 ····························· | 410 |
| 12.9 | 完善细节 ······························ | 412 |
| 12.9.1 | 滚动的轮子和履带 ········· | 412 |
| 12.9.2 | 灵活操作 ······················ | 413 |
| 12.9.3 | 准心 ····························· | 413 |
| 12.9.4 | 自动瞄准 ······················ | 414 |
| 12.9.5 | 界面和场景优化 ············ | 414 |
| 12.9.6 | 战斗面板 ······················ | 415 |
| 12.9.7 | 击杀提示 ······················ | 416 |
| 12.10 | 结语 ···································· | 416 |

# 第 1 章　Chapter 1

# 网络游戏的开端：Echo

网络通信和电话通信很相似。想象一下打电话的过程，拿起手机拨通号码，等待对方说"喂"，然后开始通话，最后挂断。记住这个过程（如图 1-1 所示），将有助于理解本章的内容。

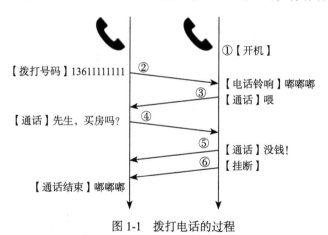

图 1-1　拨打电话的过程

本章会先介绍 Socket（套接字）的概念，然后着手开发 Echo 程序。学完本章，读者能够动手编写基础网络应用程序，还能够编写一套时间查询程序。本章的知识是网络游戏中最基础的。

## 1.1　藏在幕后的服务端

一款网络游戏分为客户端和服务端两个部分，客户端程序运行在用户的电脑或手机上，服务端程序运行在游戏运营商的服务器上。如图 1-2 所示，多个客户端通过网络与服务端通信。图 1-2 中间的 TCP 连接指的是一种游戏中常用的网络通信协议，与之对应的还有 UDP 协议、KCP 协议、HTTP 协议等。

客户端和客户端之间通过服务端的消息转发进行通信。例如在一款射击游戏中，玩家 1 移动，玩家 2 会在自己的屏幕中看到玩家 1 的位置变化，这个过程称为"位置同步"，它会涉及表 1-1 和图 1-3 所示的 5 个步骤。

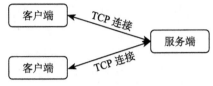

图 1-2　典型的网络游戏架构

表 1-1　位置同步涉及的步骤

| 步骤 | 说明 |
| --- | --- |
| 1 | 玩家 1 移动 |
| 2 | 客户端 1 向服务端发送新的坐标信息 |
| 3 | 服务端处理消息 |
| 4 | 服务端将玩家 1 的新坐标转发给客户端 2 |
| 5 | 客户端 2 收到消息并更新玩家 1 的位置 |

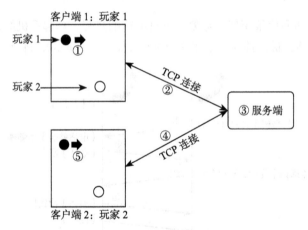

图 1-3　位置同步的 5 个步骤

一款流行的网络游戏，可能有数百万玩家同时在线。为了支撑这么多玩家，游戏服务端通常采取分布式架构。图 1-4 所示的是一组分区服务端，由 2 个区组成，每个服务端负责不同区的玩家。

服务端与服务端之间通常使用 TCP 网络通信，如图 1-5 所示，各个服务端相互连接，形成服务端集群。

客户端和服务端之间、服务端和服务端之间都是使用 TCP 网络通信的。网络编程是开发网络

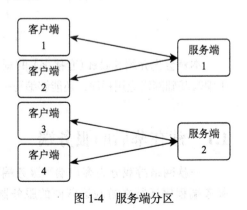

图 1-4　服务端分区

游戏的基础，那么，我们就从最基础的 Socket 开始吧！

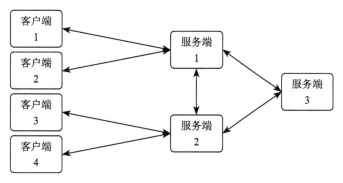

图 1-5　服务端的分布式架构

## 1.2　网络连接的端点：Socket

### 1.2.1　Socket

网络上的两个程序通过一个双向的通信连接实现数据交换，这个连接的一端称为一个 Socket。一个 Socket 包含了进行网络通信必需的五种信息：连接使用的协议、本地主机的 IP 地址、本地的协议端口、远程主机的 IP 地址和远程协议端口（如图 1-6 所示）。如果把 Socket 理解成一台手机，那么本地主机 IP 地址和端口相当于自己的手机号码，远程主机 IP 地址和端口相当于对方的号码。至少需要两台手机才能打电话，同样地，至少需要两个 Socket 才能进行网络通信。

图 1-6　Socket 示意图

### 1.2.2　IP 地址

网络上的计算机都是通过 IP 地址识别的，应用程序通过通信端口彼此通信。通俗地讲，可以理解为每一个 IP 地址对应于一台计算机（实际上一台计算机可以有多个 IP 地址，此处仅作方便理解的解释）。在图 1-7 中，从计算机 1 的角度看，192.168.1.5 是自己的 IP，称为"本地 IP"。192.168.1.12 是别人的 IP，称为"远程 IP"。

图 1-7　IP 地址示意图

> 提示 在 Windows 命令提示符中输入 ipconfig，便能够查看本机的 IP 地址。图 1-8 所示计算机的 IP 地址为 192.168.0.105。

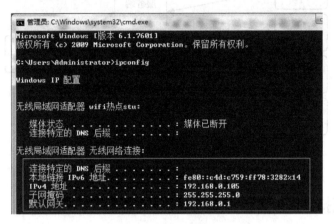

图 1-8　查看本机 IP 地址

### 1.2.3　端口

"端口"是英文 port 的意译，是设备与外界通信交流的出口。每台计算机可以分配 0 到 65535 共 65 536 个端口。通俗地讲，每个 Socket 连接都是从一台计算机的一个端口连接到另外一台计算机的某个端口，如图 1-9 所示。

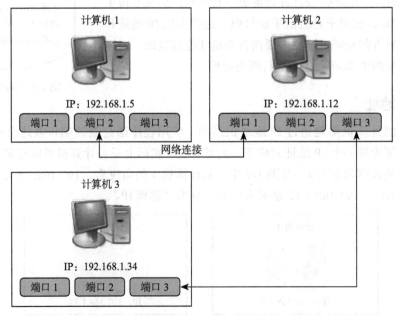

图 1-9　端口示意图

端口是个逻辑概念。很久以前，计算机没有"多任务"的概念，也没有"端口"的概念，只需要两台计算机的地址，便能够进行网络通信。就像很久以前，每家每户都住平房，寄信给别人时，只需在信封上写××路××号一样。随着城市的发展，人们都住上了高楼，这时候写信的地址就变成××路××号××层××室。同样的，随着计算机多任务系统的发展，人们定义了"端口"的概念，把不同的网络消息分发给不同的任务。就像写上门牌号能够把信发送到每家每户一样，使用 IP 和端口也能够把信息发送给对应的任务。

图 1-10 和表 1-2 展示了 Socket、IP 和端口之间的关系。每一个进程（客户端 1、客户端 2、服务端）可以拥有多个 Socket，每个 Socket 通过不同端口与其他计算机连接。每一条 Socket 连接代表着本地 Socket→本地端口→网络介质→远程端口→远程 Socket 的链路，例如在计算机 1 的 Socket A 通过 1000 端口连接到计算机 2 的 888 端口。值得注意的是，就像打电话分为"呼叫方"和"接听方"一样，Socket 通信分也为"连接方"和"监听方"：连接方使用不同的端口连接，监听方只使用一个端口监听。图 1-10 中 Socket E 在 Socket A 连接后产生，代表着 Socket A 和服务端的连接，Socket F 在 Socket B 连接后产生，代表着 Socket B 和服务端的连接。

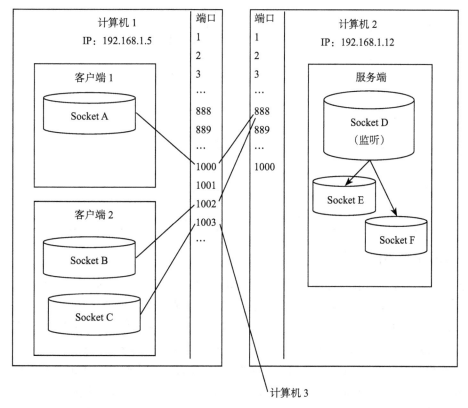

图 1-10　Socket 连接示意图

表 1-2　图 1-10 中各个 Socket 的属性

| Socket | 属性 |
| --- | --- |
| Socket A | 协议：TCP<br>本地 IP：192.168.1.5<br>本地端口：1000<br>远程 IP：192.168.1.12<br>远程端口：888 |
| Socket B | 协议：TCP<br>本地 IP：192.168.1.5<br>本地端口：1002<br>远程 IP：192.168.1.12<br>远程端口：888 |
| Socket C | 协议：TCP<br>本地 IP：192.168.1.5<br>本地端口：1003<br>远程 IP：（略）<br>远程端口：（略） |
| Socket D | 协议：TCP<br>本地 IP：192.168.1.12<br>本地端口：888<br>远程 IP：未知<br>远程端口：未知 |
| Socket E | 协议：TCP<br>本地 IP：192.168.1.12<br>本地端口：888<br>远程 IP：192.168.1.5<br>远程端口：1000 |
| Socket F | 协议：TCP<br>本地 IP：192.168.1.12<br>本地端口：888<br>远程 IP：192.168.1.5<br>远程端口：1002 |

## 1.2.4　Socket 通信的流程

为了能够理解下一节的程序，请务必认真阅读本节。图 1-11 展示了一套基本的 Socket 通信流程。这个过程和手机通话很相似，连接方（客户端）和监听方（服务端）有着不同的流程。图 1-11 中的 Socket、Connect、Bind、Listen 等词汇指的是 Socket 通信过程中所需要调用的 API，三次握手、四次挥手等词汇指的是操作系统内部的处理过程。

1）开启一个连接之前，需要创建一个 Socket 对象（使用 API Socket），然后绑定本地使用的端口（使用 API Bind）。对服务端而言，绑定的步骤相当于给手机插上 SIM 卡，确定了"手机号"。对客户端而言，连接时（使用 API Connect）会由系统分配端口，可以省去绑定步骤。

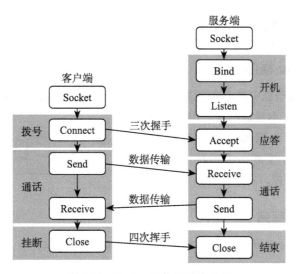

图 1-11 Socket 通信的基本流程

2）服务端开启监听（使用 API Listen），等待客户端接入。相当于电话开机，等待别人呼叫。

3）客户端连接服务器（使用 API Connect），相当于手机拨号。

4）服务器接受连接（使用 API Accept），相当于接听电话并说出"喂"。

通过这 4 个步骤，成功建立连接，可以收发数据。

5）客户端和服务端通过 Send 和 Receive 等 API 收发数据，操作系统会自动完成数据的确认、重传等步骤，确保传输的数据准确无误。

6）某一方关闭连接（使用 API Close），操作系统会执行"四次挥手"的步骤，关闭双方连接，相当于挂断电话。

## 1.2.5 TCP 和 UDP 协议

从概念上讲，TCP 是一种面向连接的、可靠的、基于字节流的传输层通信协议，与 TCP 相对应的 UDP 协议是无连接的、不可靠的、但传输效率较高的协议。在本章的语义中，"Socket 通信"特指使用 TCP 协议的 Socket 通信。

也许能够以寄快递的例子解释不同协议的区别。有些快递公司收费低，对快递员的要求也低，丢件的事情频频发生；有些公司收费高，但要求快递员在每个节点都做检查和记录，丢件率很低。不同快递公司有着不同的行为规则，有的奉行低价优先，有的奉行服务至上。TCP、UDP 协议对应不同快递公司的行为规则。它们的目的都是将数据发送给接收方，但使用的策略不同：TCP 注重传输的可靠性，确保数据不会丢失，但速度慢；UDP 注重传输速度，但不保证所有发送的数据对方都能够收到。至于孰优孰劣，得看具体的应用场景。游戏开发最常用的是 TCP 协议，所以本书也以 TCP 为主。

## 1.3 开始网络编程：Echo

### 1.3.1 什么是 Echo 程序

Echo 程序是网络编程中最基础的案例。建立网络连接后，客户端向服务端发送一行文本，服务端收到后将文本发送回客户端（见图 1-12）。

Echo 程序分为客户端和服务端两个部分，客户端部分使用 Unity 实现，为了技术的统一，服务端使用 C# 语言实现。

图 1-12　Echo 程序示意图

### 1.3.2 编写客户端程序

由于本书偏重于开发网络游戏，重点讲解网络相关的内容。假定你对 Unity 的基本操作、UGUI 有一定的了解（如果你对此还不是很了解，推荐阅读本书第 1 版中的入门章节）。

打开 Unity，新建名为 Echo 的项目，制作简单的 UGUI 界面。在场景中添加两个按钮（右击 Hierarchy 面板，选择 UI → Button，分别命名为 ConnButton 和 SendButton。Unity 会自动添加名为 Canvas 的画布和名为 EventSystem 的事件系统），添加一个输入框（命名为 InputField）和一个文本框（命名为 Text），如图 1-13 和表 1-3 所示。

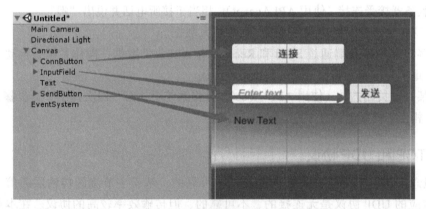

图 1-13　添加按钮和文本

表 1-3　客户端 UGUI 界面部件说明

| 部件 | 内容 |
| --- | --- |
| ConnButton<br>（按钮） | 连接按钮，用于发起网络连接 |
| InputField<br>（输入框） | 文本输入框，用于输入发给服务端的文本 |

（续）

| 部件 | 内容 |
| --- | --- |
| SendButton<br>（按钮） | 发送按钮，用于将玩家输入的文本发送给服务端<br>发送 |
| Text<br>（文本框） | 文本框，用于显示从服务端接收到的文本<br>New Text |

建立界面后，就可以开始写代码了。新建名为 Echo.cs 的脚本，输入下面的代码。(这段代码的结构和 1.2.4 节中的客户端流程一样，客户端通过 Connect 命令连接服务器，然后向服务器发送输入框中的文本；发送后等待服务器回应，并把服务器回应的字符串显示出来；代码中标有底纹的语句表示需要特别注意。)

```csharp
using System.Collections;
using System.Collections.Generic;
using UnityEngine;
using System.Net.Sockets;
using UnityEngine.UI;
public class Echo : MonoBehaviour {
    //定义套接字
    Socket socket;
    //UGUI
    public InputField InputFeld;
    public Text text;

    // 点击连接按钮
    public void Connection()
    {
        //Socket
        socket = new Socket(AddressFamily.InterNetwork,
            SocketType.Stream, ProtocolType.Tcp);
        //Connect
        socket.Connect("127.0.0.1", 8888);
    }

    // 点击发送按钮
    public void Send()
    {
        //Send
        string sendStr = InputFeld.text;
        byte[] sendBytes = System.Text.Encoding.Default.GetBytes(sendStr);
        socket.Send(sendBytes);
        //Recv
        byte[] readBuff = new byte[1024];
        int count = socket.Receive(readBuff);
        string recvStr = System.Text.Encoding.Default.GetString(readBuff, 0, count);
```

```
        text.text = recvStr;
        //Close
        socket.Close();
    }
}
```

是否对代码有疑惑？不用怕，一句一句弄懂它。

### 1.3.3 客户端代码知识点

1.3.2 节中的代码涉及不少网络编程的知识点，它们的含义如下。

**（1）using System.Net.Sockets**

Socket 编程的 API（如 Socket、AddressFamily 等）位于 System.Net.Sockets 命名空间中，需要引用它。

**（2）创建 Socket 对象**

Socket（AddressFamily.InterNetwork, SocketType.Stream, ProtocolType.Tcp）这一行用于创建一个 Socket 对象，它的三个参数分别代表地址族、套接字类型和协议。

- 地址族指明使用 IPv4 还是 IPv6，其含义如表 1-4 所示，本例中使用的是 IPv4，即 InterNetwork。
- SocketType 是套接字类型，类型如表 1-5 所示，游戏开发中最常用的是字节流套接字，即 Stream。

表 1-4 AddressFamily 的含义

| AddressFamily 的值 | 含义 |
|---|---|
| InterNetwork | 使用 IPv4 |
| InterNetworkV6 | 使用 IPv6 |

表 1-5 SocketType 的含义

| SocketType 的值 | 含义 |
|---|---|
| Dgram | 支持数据报，即最大长度固定（通常很小）的无连接、不可靠消息。消息可能会丢失或重复并可能在到达时不按顺序排列。Dgram 类型的 Socket 在发送和接收数据之前不需要任何连接，并且可以与多个对方主机进行通信。Dgram 使用数据报协议（UDP）和 InterNetworkAddressFamily |
| Raw | 支持对基础传输协议的访问。通过使用 SocketTypeRaw，可以使用 Internet 控制消息协议（ICMP）和 Internet 组管理协议（Igmp）这样的协议来进行通信。在发送时，您的应用程序必须提供完整的 IP 标头。所接收的数据报在返回时会保持其 IP 标头和选项不变 |
| RDM | 支持无连接、面向消息、以可靠方式发送的消息，并保留数据中的消息边界。RDM（以可靠方式发送的消息）消息会依次到达，不会重复。此外，如果消息丢失，将会通知发送方。如果使用 RDM 初始化 Socket，则在发送和接收数据之前无须建立远程主机连接。利用 RDM，可以与多个对方主机进行通信 |
| Seqpacket | 在网络上提供排序字节流的面向连接且可靠的双向传输。Seqpacket 不重复数据，它在数据流中保留边界。Seqpacket 类型的 Socket 与单个对方主机通信，并且在通信开始之前需要建立远程主机连接 |
| Stream | 支持可靠、双向、基于连接的字节流，而不重复数据，也不保留边界。此类型的 Socket 与单个对方主机通信，并且在通信开始之前需要建立远程主机连接。Stream 使用传输控制协议（TCP）和 InterNetworkAddressFamily |
| Unknown | 指定未知的 Socket 类型 |

❏ ProtocolType 指明协议，本例使用的是 TCP 协议，部分协议类型如表 1-6 所示。若要使用传输速度更快的 UDP 协议而不是较为可靠的 TCP（回顾 1.2.5 节的内容），需要更改协议类型"Socket（AddressFamily.InterNetwork，SocketType.Dgram，Protocol-Type.Udp）"。

表 1-6 常用的协议

| 常用的协议 | 含义 | 常用的协议 | 含义 |
| --- | --- | --- | --- |
| GGP | 网关到网关协议 | PARC | 通用数据包协议 |
| ICMP | 网际消息控制协议 | RAW | 原始 IP 数据包协议 |
| ICMPv6 | 用于 IPv6 的 Internet 控制消息协议 | TCP | 传输控制协议 |
| IDP | Internet 数据报协议 | UDP | 用户数据包协议 |
| IGMP | 网际组管理协议 | Unknown | 未知协议 |
| IP | 网际协议 | Unspecified | 未指定的协议 |
| Internet | 数据包交换协议 | | |

（3）连接 Connect

客户端通过 socket.Connect（远程 IP 地址，远程端口）连接服务端。Connect 是一个阻塞方法，程序会卡住直到服务端回应（接收、拒绝或超时）。

（4）发送消息 Send

客户端通过 socket.Send 发送数据，这也是一个阻塞方法。该方法接受一个 byte[] 类型的参数指明要发送的内容。Send 的返回值指明发送数据的长度（例子中没有使用）。程序用 System.Text.Encoding.Default.GetBytes(字符串) 把字符串转换成 byte[] 数组，然后发送给服务端。

（5）接收消息 Receive

客户端通过 socket.Receive 接收服务端数据。Receive 也是阻塞方法，没有收到服务端数据时，程序将卡在 Receive 不会往下执行。Receive 带有一个 byte[] 类型的参数，它存储接收到的数据。Receive 的返回值指明接收到的数据的长度。之后使用 System.Text.Encoding.Default.GetString(readBuff,0,count) 将 byte[] 数组转换成字符串显示在屏幕上。

（6）关闭连接 Close

通过 socket.Close 关闭连接。

## 1.3.4 完成客户端

编写完代码后，将 Echo.cs 拖曳到场景中任一物体上，并且给 InputField 和 Text 两个属性赋值（将对应游戏物体拖曳到属性右侧的输入框上），如图 1-14 所示。

在属性面板中给 ConnButton 添加点击事件，设置为 Echo 组件的 Connection 方法。使得玩家点击连接按钮时，调用 Echo 组件的 Connection 方法，如图 1-15 所示（图中的游戏物体显示为"Main Camera"，是因为把 Echo 组件挂在了相机上，如果挂在其他物体上，需选择对应的物体）。采用同样的方法，给 SendButton 添加点击事件，设置为 Echo 组件的 Send 方法。

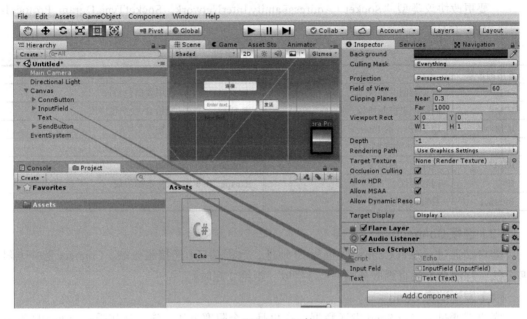

图 1-14　Echo 组件

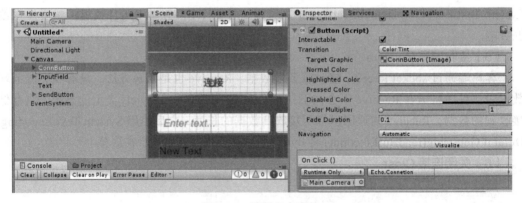

图 1-15　设置点击事件

由于服务端尚未开启，此时运行客户端，点击连接按钮，会提示无法连接，属于正常现象，如图 1-16 所示。

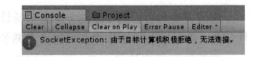

图 1-16　连接服务端失败

### 1.3.5　创建服务端程序

游戏服务端可以使用各种语言开发，为了与客户端统一，本书使用 C# 编写服务端程序。打开位于 Unity 安装目录下的 MonoDevelop（也可以使用 Visual Studio 等工具），选择 File → New → Solution 创建一个控制台（Console）程序，如图 1-17 所示。

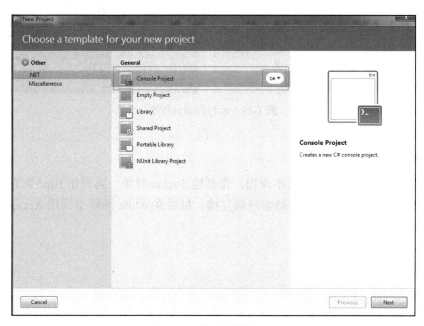

图 1-17　创建控制台程序

MonoDevelop 为我们创建了图 1-18 左侧所示的目录结构。打开 Program.cs 将能看到使用 Console.WriteLine("Hello World!") 在屏幕上输出"Hello World!"的代码。

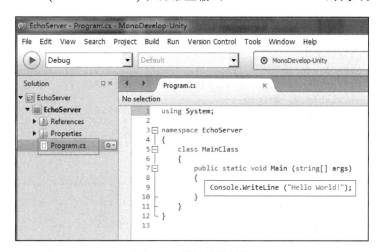

图 1-18　默认目录结构

选择 Run → Restart Without Debugging 即可运行程序（如图 1-19 所示）。如果程序一闪而过，可以在 Console.WriteLine 后面加上一行"Console.Read ();"，让程序等待用户输入。读者

还可以在程序目录下的 bin\Debug 找到对应的 exe 文件，直接执行。

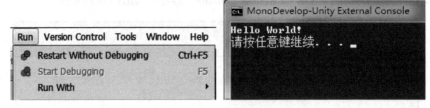

图 1-19　运行控制台程序

## 1.3.6　编写服务端程序

服务器遵照 Socket 通信的基本流程，先创建 Socket 对象，再调用 Bind 绑定本地 IP 地址和端口号，之后调用 Listen 等待客户端连接。最后在 while 循环中调用 Accept 应答客户端，回应消息。代码如下：

```
using System;
using System.Net;
using System.Net.Sockets;
namespace EchoServer
{
    class MainClass
    {
        public static void Main (string[] args)
        {
            Console.WriteLine ("Hello World!");
            //Socket
            Socket listenfd = new Socket(AddressFamily.InterNetwork,
                SocketType.Stream, ProtocolType.Tcp);
            //Bind
            IPAddress ipAdr = IPAddress.Parse("127.0.0.1");
            IPEndPoint ipEp = new IPEndPoint(ipAdr, 8888);
            listenfd.Bind(ipEp);
            //Listen
            listenfd.Listen(0);
            Console.WriteLine("[服务器]启动成功");
            while (true) {
                //Accept
                Socket connfd = listenfd.Accept ();
                Console.WriteLine ("[服务器]Accept");
                //Receive
                byte[] readBuff = new byte[1024];
                int count = connfd.Receive (readBuff);
                string readStr = System.Text.Encoding.Default.GetString (readBuff,
                    0, count);
                Console.WriteLine ("[服务器接收]" + readStr);
                //Send
```

```
            byte[] sendBytes = System.Text.Encoding.Default.GetBytes (readStr);
            connfd.Send(sendBytes);
        }
    }
  }
}
```

运行程序，读者将能看到如图 1-20 所示的界面，此时服务器阻塞在 Accept 方法。下面会详细解释这一段代码的含义。

图 1-20　运行着的服务端程序

### 1.3.7　服务端知识点

上一节的代码涉及不少网络编程的知识点，它们的含义如下。

（1）绑定 Bind

listenfd.Bind(ipEp) 将给 listenfd 套接字绑定 IP 和端口。程序中绑定本地地址"127.0.0.1"和 8888 号端口。127.0.0.1 是回送地址，指本地机，一般用于测试。读者也可以设置成真实的 IP 地址，然后在两台计算机上分别运行客户端和服务端程序。

（2）监听 Listen

服务端通过 listenfd.Listen(backlog) 开启监听，等待客户端连接。参数 backlog 指定队列中最多可容纳等待接受的连接数，0 表示不限制。

（3）应答 Accept

开启监听后，服务器调用 listenfd.Accept() 接收客户端连接。本例使用的所有 Socket 方法都是阻塞方法，也就是说当没有客户端连接时，服务器程序卡在 listenfd.Accept() 不会往下执行，直到接收了客户端的连接。Accept 返回一个新客户端的 Socket 对象，对于服务器来说，它有一个监听 Socket（例子中的 listenfd）用来监听（Listen）和应答（Accept）客户端的连接，对每个客户端还有一个专门的 Socket（例子中的 connfd）用来处理该客户端的数据。

（4）IPAddress 和 IPEndPoint

使用 IPAddress 指定 IP 地址，使用 IPEndPoint 指定 IP 和端口。

（5）System.Text.Encoding.Default.GetString

Receive 方法将接收到的字节流保存到 readBuff 上，readBuff 是 byte 型数组。GetString 方法可以将 byte 型数组转换成字符串。同理，System.Text.Encoding.Default.GetBytes 可以将字符串转换成 byte 型数组。

### 1.3.8　测试 Echo 程序

运行服务端和客户端程序，点击客户端的连接按钮。在文本框中输入文本，点击发送按钮后，客户端将会显示服务端的回应信息"Hello Unity"，如图 1-21 所示。

图 1-21　Echo 程序

读者可能会觉得 Echo 程序没太大用处，其实只要稍微修改一下，就能够制作有实际作用的程序，比如制作一个时间查询程序。更改服务端代码，发送服务端当前的时间，如果服务器时间是准确的，客户端便可以获取准确的时间，如图 1-22 所示。

图 1-22　时间查询程序

```
//Send
string sendStr = System.DateTime.Now.ToString();
byte[] sendBytes = System.Text.Encoding.Default.GetBytes (sendStr);
connfd.Send (sendBytes);
```

思考一个问题：当前的服务端每次只能处理一个客户端的请求，如果我们要做一套聊天系统，它必须同时处理多个客户端请求，那又该怎样实现呢？

## 1.4　更多 API

System.Net.Sockets 命名空间的 Socket 类为网络通信提供了一套丰富的方法和属性，表 1-7 和表 1-8 分别列举了 Socket 类的一些常用方法和属性，使读者可以有个初步的印象，特别是异步 API。

表 1-7　Socket 类的一些常用方法

| 方法 | 说明 |
| --- | --- |
| Bind | 使 Socket 与一个本地终结点相关联 |
| Listen | 将 Socket 置于侦听状态 |
| Accept | 为新建连接创建新的 Socket |
| Connect | 建立与远程主机的连接 |
| Send | 将数据发送到连接的 Socket |
| Receive | 接收来自绑定的 Socket 的数据 |
| Close | 关闭 Socket 连接并释放所有关联的资源 |
| Shutdown | 禁用某 Socket 上的发送和接收 |

(续)

| 方法 | 说明 |
| --- | --- |
| Disconnect | 关闭套接字连接并允许重用套接字 |
| BeginAccept | 开始一个异步操作来接受一个传入的连接尝试 |
| EndAccept | 异步接受传入的连接尝试 |
| BeginConnect | 开始一个对远程主机连接的异步请求 |
| EndConnect | 结束挂起的异步连接请求 |
| BeginDisconnect | 开始异步请求从远程终结点断开连接 |
| EndDisconnect | 结束挂起的异步断开连接请求 |
| BeginReceive | 开始从连接的 Socket 中异步接收数据 |
| EndReceive | 将数据异步发送到连接的 Socket |
| BeginSend | 开始异步发送数据 |
| EndSend | 结束挂起的异步发送 |
| GetSocketOption | 返回 Socket 选项的值 |
| SetSocketOption | 设置 Socket 选项 |
| Poll | 确定 Socket 的状态 |
| Select | 确定一个或多个套接字的状态 |

表 1-8 Socket 类的一些常用属性

| 属性 | 说明 |
| --- | --- |
| AddressFamily | 获取 Socket 的地址族 |
| Available | 获取已经从网络接收且可供读取的数据量 |
| Blocking | 获取或设置一个值,该值指示 Socket 是否处于阻止模式 |
| Connected | 获取一个值,该值指示 Socket 是否连接 |
| IsBound | 指示 Socket 是否绑定到特定本地端口 |
| OSSupportsIPv6 | 指示操作系统和网络适配器是否支持 Internet 协议第 6 版（IPv6） |
| ProtocolType | 获取 Socket 的协议类型 |
| SendBufferSize | 指定 Socket 发送缓冲区的大小 |
| SendTimeout | 指定之后同步 Send 调用将超时的时间长度 |
| ReceiveBufferSize | 指定 Socket 接收缓冲区的大小 |
| ReceiveTimeout | 指定之后同步 Receive 调用将超时的时间长度 |
| Ttl | 指定 Socket 发送的 Internet 协议（IP）数据包的生存时间（TTL）值 |

## 1.5 公网和局域网

本书上一版出版后,有些读者问"这套程序能不能在外网运行"和"怎样写外网能连接的服务端"。其实只要是服务端所在的计算机拥有外网 IP,便能够访问。本地程序和外网的程序完全一样。

假设读者将服务端连到公网,例如连接宽带,或者购买阿里云、腾讯云等服务器,就可以获得这一台计算机的公网 IP（如图 1-23 所示的 123.207.111.220）。客户端只需连接这个公网 IP 和端口，便能够连接到服务端。

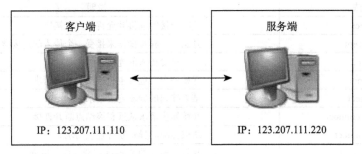

图 1-23　公网示意图

有些读者家里使用了无线路由，或者在校园网的局域网内，那情况就稍有不同。如图 1-24 所示，一些读者把宽带连接到家里的路由器，再由路由器分发到多台计算机（校园网、公司局域网同理），在这种情况下，路由器会有公网和局域网两个 IP。在图 1-24 中，路由器的公网 IP 是 123.207.111.220，局域网 IP 为 192.168.0.1，连接路由器的计算机只有内网 IP，它们分别是 192.168.0.10 和 192.168.0.12。如果将服务端放到连接路由器的某台计算机上，因为它只有局域网 IP，所以只有局域网内的计算机可以连接上。如果拥有路由器的控制权，可以使用一种叫"端口映射"的技术，即设置路由器，将路由器 IP 地址的一个端口映射到内网中的一台计算机，提供相应的服务。当用户访问该 IP 的这个端口时，路由器自动将请求映射到对应局域网内部的计算机上。

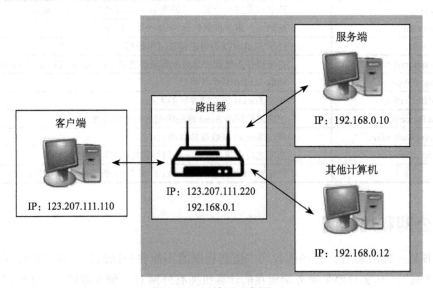

图 1-24　局域网示意图

如果没有路由器的控制权（例如校园网），将服务端程序部署到阿里云、腾讯云等云服务器即可。

第 2 章

# 分身有术：异步和多路复用

第 1 章中的程序全部使用阻塞 API（Connect、Send、Receive 等），可称为同步 Socket 程序，它简单且容易实现，但时不时卡住程序却成为致命的缺点。客户端一卡一顿、服务端只能一次处理一个客户端的消息，不具有实用性。于是，人们发明了异步和多路复用两种技术，完美地解决了阻塞问题。学完本章，读者能够用 Unity 制作聊天室程序，聊天室程序涉及的知识是网络游戏同步技术的基础。

## 2.1 什么样的代码是异步代码

假设有一个"实现一个闹钟，5 秒后铃响"的功能，Unity 中有很多方法可以实现，其中有一个方法是下面这样的。这是个同步方法，会卡住程序。代码中的 Sleep 方法表示让程序休眠，程序运行到该方法时，会等待 5000 毫秒（即 5 秒），再打印出"铃铃铃"。

```
void Start () {
    System.Threading.Thread.Sleep(5000);
    Debug.Log(" 铃铃铃 ");
}
```

另一个实现方法称为异步程序，代码如下：

```
using System.Collections;
using System.Collections.Generic;
using UnityEngine;
using System.Threading;

public class Async : MonoBehaviour {
```

```
    // Use this for initialization
    void Start () {
        // 创建定时器
        Timer timer = new Timer(TimeOut, null, 5000, 0);
        // 其他程序代码
        //……
    }

    // 回调函数
    private void TimeOut(System.Object state){
        Debug.Log(" 铃铃铃 ");
    }
}
```

代码解释：

在 Start 方法中创建一个定时器对象 timer（定时器 Timer 类位于 System.Threading 命名空间内）。Timer 类的构造函数有 4 个参数：第一个参数 TimeOut 代表回调函数，即打印"铃铃铃"的方法；第三个参数 5000 代表 5000 毫秒，即 5 秒；另外两个参数暂不需要关心。整个程序的功能就是开启定时器，5 秒后回调 TimeOut 方法，打印"铃铃铃"。

这种方法称为异步，它指进程不需要一直等下去，而是继续往下执行，直到满足条件时才调用回调函数，这样可以提高执行的效率。

如图 2-1 所示，异步的实现依赖于多线程技术。在 Unity 中，执行 Start、Update 方法的线程是主线程，定时器会把定时任务交给另外的线程去执行，在等待 5 秒后，"另外的某条线程"调用回调函数。主线程继续往下执行代码，不受影响。

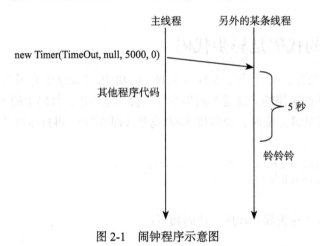

图 2-1 闹钟程序示意图

## 2.2 异步客户端

同步模式中，客户端使用 API Connect 连接服务器，并使用 API Send 和 Receive 接收数据。在异步模式下，客户端可以使用 BeginConnect 和 EndConnect 等 API 完成同样的功能。

## 2.2.1 异步 Connect

每一个同步 API（如 Connect）对应着两个异步 API，分别是在原名称前面加上 Begin 和 End（如 BeginConnect 和 EndConnect）。客户端发起连接时，如果网络不好或服务端没有回应，客户端会被卡住一段时间。读者可以做一个这样的实验：使用 NetLimiter 等软件限制网速，然后打开第 1 章制作的 Echo 程序。点击连接后，客户端会卡住十几秒，并弹出"由于连接方在一段时间后没有正确答复或连接的主机没有反应，连接尝试失败。"的异常信息。而在这卡住的十几秒，用户不能做任何操作，游戏体验很差。

若使用异步程序，则可以防止程序卡住，其核心的 API BeginConnect 的函数原型如下：

```
public IAsyncResult BeginConnect(
    string host,
    int port,
    AsyncCallback requestCallback,
    object state
)
```

表 2-1 中针对 BeginConnect 的参数进行了说明。

表 2-1　BeginConnect 的参数

| 参数 | 说明 |
| --- | --- |
| host | 远程主机的名称（IP），如"127.0.0.1" |
| port | 远程主机的端口号，如"8888" |
| requestCallback | 一个 AsyncCallback 委托，即回调函数，回调函数的参数必须是这样的形式：void ConnectCallback(IAsyncResult ar) |
| state | 一个用户定义对象，可包含连接操作的相关信息。此对象会被传递给回调函数 |

> **知识点** IAsyncResult 是 .NET 提供的一种异步操作，通过名为 Begin××× 和 End××× 的两个方法来实现原同步方法的异步调用。Begin××× 方法包含同步方法中所需的参数，此外还包含另外两个参数：一个 AsyncCallback 委托和一个用户定义的状态对象。委托用来调用回调方法，状态对象用来向回调方法传递状态信息。且 Begin××× 方法返回一个实现 IAsyncResult 接口的对象，End××× 方法用于结束异步操作并返回结果。End××× 方法含有一个 IAsyncResult 参数，用于获取异步操作是否完成的信息，它的返回值与同步方法相同。

EndConnect 的函数原型如下。在 BeginConnect 的回调函数中调用 EndConnect，可完成连接。

```
public void EndConnect(
    IAsyncResult asyncResult
)
```

## 2.2.2 Show Me The Code

"码不出何以论天下",开始编程吧!使用异步 Connect 修改 Echo 客户端程序如下所示。

```
using System;

//点击连接按钮
public void Connection()
{
    //Socket
    socket = new Socket(AddressFamily.InterNetwork,
        SocketType.Stream, ProtocolType.Tcp);
    //Connect
    socket.BeginConnect("127.0.0.1", 8888, ConnectCallback, socket);
}

//Connect 回调
public void ConnectCallback(IAsyncResult ar){
    try{
        Socket socket = (Socket) ar.AsyncState;
        socket.EndConnect(ar);
        Debug.Log("Socket Connect Succ");
    }
    catch (SocketException ex){
        Debug.Log("Socket Connect fail" + ex.ToString());
    }
}
```

说明:

1)由 BeginConnect 最后一个参数传入的 socket,可由 ar.AsyncState 获取到。

2)try-catch 是 C# 里处理异常的结构。它允许将任何可能发生异常情形的程序代码放置在 try{} 中进行监控。异常发生后,catch{} 里面的代码将会被执行。catch 语句中的参数 ex 附带了异常信息,可以将它打印出来。如果连接失败,EndConnect 会抛出异常,所以将相关的语句放到 try-catch 结构中。

打开 Echo 服务端,运行程序。点击连接按钮后,客户端不再被卡住。图 2-2 展示的是在限

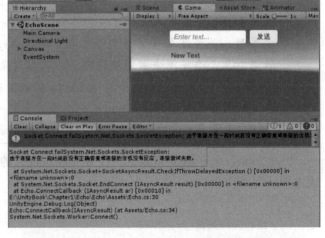

图 2-2 限制网速,客户端无法连接服务端,弹出异常

制网速的情况下，客户端无法连接服务端，弹出异常的情形。但无论如何，客户端不再卡住。

### 2.2.3 异步 Receive

Receive 是个阻塞方法，会让客户端一直卡着，直至收到服务端的数据为止。如果服务端不回应（试试注释掉 Echo 服务端的 Send 方法！），客户端就算等到海枯石烂，也只能继续等着。异步 Receive 方法 BeginReceive 和 EndReceive 正是解决这个问题的关键。

与 BeginConnect 相似，BeginReceive 用于实现异步数据的接收，它的原型如下所示。

```
public IAsyncResult BeginReceive (
    byte[] buffer,
    int offset,
    int size,
    SocketFlags socketFlags,
    AsyncCallback callback,
    object state
)
```

表 2-2 对 BeginReceive 的参数进行了说明。

表 2-2　BeginReceive 的参数说明

| 参数 | 说明 |
| --- | --- |
| buffer | Byte 类型的数组，它存储接收到的数据 |
| offset | buffer 中存储数据的位置，该位置从 0 开始计数 |
| size | 最多接收的字节数 |
| socketFlags | SocketFlags 值的按位组合，这里设置为 0 |
| callback | 回调函数，一个 AsyncCallback 委托 |
| state | 一个用户定义对象，其中包含接收操作的相关信息。当操作完成时，此对象会被传递给 EndReceive 委托 |

虽然参数比较多，但我们先重点关注 buffer、callback 和 state 三个即可。对应的 EndReceive 的原型如下，它的返回值代表了接收到的字节数。

```
public int EndReceive(
    IAsyncResult asyncResult
)
```

冗谈无用，源码拿来！修改 Echo 客户端程序如下所示，其中底纹标注的部分为需要特别注意的地方。

```
using System.Collections;
using System.Collections.Generic;
using UnityEngine;
using System.Net.Sockets;
using UnityEngine.UI;
using System;
```

```csharp
public class Echo : MonoBehaviour {

    //定义套接字
    Socket socket;
    //UGUI
    public InputField InputFeld;
    public Text text;
    // 接收缓冲区
    byte[] readBuff = new byte[1024];
    string recvStr = "";

    // 点击连接按钮
    public void Connection()
    {
        //Socket
        socket = new Socket(AddressFamily.InterNetwork,
            SocketType.Stream, ProtocolType.Tcp);
        //Connect
        socket.BeginConnect("127.0.0.1", 8888, ConnectCallback, socket);
    }

    //Connect 回调
    public void ConnectCallback(IAsyncResult ar){
        try{
            Socket socket = (Socket) ar.AsyncState;
            socket.EndConnect(ar);
            Debug.Log("Socket Connect Succ");
            socket.BeginReceive( readBuff, 0, 1024, 0,
                ReceiveCallback, socket);
        }
        catch (SocketException ex){
            Debug.Log("Socket Connect fail" + ex.ToString());
        }
    }

    //Receive 回调
    public void ReceiveCallback(IAsyncResult ar){
        try {
            Socket socket = (Socket) ar.AsyncState;
            int count = socket.EndReceive(ar);
            recvStr = System.Text.Encoding.Default.GetString(readBuff, 0, count);

            socket.BeginReceive( readBuff, 0, 1024, 0,
                ReceiveCallback, socket);
        }
        catch (SocketException ex){
            Debug.Log("Socket Receive fail" + ex.ToString());
        }
    }

    // 点击发送按钮
```

```
    public void Send()
    {
        //Send
        string sendStr = InputFeld.text;
        byte[] sendBytes = System.Text.Encoding.Default.GetBytes(sendStr);
        socket.Send(sendBytes);
        // 不需要 Receive 了
    }


    public void Update(){
        text.text = recvStr;
    }
}
```

上述代码运行的结果如图 2-3 所示。

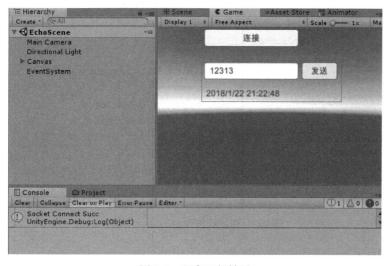

图 2-3　程序运行结果

下面对值得注意的地方进行进一步解释。

（1）BeginReceive 的参数

上述程序中，BeginReceive 的参数为 (readBuff, 0, 1024, 0, ReceiveCallback, socket)。第一个参数 readBuff 表示接收缓冲区；第二个参数 0 表示从 readBuff 第 0 位开始接收数据，这个参数和 TCP 粘包问题有关，后续章节再详细介绍；第三个参数 1024 代表每次最多接收 1024 个字节的数据，假如服务端回应一串长长的数据，那一次也只会收到 1024 个字节。

（2）BeginReceive 的调用位置

程序在两个地方调用了 BeginReceive：一个是 ConnectCallback，在连接成功后，就开始接收数据，接收到数据后，回调函数 ReceiveCallback 被调用。另一个是 BeginReceive 内部，接收完一串数据后，等待下一串数据的到来，如图 2-4 所示。

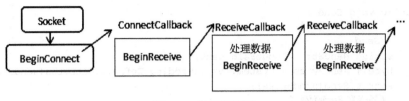

图 2-4　程序结构图

（3）Update 和 recvStr

在 Unity 中，只有主线程可以操作 UI 组件。由于异步回调是在其他线程执行的，如果在 BeginReceive 给 text.text 赋值，Unity 会弹出"get_isActiveAndEnabled can only be called from the main thread"的异常信息，所以程序只给变量 recvStr 赋值，在主线程执行的 Update 中再给 text.text 赋值（如图 2-5 所示）。

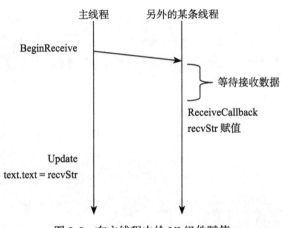

图 2-5　在主线程中给 UI 组件赋值

## 2.2.4　异步 Send

尽管不容易察觉，Send 也是个阻塞方法，可能导致客户端在发送数据的一瞬间卡住。TCP 是可靠连接，当接收方没有收到数据时，发送方会重新发送数据，直至确认接收方收到数据为止。

在操作系统内部，每个 Socket 都会有一个发送缓冲区，用于保存那些接收方还没有确认的数据。图 2-6 指示了一个 Socket 涉及的属性，它分为"用户层面"和"操作系统层面"两大部分。Socket 使用的协议、IP、端口属于用户层面的属性，可以直接修改；操作系统层面拥有"发送"和"接收"两个缓冲区，当调用 Send 方法时，程序将要发送的字节流写入到发送缓冲区中，再由操作系统完成数据的发送和确认。由于这些步骤是操作系统自动处理的，不对用户开放，因此称为"操作系统层面"上的属性。

发送缓冲区的长度是有限的（默认值约为 8KB），如果缓冲区满，那么 Send 就会阻塞，直到缓冲区的数据被确认腾出空间。

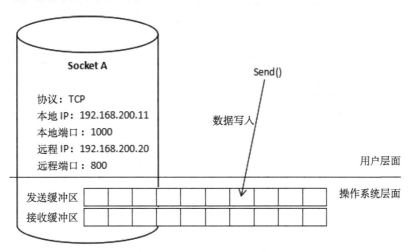

图 2-6　发送缓冲区示意图

可以做一个这样的实验：删去服务端 Receive 相关的内容，使客户端的 Socket 缓冲区不能释放，然后发送很多数据（如下代码所示），这时就能够把客户端卡住。

```
//点击发送按钮
public void Send()
{
    //Send
    string sendStr = InputFeld.text;
    byte[] sendBytes = System.Text.Encoding.Default.GetBytes(sendStr);
    for(int i=0;i<10000;i++){
        socket.Send(sendBytes);
    }
}
```

值得注意的是，Send 过程只是把数据写入到发送缓冲区，然后由操作系统负责重传、确认等步骤。Send 方法返回只代表成功将数据放到发送缓存区中，对方可能还没有收到数据。

异步 Send 不会卡住程序，当数据成功写入输入缓冲区（或发生错误）时会调用回调函数。异步 Send 方法 BeginSend 的原型如下。

```
public IAsyncResult BeginSend(
    byte[] buffer,
    int offset,
    int size,
    SocketFlags socketFlags,
    AsyncCallback callback,
    object state
)
```

表 2-3 对 BeginSend 的参数进行了说明。

表 2-3　BeginSend 参数说明

| 参数 | 说明 |
|---|---|
| buffer | Byte 类型的数组，包含要发送的数据 |
| offset | 从 buffer 中的 offset 位置开始发送 |
| size | 要发送的字节数 |
| socketFlags | SocketFlags 值的按位组合，这里设置为 0 |
| callback | 回调函数，一个 AsyncCallback 委托 |
| state | 一个用户定义对象，其中包含发送操作的相关信息。当操作完成时，此对象会被传递给 EndSend 委托 |

EndSend 函数原型如下。它的返回值代表发送的字节数，如果发送失败会抛出异常。

```
public int EndSend (
    IAsyncResult asyncResult
)
```

又到"Show Me The Code"的时间了，修改客户端程序，使用异步发送。

```
//点击发送按钮
public void Send()
{
    //Send
    string sendStr = InputFeld.text;
    byte[] sendBytes = System.Text.Encoding.Default.GetBytes(sendStr);
    socket.BeginSend(sendBytes, 0, sendBytes.Length, 0, SendCallback, socket);
}

//Send 回调
public void SendCallback(IAsyncResult ar){
    try {
        Socket socket = (Socket) ar.AsyncState;
        int count = socket.EndSend(ar);
        Debug.Log("Socket Send succ" + count);
    }
    catch (SocketException ex){
        Debug.Log("Socket Send fail" + ex.ToString());
    }
}
```

注意：在上述代码中 BeginSend 的第二个参数设置为 0；第三个参数 sendBytes.Length，代表发送 sendBytes 一整串数据。读者可以将它们分别设置为 1、endBytes.Length-1，代表从第 2 个字符开始发送。

一般情况下，EndSend 的返回值 count 与要发送数据的长度相同，代表数据全部发出。但也不绝对，如果 EndSend 的返回值指示未全部发完，需要再次调用 BeginSend 方法，以便发送未发送的数据（本章只介绍异步程序，后面章节再详细介绍缓冲区）。

使用异步 Send 时，无论发送多少数据，客户端都不会卡住。测试程序如下所示。

```
//点击发送按钮
public void Send()
{
    //Send
    string sendStr = InputFeld.text;
    byte[] sendBytes = System.Text.Encoding.Default.GetBytes(sendStr);
    for(int i=0;i<10000;i++){
        socket.BeginSend(sendBytes, 0, sendBytes.Length, 0, SendCallback, socket);
    }
}
```

图 2-7 是上述代码的输出结果。

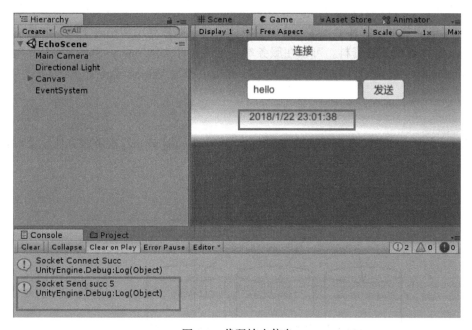

图 2-7　代码输出信息

## 2.3　异步服务端

第 1 章的同步服务端程序同一时间只能处理一个客户端的请求，因为它会一直阻塞，等待某一个客户端的数据，无暇接应其他客户端。使用异步方法，可以让服务端同时处理多个客户端的数据，及时响应。

### 2.3.1　管理客户端

想象一下在聊天室里，某个用户说了一句话后，服务端需要把这句话发送给每一个人。所以服务端需要有个列表，保存所有连接上来的客户端信息。可以定义一个名为 ClientState

的类，用于保存一个客户端信息。ClientState 包含 TCP 连接所需 Socket，以及用于填充 BeginReceive 参数的读缓冲区 readBuff。

```
class ClientState
{
    public Socket socket;
    public byte[] readBuff = new byte[1024];
}
```

C# 提供了 List 和 Dictionary 等容器类数据结构（System.Collections.Generic 命名空间内），其中 Dictionary（字典）是一个集合，每个元素都是一个键值对，它是常用于查找和排序的列表。可以通过 Add 方法给 Dictionary 添加元素，并通过 ContainsKey 方法判断 Dictionary 里面是否包含某个元素。这里假设读者对这些数据结构稍有了解，如果不是很了解，可以先搜索相关的资料。可以在服务端中定义一个 Dictionary<Socket, ClientState> 类型的 Dictionary，以 Socket 作为 Key，以 ClientState 作为 Value。命令如下：

```
static Dictionary<Socket, ClientState> clients =
    new Dictionary<Socket, ClientState>();
```

clients 的结构如图 2-8 所示，通过 clientState = clients[socket] 能够很方便地获取客户端的信息。

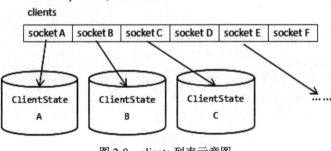

图 2-8　clients 列表示意图

## 2.3.2　异步 Accept

除了 BeginSend、BeginReceive 等方法外，异步服务端还会用到异步 Accept 方法 BeginAccept 和 EndAccept。BeginAccept 的函数原型如下。

```
public IAsyncResult BeginAccept(
    AsyncCallback callback,
    object state
)
```

表 2-4 对 BeginAccept 的参数进行了说明。

表 2-4　BeginAccept 参数说明

| 参数 | 说明 |
| --- | --- |
| AsyncCallBack | 回调函数 |
| state | 表示状态信息，必须保证 state 中包含 socket 的句柄 |

调用 BeginAccecpt 后，程序继续执行而不是阻塞在该语句上。等到客户端连接上来，回调函数 AsyncCallback 将被执行。在回调函数中，开发者可以使用 EndAccept 获取新客户端的套接字（Socket），还可以获取 state 参数传入的数据。其中 EndAccept 的原型如下，它会返回一个客户端 Socket。

```
public Socket EndAccept(
    IAsyncResult asyncResult
)
```

### 2.3.3　程序结构

图 2-9 展示了异步服务端的程序结构，服务器经历 Socket、Bind、Listen 三个步骤初始化监听 Socket，然后调用 BeginAccept 开始异步处理客户端连接。如果有客户端连接进来，异步 Accept 的回调函数 AcceptCallback 被调用，会让客户端开始接收数据，然后继续调用 BeginAccept 等待下一个客户端的连接。

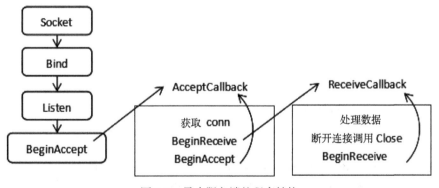

图 2-9　异步服务端的程序结构

### 2.3.4　代码展示

"读万卷书不如行万里路"，直接来看看代码吧！服务端程序的主体结构中，定义客户端状态类 ClientState，客户端管理列表 clients。除了调用 BeginAccept 外，其大体与同步服务端相似。具体代码如下。

```
using System;
using System.Net;
using System.Net.Sockets;
```

```csharp
using System.Collections.Generic;

class ClientState
{
    public Socket socket;
    public byte[] readBuff = new byte[1024];
}

class MainClass
{
    //监听Socket
    static Socket listenfd;
    //客户端Socket及状态信息
    static Dictionary<Socket, ClientState> clients =
        new Dictionary<Socket, ClientState>();

    public static void Main (string[] args)
    {
        Console.WriteLine ("Hello World!");
        //Socket
        listenfd = new Socket(AddressFamily.InterNetwork,
            SocketType.Stream, ProtocolType.Tcp);
        //Bind
        IPAddress ipAdr = IPAddress.Parse("127.0.0.1");
        IPEndPoint ipEp = new IPEndPoint(ipAdr, 8888);
        listenfd.Bind(ipEp);
        //Listen
        listenfd.Listen(0);
        Console.WriteLine("[服务器]启动成功");
        //Accept
        listenfd.BeginAccept (AcceptCallback, listenfd);
        //等待
        Console.ReadLine();
    }
}
```

AcceptCallback 是 BeginAccept 的回调函数,它处理了三件事情:

1)给新的连接分配 ClientState,并把它添加到 clients 列表中;

2)异步接收客户端数据;

3)再次调用 BeginAccept 实现循环。

注意 BeginReceive 的最后一个参数,这里以 ClientState 代替了原来的 Socket。

```csharp
//Accept 回调
public static void AcceptCallback(IAsyncResult ar){
    try {
        Console.WriteLine ("[服务器]Accept");
        Socket listenfd = (Socket) ar.AsyncState;
        Socket clientfd = listenfd.EndAccept(ar);
        //clients列表
```

```
        ClientState state = new ClientState();
        state.socket = clientfd;
        clients.Add(clientfd, state);
         //接收数据 BeginReceive
        clientfd.BeginReceive(state.readBuff, 0, 1024, 0,
            ReceiveCallback, state);
        //继续 Accept
        listenfd.BeginAccept (AcceptCallback, listenfd);
    }
    catch (SocketException ex){
        Console.WriteLine("Socket Accept fail" + ex.ToString());
    }
}
```

ReceiveCallback 是 BeginReceive 的回调函数,它也处理了三件事情:

1)服务端收到消息后,回应客户端;
2)如果收到客户端关闭连接的信号"if(count == 0)",断开连接;
3)继续调用 BeginReceive 接收下一个数据。

```
//Receive 回调
public static void ReceiveCallback(IAsyncResult ar){
    try {
        ClientState state = (ClientState) ar.AsyncState;
        Socket clientfd = state.socket;
        int count = clientfd.EndReceive(ar);
        //客户端关闭
        if(count == 0){
            clientfd.Close();
            clients.Remove(clientfd);
            Console.WriteLine("Socket Close");
            return;
        }

        string recvStr =
            System.Text.Encoding.Default.GetString(state.readBuff, 0, count);
        byte[] sendBytes =
            System.Text.Encoding.Default.GetBytes("echo" + recvStr);
        clientfd.Send(sendBytes);//减少代码量,不用异步
        clientfd.BeginReceive( state.readBuff, 0, 1024, 0,
            ReceiveCallback, state);
    }
    catch (SocketException ex){
        Console.WriteLine("Socket Receive fail" + ex.ToString());
    }
}
```

**收到 0 字节**

当 Receive 返回值小于等于 0 时,表示 Socket 连接断开,可以关闭 Socket。但也有一种特例,上述程序没有处理,后面章节再做介绍。

开始测试程序吧！导出 exe 文件（如图 2-10 所示），运行多个客户端，便可以愉快地聊天了。读者可以试着完善这个聊天工具，做一款 QQ 软件。

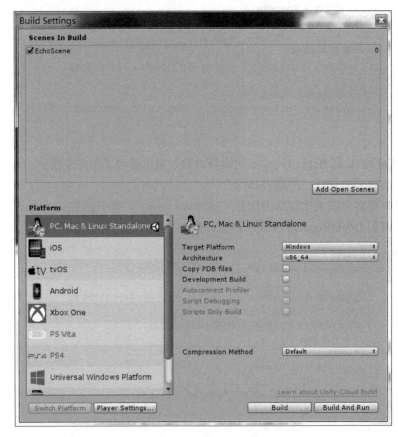

图 2-10　导出 exe 文件

程序运行结果如图 2-11 所示。

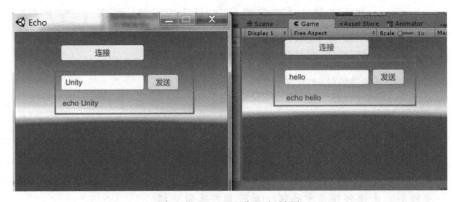

图 2-11　Echo 程序运行结果

## 2.4 实践：做个聊天室

下面运用前面学到的知识，搭建聊天室。在聊天室中，某个客户端发送聊天消息，所有在线的客户端都会收到这条消息。

### 2.4.1 服务端

聊天室与 Echo 程序的不同之处在于服务端对消息的处理。服务端会遍历在线的客户端，然后推送消息。代码如下：

```
//Receive 回调
public static void ReceiveCallback(IAsyncResult ar){
    try {
        ……
         string recvStr = System.Text.Encoding.Default.GetString(state.readBuff, 0, count);
        string sendStr = clientfd.RemoteEndPoint.ToString() + ":" + recvStr;
        byte[] sendBytes = System.Text.Encoding.Default.GetBytes(sendStr);
        foreach (ClientState s in clients.Values){
            s.socket.Send(sendBytes);
        }
        clientfd.BeginReceive( state.readBuff, 0, 1024, 0,
            ReceiveCallback, state);
    }
    catch (SocketException ex){
        ……
    }
}
```

### 2.4.2 客户端

聊天客户端与 Echo 客户端大同小异，不同的是，它会显示以前的聊天信息。示例代码如下：

```
//Receive 回调
public void ReceiveCallback(IAsyncResult ar){
    try {
        Socket socket = (Socket) ar.AsyncState;
        int count = socket.EndReceive(ar);
        string s = System.Text.Encoding.Default.GetString(readBuff, 0, count);
        recvStr = s + "\n" + recvStr;

        socket.BeginReceive( readBuff, 0, 1024, 0,
            ReceiveCallback, socket);
    }
    catch (SocketException ex){
        Debug.Log("Socket Receive fail" + ex.ToString());
```

            }
        }

### 2.4.3 测试

现在运行多个客户端，如图 2-12 所示，愉快地聊天吧！

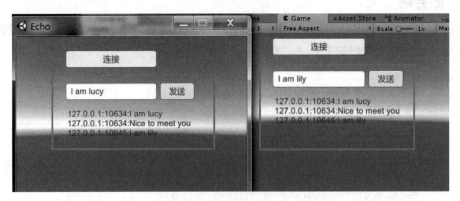

图 2-12 聊天程序

## 2.5 状态检测 Poll

使用异步程序，我们已经能够开发一套聊天程序。除了异步，有没有其他技术可以改善聊天室呢？

### 2.5.1 什么是 Poll

比起异步程序，同步程序更简单明了，而且不会引发线程问题。智慧的人们经过多年辛勤钻研，终于在某一天灵光一闪，想到一个处理阻塞问题的绝佳方法，那就是：

```
if(socket 有可读数据){
    socket.Receive()
}

if(socket 缓冲区可写){
    socket.Send()
}

if(socket 发生错误){
    错误处理
}
```

只要在阻塞方法前加上一层判断，有数据可读才调用 Receive，有数据可写才调用 Send，那不就既能够实现功能，又不会卡住程序了么？可能有人会在心里感叹，这样的好方法我怎么就没有想到呢？

微软当然很早就想到了这个解决方法，于是给 Socket 类提供了 Poll 方法，它的原型如下：

```
public bool Poll (
    int microSeconds,
    SelectMode mode
)
```

表 2-5 对 Poll 的参数进行了说明。

表 2-5　Poll 的参数说明

| 参数 | 说明 |
| --- | --- |
| microSeconds | 等待回应的时间，以微秒为单位，如果该参数为 -1，表示一直等待，如果为 0，表示非阻塞 |
| mode | 有 3 种可选的模式，分别如下：<br>SelectRead：如果 Socket 可读（可以接收数据），返回 true，否则返回 false；<br>SelectWrite：如果 Socket 可写，返回 true，否则返回 false；<br>SelectError：如果连接失败，返回 true，否则返回 false |

Poll 方法将会检查 Socket 的状态。如果指定 mode 参数为 SelectMode.SelectRead，则可确定 Socket 是否为可读；指定参数为 SelectMode.SelectWrite，可确定 Socket 是否为可写；指定参数为 SelectMode.SelectError，可以检测错误条件。Poll 将在指定的时段（以微秒为单位）内阻止执行，如果希望无限期地等待响应，可将 microSeconds 设置为一个负整数；如果希望不阻塞，可将 microSeconds 设置为 0。

### 2.5.2　Poll 客户端

卡住客户端的最大"罪犯"就是阻塞 Receive 方法，如果能在 Update 里面不停地判断有没有数据可读，如果有数据可读才调用 Receive，那不就解决问题了么？代码如下：

```
//省略各种 using
public class Echo : MonoBehaviour {

    //定义套接字
    Socket socket;
    //UGUI
    public InputField InputFeld;
    public Text text;

    //点击连接按钮
    public void Connection()
    {
        //Socket
        socket = new Socket(AddressFamily.InterNetwork,
            SocketType.Stream, ProtocolType.Tcp);
        //Connect
        socket.Connect("127.0.0.1", 8888);
```

```csharp
    }
    //点击发送按钮
    public void Send(){……//略 }

    public void Update(){
        if(socket == null) {
            return;
        }

        if(socket.Poll(0, SelectMode.SelectRead)){
            byte[] readBuff = new byte[1024];
            int count = socket.Receive(readBuff);
            string recvStr =
                System.Text.Encoding.Default.GetString(readBuff, 0, count);
            text.text = recvStr;
        }
    }
}
```

上述代码调用了 socket.Poll，设置为不阻塞模式（microSeconds 为 0）。比起异步程序，这段代码可谓简洁。程序只处理阻塞 Receive，阻塞 Send 就由读者自己实现吧（也是因为涉及后面的缓冲区章节的内容，所以就留到后面再讲解）。

### 2.5.3 Poll 服务端

服务端可以不断检测监听 Socket 和各个客户端 Socket 的状态，如果收到消息，则分别处理，流程如下所示。

```
初始化 listenfd
初始化 clients 列表
while(true){
    if(listenfd 可读) Accept;
    for(遍历 clients 列表){
        if(这个客户端可读) 消息处理;
    }
}
```

服务端使用主循环结构 while(true){……}，不断重复做两件事情：

1）判断监听 Socket 是否可读，如果监听 Socket 可读，意味着有客户端连接上来，调用 Accept 回应客户端，以及把客户端 Socket 加入客户端信息列表。

2）如果某一个客户端 Socket 可读，处理它的消息（在聊天室中，服务端把消息广播给各个客户端）。

服务端代码如下：

```csharp
class MainClass
{
```

```csharp
// 监听 Socket
static Socket listenfd;
// 客户端 Socket 及状态信息
static Dictionary<Socket, ClientState> clients = 
    new Dictionary<Socket, ClientState>();
public static void Main (string[] args)
{
    //Socket
    listenfd = new Socket(AddressFamily.InterNetwork,
        SocketType.Stream, ProtocolType.Tcp);
    //Bind
    IPAddress ipAdr = IPAddress.Parse("127.0.0.1");
    IPEndPoint ipEp = new IPEndPoint(ipAdr, 8888);
    listenfd.Bind(ipEp);
    //Listen
    listenfd.Listen(0);
    Console.WriteLine("[服务器]启动成功");
    //主循环
    while(true){
        //检查 listenfd
        if(listenfd.Poll(0, SelectMode.SelectRead)){
            ReadListenfd(listenfd);
        }
        //检查 clientfd
        foreach (ClientState s in clients.Values){
            Socket clientfd = s.socket;
            if(clientfd.Poll(0, SelectMode.SelectRead)){
                if(!ReadClientfd(clientfd)){
                    break;
                }
            }
        }
        //防止 CPU 占用过高
        System.Threading.Thread.Sleep(1);
    }
}
```

这段代码有三个注意点。

其一是在主循环最后调用了 System.Threading.Thread.Sleep(1)，让程序挂起 1 毫秒，这样做的目的是避免死循环，让 CPU 有个短暂的喘息时间。

其二是 ReadClientfd 会返回 true 或 false，返回 false 表示该客户端断开（收到长度为 0 的数据）。由于客户端断开后，ReadClientfd 会删除 clients 列表中对应的客户端信息，导致 clients 列表改变，而 ReadClientfd 又是在 foreach（ClientState s in clients.Values）的循环中被调用的，clients 列表变化会导致遍历失败，因此程序在检测到客户端关闭后将退出 foreach 循环。

其三是将 Poll 的超时时间设置为 0，程序不会有任何等待。如果设置较长的超时时间，服务端将无法及时处理多个客户端同时连接的情况。当然，这样设置也会导致程序的 CPU 占用率很高。

下面来看看 ReadListenfd 和 ReadClientfd 两个方法的实现。

ReadListenfd 代码如下。它和异步服务端中 AcceptCallback 很相似，用于应答（Accept）客户端，添加客户端信息（ClientState）。

```
//读取 Listenfd
public static void ReadListenfd(Socket listenfd){
    Console.WriteLine("Accept");
    Socket clientfd = listenfd.Accept();
    ClientState state = new ClientState();
    state.socket = clientfd;
    clients.Add(clientfd, state);
}
```

ReadClientfd 代码如下。它和异步服务端中的 ReceiveCallback 很相似，用于接收客户端消息，并广播给所有的客户端。

```
//读取 Clientfd
public static bool ReadClientfd(Socket clientfd){
    ClientState state = clients[clientfd];
    //接收
    int count = 0;
    try{
        count = clientfd.Receive(state.readBuff);
    }catch(SocketException ex){
        clientfd.Close();
        clients.Remove(clientfd);
        Console.WriteLine("Receive SocketException " + ex.ToString());
        return false;
    }
    //客户端关闭
    if(count == 0){
        clientfd.Close();
        clients.Remove(clientfd);
        Console.WriteLine("Socket Close");
        return false;
    }
    //广播
    string recvStr = 
        System.Text.Encoding.Default.GetString(state.readBuff, 0, count);
    Console.WriteLine("Receive" + recvStr);
    string sendStr = clientfd.RemoteEndPoint.ToString() + ":" + recvStr;
    byte[] sendBytes = System.Text.Encoding.Default.GetBytes(sendStr);
    foreach (ClientState cs in clients.Values){
        cs.socket.Send(sendBytes);
    }
    return true;
}
```

尽管逻辑清晰，但 Poll 服务端的弊端也很明显，若没有收到客户端数据，服务端也一直在循环，浪费了 CPU。Poll 客户端也是同理，没有数据的时候还总在 Update 中检测数据，同样是一种浪费。从性能角度考虑，还有不小的改进空间。

## 2.6 多路复用 Select

### 2.6.1 什么是多路复用

此节内容为重点知识，因为后面章节的服务端程序将全部使用 Select 模式。多路复用，就是同时处理多路信号，比如同时检测多个 Socket 的状态。

又是辛勤的人们，经过没日没夜的加班，终于灵光一闪，想到了解决 Poll 服务端中 CPU 占用率过高的方法，那就是：同时检测多个 Socket 的状态。在设置要监听的 Socket 列表后，如果有一个（或多个）Socket 可读（或可写，或发生错误信息），那就返回这些可读的 Socket，如果没有可读的，那就阻塞。

Select 方法便是实现多路复用的关键，它的原型如下：

```
public static void Select(
    IList checkRead,
    IList check Write,
    IList checkError,
    int microSeconds
)
```

表 2-6 对 Select 的参数进行了说明。

表 2-6 Select 的参数说明

| 参数 | 说明 |
| --- | --- |
| checkRead | 检测是否有可读的 Socket 列表 |
| checkWrite | 检测是否有可写的 Socket 列表 |
| checkError | 检测是否有出错的 Socket 列表 |
| microSeconds | 等待回应的时间，以微秒为单位，如果该参数为 −1 表示一直等待，如果为 0 表示非阻塞 |

Select 可以确定一个或多个 Socket 对象的状态，如图 2-13 所示。使用它时，须先将一个或多个套接字放入 IList 中。通过调用 Select（将 IList 作为 checkRead 参数），可检查 Socket 是否具有可读性。若要检查套接字是否具有可写性，可使用 checkWrite 参数。若要检测错误条件，可使用 checkError。在调用 Select 之后，Select 将修改 IList 列表，仅保留那些满足条件的套接字。如图 2-13 所示，把包含 6 个 Socket 的列表传给 Select，Select 方法将会阻塞，等到超时或某个（或多个）Socket 可读时返回，并且修改 checkRead 列表，仅保存可读的 socket A 和 socket C。当没有任何可读 Socket 时，程序将会阻塞，不占用 CPU 资源。

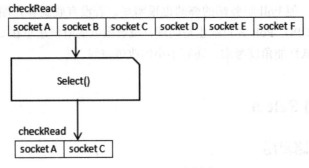

图 2-13 Select 示意图

## 2.6.2 Select 服务端

服务端调用 Select，等待可读取的 Socket，流程如下。

```
初始化 listenfd
初始化 clients 列表
while(true) {
    checkList = 待检测 Socket 列表
    Select(checkList ...)
    for(遍历可读 checkList 列表){
        if(listenfd 可读)  Accept;
        if(这个客户端可读)  消息处理;
    }
}
```

服务端使用主循环结构 while(true){…}，不断地调用 Select 检测 Socket 状态，其步骤如下：

❑ 将监听 Socket（listenfd）和客户端 Socket（遍历 clients 列表）添加到待检测 Socket 可读状态的列表 checkList 中。

❑ 调用 Select，程序中设置超时时间为 1 毫秒，若 1 毫秒内没有任何可读信息，Select 方法将 checkList 列表变成空列表，然后返回。

❑ 对 Select 处理后的每个 Socket 做处理，如果监听 Socket（listenfd）可读，说明有客户端连接，需调用 Accept。如果客户端 Socket 可读，说明客户端发送了消息（或关闭），将消息广播给所有客户端。

上述过程的示例代码如下：

```
using System;
using System.Net;
using System.Net.Sockets;
using System.Collections.Generic;

class ClientState
```

```csharp
{
    public Socket socket;
    public byte[] readBuff = new byte[1024];
}

class MainClass
{
    //监听Socket
    static Socket listenfd;
    //客户端Socket及状态信息
    static Dictionary<Socket, ClientState> clients =
        new Dictionary<Socket, ClientState>();

    public static void Main (string[] args)
    {
        //Socket
        listenfd = new Socket(AddressFamily.InterNetwork,
            SocketType.Stream, ProtocolType.Tcp);
        //Bind
        IPAddress ipAdr = IPAddress.Parse("127.0.0.1");
        IPEndPoint ipEp = new IPEndPoint(ipAdr, 8888);
        listenfd.Bind(ipEp);
        //Listen
        listenfd.Listen(0);
        Console.WriteLine("[服务器]启动成功");
        //checkRead
        List<Socket> checkRead = new List<Socket>();
        //主循环
        while(true){
            //填充checkRead列表
            checkRead.Clear();
            checkRead.Add(listenfd);
            foreach (ClientState s in clients.Values){
                checkRead.Add(s.socket);
            }
            //select
            Socket.Select(checkRead, null, null, 1000);
            //检查可读对象
            foreach (Socket s in checkRead){
                if(s == listenfd){
                    ReadListenfd(s);
                }
                else{
                    ReadClientfd(s);
                }
            }
        }
    }
}
```

其中 ReadListenfd 和 ReadClientfd 与 2.5.3 节的实现相同，这里不再重复。

### 2.6.3　Select 客户端

使用 Select 方法的客户端和使用 Poll 方法的客户端极其相似，因为只需检测一个 Socket 的状态，将连接服务端的 socket 输入到 checkRead 列表即可。为了不卡住客户端，Select 的超时时间设置为 0，永不阻塞。示例代码如下：

```
public void Update(){
    if(socket == null) {
        return;
    }
    //填充 checkRead 列表
    checkRead.Clear();
    checkRead.Add(socket);
    //select
    Socket.Select(checkRead, null, null, 0);
    //check
    foreach (Socket s in checkRead){
        byte[] readBuff = new byte[1024];
        int count = s.Receive(readBuff);
        string recvStr = 
            System.Text.Encoding.Default.GetString(readBuff, 0, count);
        text.text = recvStr;
    }
}
```

由于程序在 Update 中不停地检测数据，性能较差。商业上为了做到性能上的极致，大多使用异步（或使用多线程模拟异步程序）。本书将会使用异步客户端、Select 服务端演示程序。

如果读者想要了解更多异步服务端的知识，欢迎阅读本书的第一版，第一版内容全程使用了异步服务端程序。

实践出真知，尽管还有一些"坑"没有处理，但最基本的知识都掌握了。先动手做一款简单的网络游戏吧！

第 3 章 Chapter 3

# 实践出真知：大乱斗游戏

通过前面两章的学习，读者应该对 Socket 编程有了一定的了解。那么，开发网络游戏还会涉及哪些概念？怎样将 Socket 编程和实际游戏项目结合起来？

本章将通过完整实例介绍开发网络游戏的过程，以及其中会涉及的概念。尽管它并不完美，没有避开深藏其中的"坑"，但它展示了网络模块的设计思路，以及网络消息的处理方法。

## 3.1 什么是大乱斗游戏

大乱斗是一种常见的游戏模式，所有角色会进入同一个场景，玩家可以控制它们移动，也可以让角色攻击敌人，如图 3-1 所示。

图 3-1 大乱斗游戏

游戏说明：

1）打开客户端即视为进入游戏，在随机出生点刷出角色。
2）使用鼠标左键点击场景，角色会自动走到指定位置。
3）在站立状态下，点击鼠标右键可使角色发起攻击，角色会向鼠标指向的方向进攻。
4）每个角色默认有 100 滴血（hp），受到攻击会掉血，死亡后从场景消失，提示"game over"。
5）若玩家掉线，视为死亡，从场景中消失。

以下是游戏开发的步骤，随后将根据这些步骤来介绍这个游戏的开发过程。

❑ 搭建场景。
❑ 编写角色类代码，这一步会介绍角色类的继承结构。
❑ 编写客户端网络模块，这一步会介绍"协议""消息队列"等几个概念，是本章的重点。
❑ 编写服务端程序，这一步会介绍一种常用的服务端处理网络消息的方法。
❑ 各个协议的处理，包括进入游戏协议、移动协议等。

## 3.2 搭建场景

大乱斗游戏需要一些美术资源，包括一个带动作的人物模型以及一些山体贴图。对于 Unity2017 以前的版本，读者可以右击 Assets 面板中导入 Standard Assets 素材中的 Characters 和 Environment，具体操作为如图 3-2 所示。对于 Unity2018 以上版本，读者可以在 Unity 资源商店（https://assetstore.unity.com）商店获取免费的 Standard Asset，再导入到游戏工程中。

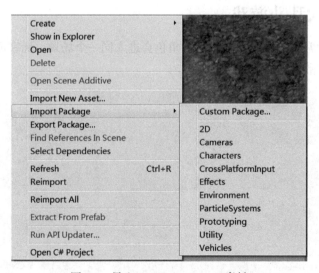

图 3-2　导入 Standard Assets 素材

导入素材后，可以使用 Terrain 搭建场景，再在地表上画出好看的纹理，如图 3-3 所示。

为方便后续的制作，可将 Terrain 的中心点放到原点的位置，再调整摄像机的角度，45°俯视角对准原点，如图 3-4 所示。

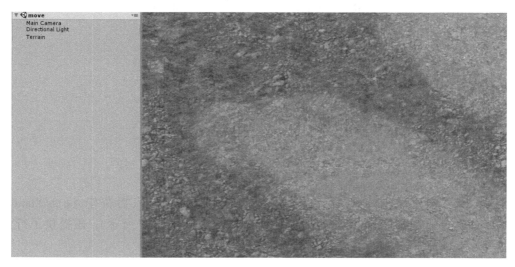

图 3-3　使用 Terrain 搭建场景

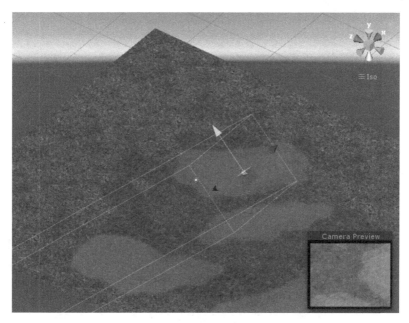

图 3-4　45°俯视的相机

然后添加一个名为"Terrain"的 Tag，将地形的标签设为 Terrain。在制作"玩家通过鼠标左键点击场景，角色会自动走到指定位置"的功能时，会通过该标签判断是否点击到场景，如图 3-5 所示。

图 3-5　设置标签（Tag）

Standard Assets 的 Characters 库提供了一个人物模型（导入后位于 Assets/Standard Assets/Characters/ThirdPersonCharacter/Models，如图 3-6 和图 3-7 所示），还提供了行走、站立等动作，可以用来作为游戏中的角色素材。

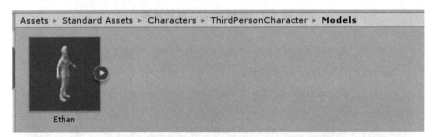

图 3-6　人物模型（一）

图 3-7　人物模型（二）

场景搭建完成，接下来开始编写代码吧！

## 3.3 角色类 Human

### 3.3.1 类结构设计

大乱斗游戏的核心要素之一是玩家所控制的角色，它可以行走，还可以攻击其他角色。玩家可以操控一个角色，又能够看到其他玩家操控的角色，可想而知，这两种角色应有不同的表现。玩家操控的角色是由玩家驱动的（下称"操控角色"），它接受鼠标的控制；其他玩家操控的角色（下称"同步角色"）是由网络数据驱动的，由服务端转发角色的状态信息。这两种角色有很多共同点，比如都可以行走、都可以表现攻击动作等。

可以设计图 3-8 所示的类结构，其基类 BaseHuman 是基础的角色类，它处理"操控角色"和"同步角色"的一些共有功能；CtrlHuman 类代表"操控角色"，它在 BaseHuman 类的基础上处理鼠标操控功能；SyncHuman 类是"同步角色"类，它也继承自 BaseHuman，并处理网络同步（如果有必要）。

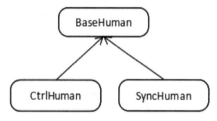

图 3-8　Human 类结构图

### 3.3.2 BaseHuman

接下来开始编写代码。一句句添加代码，一步步实现功能。首先要实现的是角色在场景中出现、消失和移动，后续再实现角色的攻击和死亡。BaseHuman 作为角色类的基类，处理移动、攻击等功能。

第一版的 BaseHuman 代码如下：

```
using System.Collections;
using System.Collections.Generic;
using UnityEngine;

public class BaseHuman : MonoBehaviour {
    //是否正在移动
    protected bool isMoving = false;
    //移动目标点
    private Vector3 targetPosition;
    //移动速度
    public float speed = 1.2f;
    //动画组件
    private Animator animator;
    //描述
    public string desc = "";

    //移动到某处
```

```csharp
public void MoveTo(Vector3 pos){
    targetPosition = pos;
    isMoving = true;
    animator.SetBool("isMoving", true);
}

// 移动 Update
public void MoveUpdate(){
    if(isMoving == false) {
        return;
    }

    Vector3 pos = transform.position;
    transform.position = Vector3.MoveTowards(pos, targetPosition, speed*Time.
                    deltaTime);
    transform.LookAt(targetPosition);
    if(Vector3.Distance(pos, targetPosition) < 0.05f){
        isMoving = false;
        animator.SetBool("isMoving", false);
    }
}

// Use this for initialization
protected void Start () {
    animator = GetComponent<Animator>();
}

// Update is called once per frame
protected void Update () {
    MoveUpdate();
}
```

以下是上述代码的说明。

（1）继承关系

BaseHuman 类继承自 MonoBehaviour（如图 3-9 所示），说明它可以作为组件挂到 GameObject 身上，也说明它拥有 MonoBehaviour 的一些性质，比如在唤醒时会执行 Awake 和 Start，每帧会执行一次 Update。代码中 Start 和 Update 方法使用了 protected 关键字修饰，意味着只有该类本身和继承类可以调用这两个方法。当然，将它修改为 public 也无伤大雅。

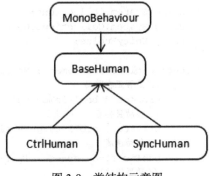

图 3-9 类结构示意图

（2）移动功能

BaseHuman 的一大半代码都是在处理移动功能，移动功能会涉及 isMoving、targetPosition 和 speed 三个变量，以及 MoveTo 和 MoveUpdate 两个方法。角色移动的流程如

图 3-10 所示。

- isMoving 是 bool 型变量，指代角色是否正在移动。
- targetPosition 是 Vector3 类型的坐标，代表角色移动的目的地。在玩家点击鼠标左键（或通过网络同步）获取目的地坐标后，MoveTo 方法会把目的地的坐标赋给 targetPosition，而后续的 MoveUpdate 会让玩家一步步往目的地方向移动。
- speed 代表移动的速度。
- MoveTo 方法是给玩家指定目的地的方法，当玩家单击鼠标时，会调用所控制角色的 MoveTo 方法，设置目的地坐标（targetPosition）和动画状态。
- MoveUpdate 是一个被 Update 调用的方法，所以它会每帧执行一次。首先通过 if(isMoving == false) 判断当前是否处于行走状态，如果不是行走状态，就无须往目的地行进了；接着通过 Vector3.MoveTowards 计算新位置，MoveTowards 的作用是计算 pos 朝 targetPosition 方向移动一段距离后的位置；之后使用 transform.LookAt 让角色转向目标点；最后使用 Vector3.Distance 判断当前位置与目标位置的距离，如果距离足够小，就认为角色到达了目的地，再将角色状态更改为站立状态（isMoving = false）。

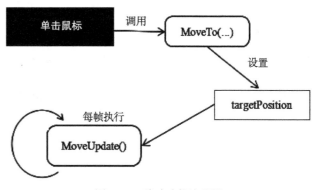

图 3-10 移动功能流程图

（3）动画功能

BaseHuman 中定义了 Animator 型变量 animator，它会指代角色身上的动画控制器。动画控制器中设有 isMoving 参数，程序通过类似 "animator.SetBool("isMoving",false);" 的语句改变动画控制器的值，从而让角色播放行走和站立两种动画。

### 3.3.3 角色预设

接下来开始制作角色预设。

为使角色可以播放不同的动作，需要新建一个动画控制器（如图 3-11 所示，此处命名为 HumanAniCtrl），给动画控制器添加 Idle 和 Run 两个状态，如图 3-12 所示，并设置 Idle 和 Run 的转换条件。

接着添加每个状态的动画，StandardAsset 中包含了站立（HumanoidIdle）和跑步（HumanoidRun）等动作，只需要给 Idle 和 Run 两个状态设置相应的动作（Motion）即可，如图 3-13 所示。

图 3-11　动画控制器

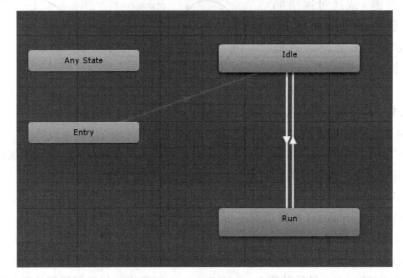

图 3-12　动画编辑器的两个状态

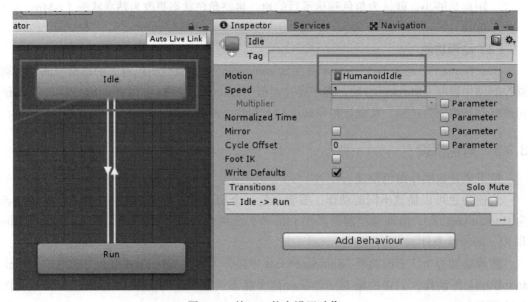

图 3-13　给 Idle 状态设置动作

为了能控制动画的切换状态，可给动画控制器添加一个 Bool 类型的参数 isMoving，如图 3-14 所示，用来控制角色的动作。

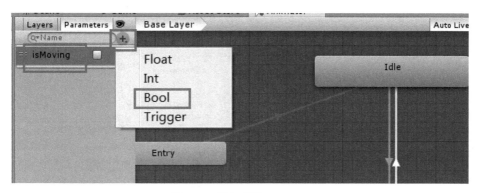

图 3-14　添加参数 isMoving

然后设置两组状态的切换条件，图 3-15 展示的是从 Idle 状态切换到 Run 状态的条件，当参数 isMoving 为 true 时，切换状态。为了有更好的动作表现效果，可将 Has Exit Time 设置为 false，并缩短动画混合的时间。从 Run 切换到 Idle 状态的条件（Conditions）是 isMoving 为 false，用参数 isMoving 控制动画状态机。

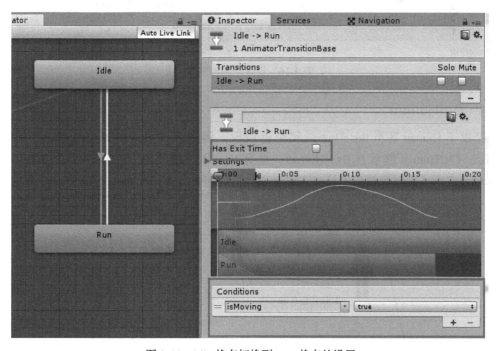

图 3-15　Idle 状态切换到 Run 状态的设置

最后，将人物模型做成预设（按 Ctrl+D 复制 Characters 库的模型，移动到 Assets 目录下），并添加 Animator 组件，设置 Animator 的动画控制器（Controller）为之前创建的 HumanAniCtrl，如图 3-16 所示。

图 3-16 设置动画控制器

### 3.3.4 CtrlHuman

完成了 Human 基类 BaseHuman 和角色预设，接下来开始设计"操控角色"类 CtrlHuman。CtrlHuman 继承自 BaseHuman，拥有 BaseHuman 的所有功能。除此之外，CtrlHuman 还实现了鼠标操控角色移动的功能。图 3-17 展示了 CtrlHuman 的核心功能。

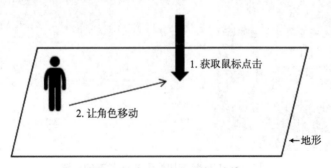

图 3-17 CtrlHuman 核心功能

CtrlHuman 类代码如下：

```
using System.Collections;
using System.Collections.Generic;
using UnityEngine;

public class CtrlHuman : BaseHuman {

    // Use this for initialization
    new void Start () {
        base.Start();
    }

    // Update is called once per frame
    new void Update () {
        base.Update();

        if(Input.GetMouseButtonDown(0)){
            Ray ray = Camera.main.ScreenPointToRay(Input.mousePosition);
            RaycastHit hit;
            Physics.Raycast(ray, out hit);
            if (hit.collider.tag == "Terrain"){
                MoveTo(hit.point);
            }
        }
    }
}
```

以下是上述代码说明。

（1）base.XXX，new void XXX（ ）

base 指当前类的父类，可调用父类的非私有属性和方法，代码中的 base.Start 和 base.Update 指代调用父类 BaseHuman 的 Start 和 Update 方法。

new 用作修饰符时，new 关键字可以显式地隐藏从基类继承的成员。隐藏继承的成员时，该成员的派生版本将替换基类版本。虽然可以在不使用 new 修饰符的情况下隐藏成员，但会生成警告。

（2）判断鼠标输入

Input.GetMouseButtonDown(0) 用于判断鼠标是否被按下：参数为 0 表示判断鼠标左键是否被按下，参数为 1 表示判断鼠标右键是否被按下。而 Input.mousePosition 代表当前鼠标所指的屏幕坐标。

（3）获取点击位置

Unity3D 中的 Camera.ScreenPointToRay 方法能够将屏幕位置转成一条射线，只需填入屏幕坐标点，该方法将返回对应的射线。射线是在三维坐标中一个点向一个方向发射的一条线，Unity3D 中可以使用 Ray 和 Physics.Raycast 来做射线检测。当射线射向碰撞器时 Raycast 返回 true，否则为 false，并且可以通过 out hit 变量获取碰撞点。如果射线与场景发生碰撞（Tag 为 Terrain），那么碰撞点就是角色移动的目标点。

写好代码，怎能不测试一番？将角色预设拉到场景上，添加 CtrlHuman 组件，然后运行游戏，如图 3-18 所示。

图 3-18　运行游戏，看到刚刚创建的角色

点击鼠标左键设置目的地，角色朝目的地跑过去，如图 3-19 所示。

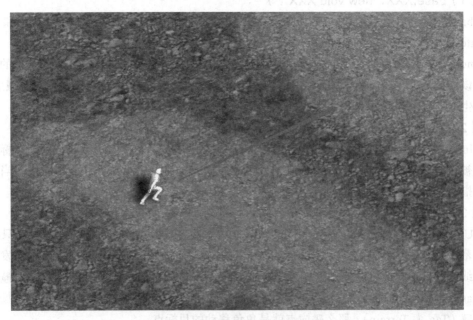

图 3-19　角色朝着目的地跑过去

### 3.3.5 SyncHuman

同步角色 SyncHuman 暂无特殊功能，编写一个继承自 BaseHuman 的类 SyncHuman，并处理它的 Start 和 Update 方法即可。代码如下：

```
using System.Collections;
using System.Collections.Generic;
using UnityEngine;

public class SyncHuman : BaseHuman {

    // Use this for initialization
    new void Start () {
        base.Start();
    }

    // Update is called once per frame
    new void Update () {
        base.Update();
    }
}
```

## 3.4 如何使用网络模块

前两章介绍了异步 Socket 编程的基础知识，还介绍了 Echo、聊天室的例子。但在实际的网络游戏开发中，网络模块往往是作为一个底层模块用的，它应该和具体的游戏逻辑分开，而不应该把处理逻辑的代码（例如之前给 recvStr 赋值）写到 ReceiveCallback 里面去，因为 ReceiveCallback 应当只处理网络数据，不应该去处理游戏功能。一个可行的做法是，给网络管理类添加回调方法，当收到某种消息时就自动调用某个函数，这样便能够将游戏逻辑和底层模块分开。制作网络管理类前，需要先了解委托、协议和消息队列这三个概念。

### 3.4.1 委托

网络管理类会使用委托实现消息分发，可以把委托理解成回调函数的实现方式。委托是一个类，它定义了方法的类型，从而可以将方法当作另一个方法的参数来进行传递，这种将方法动态地赋给参数的做法，可以避免在程序中大量使用 if-Else（或 Switch）语句，同时使得程序具有更好的可扩展性。

delegate（委托）是 C# 中的一种类型，它能够引用某种类型的方法，它相当于 C/C++ 中的函数指针，使用委托需要：

1）声明一个 delegate 类型，它必须与要传递的方法具有相同的参数和返回值类型；
2）创建 delegate 对象，并将要传递的方法作为参数传入；
3）在适当的地方调用它。

在如下的代码中，"delegate void DelegateStr(string str)"创建了一个名为"DelegateStr"的 delegate 类型，它可以引用带有一个 string 参数、返回值类型为 void 的方法。接着在 Main 方法中使用"DelegateStr fun = new DelegateStr(PrintStr)"创建名为"fun"的 DelegateStr 对象，并将需要调用的方法 PrintStr 传入其中。最后使用 fun("Hello Lpy")调用该方法。

```csharp
//声明委托类型
public delegate void DelegateStr(string str);
//需要调用的方法
public static void PrintStr(string str)
{
    Console.WriteLine("PrintStr: " + str);
}
//主函数
public static void Main (string[] args)
{
    //创建 delegate 对象
    DelegateStr fun = new DelegateStr(PrintStr);
    //调用
    fun("Hello Lpy");
    Console.ReadLine();
}
```

运行程序，调用 fun("Hello Lpy") 相当于调用了 PrintStr("Hello Lpy")。运行结果如图 3-20 所示。

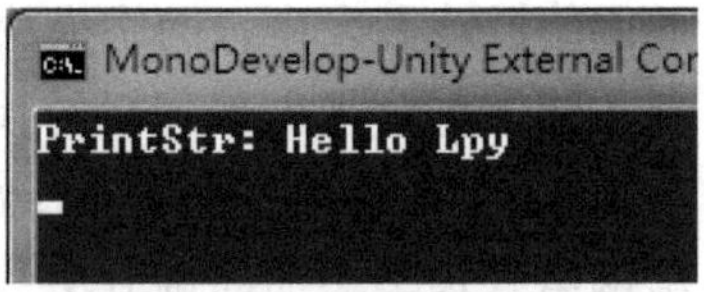

"+="和"-="是委托对象的操作符。例如下面代码中添加新方法 PrintStr2，然后使用 fun += PrintStr2 传入 PrintStr2 方法。这时委托对象 fun 带有 PrintStr 和 PrintStr2 这两个方法，调用时两个方法会被依次调用。运行结果如图 3-21 所示。

图 3-20　委托示例程序

```csharp
//需要调用的方法 2
public static void PrintStr2(string str)
{
    Console.WriteLine("PrintStr2: " + str);
}
```

图 3-21　程序运行结果

```csharp
DelegateStr fun = new DelegateStr(PrintStr);
fun += PrintStr2;
```

使用"-="可以删除某个传入的方法，如下面的代码中使用"DelegateStr fun = new DelegateStr（PrintStr）"和 fun += PrintStr2 给 fun 添加了 PrintStr 和 PrintStr2 两个方法，随后又使用 fun -= PrintStr 删除了 PrintStr。这时调用 fun，将只有 PrintStr2 起作用。运行结果如图 3-22 所示。

```
DelegateStr fun = new DelegateStr(PrintStr);
fun += PrintStr2;
fun -= PrintStr;
```

总而言之，读者可以把委托当作是回调函数的一种实现。由于定义了委托类型，也相当于定义了回调函数的形式，回调函数必须符合委托类型所定义的参数和返回值类型。而且一个委托可以对应多个回调函数；一次调用，多个函数会被回调。

图 3-22 传入委托的 PrintStr 被删除

### 3.4.2 通信协议

通信协议是通信双方对数据传送控制的一种约定，通信双方必须共同遵守，方能"知道对方在说什么"和"让对方听懂我的话"。例如，当有玩家在场景里面走动，就需要将位置信息广播给其他在线玩家，那么该发送什么样的数据给服务端呢？本小节会使用一种最简单的字符串协议来实现。协议格式如下所示，消息名和消息体用"|"隔开，消息体中各个参数用","隔开。

```
消息名 | 参数 1，参数 2，参数 3，...
```

如果玩家在场景里面移动，它至少需要告诉其他在线玩家以下信息：

1）要做什么事情——由消息名决定，消息名为"Move"表示移动，"Leave"表示离开，"Enter"表示进入场景；

2）谁在移动——通过参数 1 表明身份，可以使用客户端的 IP 和端口表示；

3）目的地是什么——通过参数 2 到 4 说明目的地坐标点。

所以该客户端会发送类似下面的字符串给其他客户端。其中："Move"代表这条协议是移动同步协议，"127.0.0.1:1234"代表了客户端的身份，"10,0,8"三个值代表目的地的坐标。

```
Move|127.0.0.1:1234, 10, 0, 8,
```

其他客户端收到服务端转发的字符串后，使用 Split('|') 和 Split(',') 便可将协议中各个参数解析出来，进而处理数据。代码如下：

```
string str = "Move|127.0.0.1:1234, 10, 0,8,";

string[] args = str.Split('|');
string msgName = args[0]; // 协议名: Move
string msgBody = args[1]; // 协议体: 127.0.0.1:1234, 10, 0,8,

string[] bodyArgs = msgBody.Split(',');
string desc = bodyArgs [0];              // 玩家描述: 127.0.0.1:1234
float x = float.Parse(bodyArgs [1]);     //x 坐标: 10
```

```
float y = float.Parse(bodyArgs[2]);      //y 坐标: 0
float z = float.Parse(bodyArgs[3]);      //z 坐标: 8
```

结合委托的知识，客户端程序提供各种消息类型（通过消息名区分）的处理方法，网络模块解析消息，将不同类型的消息派发给不同的方法去处理。例如：如果收到一条"Move"协议，就交给 OnMove 方法处理；如果收到一条"Enter"协议，就交给 OnEnter 方法去处理。

### 3.4.3 消息队列

由于在 Unity 中，只有主线程才能操作 UI 组件，所以在第 2 章的聊天室例子中，定义了变量 recvStr 作为主线程和回调线程之间的桥梁。多线程消息处理虽然效率较高，但非主线程不能设置 Unity3D 组件，而且容易造成各种莫名其妙的混乱。由于单线程消息处理足以满足游戏客户端的需要，因此大部分游戏会使用消息队列让主线程去处理异步 Socket 接收到的消息。

C# 的异步通信由线程池实现，不同的 BeginReceive 不一定在同一线程中执行。创建一个消息列表，每当收到消息便在列表末端添加数据，这个列表由主线程读取，它可以作为主线程和异步接收线程之间的桥梁。由于 MonoBehaviour 的 Update 方法在主线程中执行，可让 Update 方法每次从消息列表中读取几条信息并处理，处理后便在消息列表中删除它们。本章例子中，消息队列可以使用 List<String> 实现。图 3-23 是消息队列的示意图，图中的"4364""4365"和"5522"代表玩家的身份。

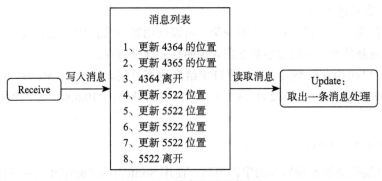

图 3-23  消息队列示意图

### 3.4.4 NetManager 类

又到 Show me the code 的时间了，结合异步 Socket 编程、委托回调、消息队列等知识，实现一套通用的网络模块。当然，它是不完美的，有漏洞的，后续章节会逐步完善它。网络模块中最核心的地方是一个称为 NetManager 的静态类，这个类对外提供了三个最主要的接口。

❑ Connect 方法，调用后发起连接；

❏ AddListener 方法，消息监听。其他模块可以通过 AddListener 设置某个消息名对应的处理方法，当网络模块接收到这类消息时，就会回调处理方法；
❏ Send 方法，发送消息给服务端。

无论内部实现有多么复杂，网络模块对外的接口只有图 3-24 所展示的这几个。

下面的代码展示网络模块的使用方法，当收到 Enter 协议时，NetManager 就会调用 OnEnter 方法。

```
void Start () {
    NetManager.AddListener("Enter", OnEnter);
    NetManager.Connect("127.0.0.1", 8888);
}
void Update(){
    NetManager.Update();
}
void OnEnter (string msg) {
    Debug.Log("OnEnter");
}
```

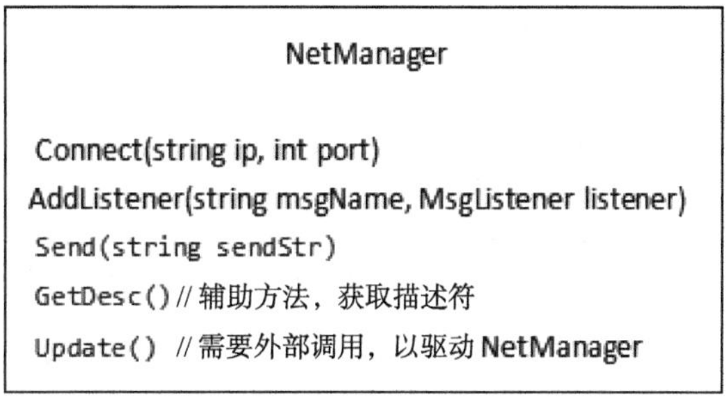

对内部而言，NetManager 使用了异步 Socket 接收消息，每次接收到一条消息后，NetManager 会把消息存入消息队列中（如图 3-25 所示）。NetManager 有一个供外部调用的 Update 方法，每当调用它时就会处理消息队列里的第一条消息，然后根据协议名将消息分发给对应的回调函数。

图 3-24 NetManager 对外示意图

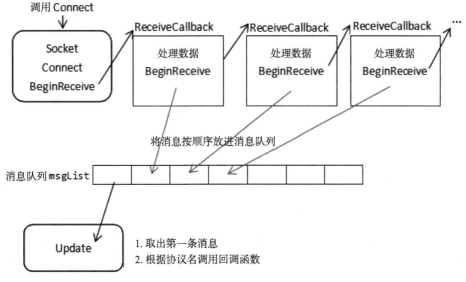

图 3-25 NetManager 的内部处理流程

**NetManager 的代码如下：**

```csharp
using System.Collections;
using System.Collections.Generic;
using UnityEngine;
using System.Net.Sockets;
using UnityEngine.UI;
using System;

public static class NetManager {
    //定义套接字
    static Socket socket;
    //接收缓冲区
    static byte[] readBuff = new byte[1024];
    //委托类型
    public delegate void MsgListener(String str);
    //监听列表
    private static Dictionary<string, MsgListener> listeners = 
        new Dictionary<string, MsgListener>();
    //消息列表
    static List<String> msgList = new List<string>();

    //添加监听
    public static void AddListener(string msgName, MsgListener listener){
        listeners[msgName] = listener;
    }

    //获取描述
    public static string GetDesc(){
        if(socket == null) return "";
        if(!socket.Connected) return "";
        return socket.LocalEndPoint.ToString();
    }

    //连接
    public static void Connect(string ip, int port)
    {
        //Socket
        socket = new Socket(AddressFamily.InterNetwork,
            SocketType.Stream, ProtocolType.Tcp);
        //Connect (用同步方式简化代码)
        socket.Connect(ip, port);
        //BeginReceive
        socket.BeginReceive( readBuff, 0, 1024, 0,
            ReceiveCallback, socket);
    }
```

```csharp
//Receive 回调
private static void ReceiveCallback(IAsyncResult ar){
    try {
        Socket socket = (Socket) ar.AsyncState;
        int count = socket.EndReceive(ar);
        string recvStr = 
            System.Text.Encoding.Default.GetString(readBuff, 0, count);
        msgList.Add(recvStr);
        socket.BeginReceive( readBuff, 0, 1024, 0,
            ReceiveCallback, socket);
    }
    catch (SocketException ex){
        Debug.Log("Socket Receive fail" + ex.ToString());
    }
}

// 发送
public static void Send(string sendStr)
{
    if(socket == null) return;
    if(!socket.Connected)return;

    byte[] sendBytes = System.Text.Encoding.Default.GetBytes(sendStr);
    socket.Send(sendBytes);
}

//Update
public static void Update(){
    if(msgList.Count <= 0)
        return;
    String msgStr = msgList[0];
    msgList.RemoveAt(0);
    string[] split = msgStr.Split('|');
    string msgName = split[0];
    string msgArgs = split[1];
    // 监听回调;
    if(listeners.ContainsKey(msgName)){
        listeners[msgName](msgArgs);
    }
}
}
```

代码说明如下。

**（1）MsgListener**

MsgListener 是一个委托类型，它指明了回调函数只有一个 string 参数。

**（2）listeners**

监听列表，它指明了各个消息名所对应的处理方法（如图 3-26 所示），外部可以通过

AddListener 方法添加对应消息名的处理函数。

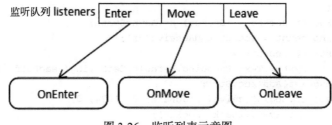

图 3-26　监听列表示意图

（3）Connect/Send

为了减少代码量，使用同步 Connect 和 Send，读者可以自行改为异步方式。

（4）漏洞

上述代码没有处理粘包分包、线程冲突等问题，后续章节会逐一解决它们。

### 3.4.5　测试网络模块

完成简易的网络模块，编写一小段代码来测试它，从而确保网络模块能够正常工作。新建一个 Main 组件，并挂到场景中任一物体上。在 Start 方法中调用 NetManager 的 AddListener 方法，分别监听 Enter、Move 和 Leave 三个协议，然后调用 Connect 方法连接服务端。代码如下所示，后续的游戏功能也会在 Main 中实现。

本章的网络模块是一套简单的实现，它在网络条件不很好的情况下无法正确收发数据，比如可能出现粘包现象，第 4 章将会探讨并解决这些问题。

客户端测试代码：

```
using System.Collections;
using System.Collections.Generic;
using UnityEngine;

public class Main : MonoBehaviour {

    void Start () {
        NetManager.AddListener("Enter", OnEnter);
        NetManager.AddListener("Move", OnMove);
        NetManager.AddListener("Leave", OnLeave);
        NetManager.Connect("127.0.0.1", 8888);
    }

    void OnEnter (string msg) {
        Debug.Log("OnEnter" + msg);
    }
```

```
    void OnMove (string msg) {
        Debug.Log("OnMove" + msg);
    }
    void OnLeave (string msg) {
        Debug.Log("OnLeave" + msg);
    }
}
```

做个最简单的测试，角色移动时给服务端发送 Enter 协议，服务端原封不动地转发数据，客户端收到消息后，理应回调 OnEnter 方法，打印出消息内容。

在客户端的 **CtrlHuman** 类中添加发送协议的代码，如下所示：

```
public class CtrlHuman : BaseHuman {
    new void Update () {
        ……
        if(Input.GetMouseButtonDown(0)){
            ……
            if (hit.collider.tag == "Terrain"){
                MoveTo(hit.point);
                NetManager.Send("Enter|127.1.1.1,100,200,300,45");
            }
        }
    }
}
```

本书会使用 Select 来演示服务端程序。参照上一章的 Select 服务端程序，将收到的消息原封不动地广播给所有客户端。

服务端部分代码如下：

```
//读取Clientfd
public static bool ReadClientfd(Socket clientfd){
    ……
    //广播
    string recvStr =
        System.Text.Encoding.Default.GetString(state.readBuff, 0, count);
    Console.WriteLine("Receive" + recvStr);
    string sendStr = recvStr;
    byte[] sendBytes = System.Text.Encoding.Default.GetBytes(sendStr);
    foreach (ClientState cs in clients.Values){
        cs.socket.Send(sendBytes);
    }
    return true;
}
```

运行服务端和客户端，点击鼠标让小人移动，可以看到客户端和服务端都输出了消息内容，如图 3-27a 和图 3-27b 所示，表示网络模块正常工作。接下来便可以编写具体的网络协议了。

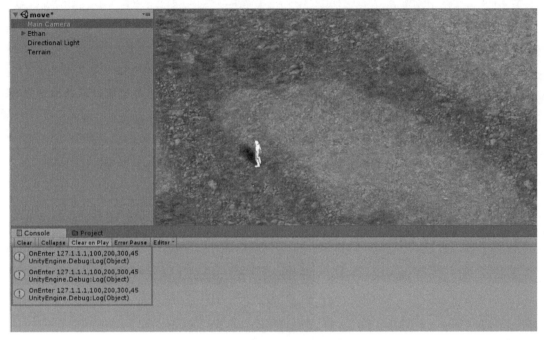

a) 客户端收到消息

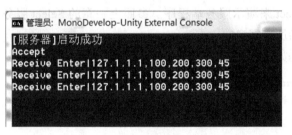

b) 服务端收到消息

图 3-27

## 3.5 进入游戏：Enter 协议

当玩家打开游戏，客户端程序会生成一个操控角色（CtrlHuman），并把它放到场景中的一个随机位置。然后发送一条 Enter 协议给服务端，包含了对玩家的描述、位置等信息。服务端将 Enter 协议广播出去，其他客户端收到 Enter 协议后，创建一个同步角色（SyncHuman），如图 3-28 所示。

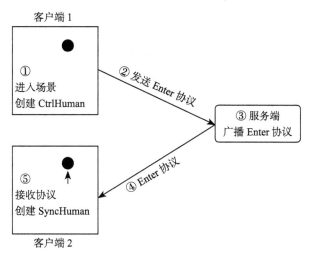

图 3-28 Enter 协议流程图

## 3.5.1 创建角色

玩家进入场景便会创建角色，使用 Main 组件的 Start 编写相关功能最为合适（由于只有单一功能，所有代码都写到了 Main 类里面，读者也可以根据需要划分模块）。修改后的 Main 代码如下所示。

```
using System.Collections;
using System.Collections.Generic;
using UnityEngine;

public class Main : MonoBehaviour {

    //人物模型预设
    public GameObject humanPrefab;
    //人物列表
    public BaseHuman myHuman;
    public Dictionary<string, BaseHuman> otherHumans;

    void Start () {
        //网络模块
        NetManager.AddListener("Enter", OnEnter);
        NetManager.AddListener("Move", OnMove);
        NetManager.AddListener("Leave", OnLeave);
        NetManager.Connect("127.0.0.1", 8888);
        //添加一个角色
        GameObject obj = (GameObject)Instantiate(humanPrefab);
        float x = Random.Range(-5, 5);
        float z = Random.Range(-5, 5);
        obj.transform.position = new Vector3(x, 0, z);
        myHuman = obj.AddComponent<CtrlHuman>();
```

```
            myHuman.desc = NetManager.GetDesc();

            // 发送协议
            Vector3 pos = myHuman.transform.position;
            Vector3 eul = myHuman.transform.eulerAngles;
            string sendStr = "Enter|";
            sendStr += NetManager.GetDesc()+ ",";
            sendStr += pos.x + ",";
            sendStr += pos.y + ",";
            sendStr += pos.z + ",";
            sendStr += eul.y;
            NetManager.Send(sendStr);
        }
        void Update() {
            NetManager.Update();
        }
        void OnEnter (string msgArgs) {
            Debug.Log("OnEnter" + msgArgs);
        }
        void OnMove (string msgArgs) {
            Debug.Log("OnMove" + msgArgs);
        }
        void OnLeave (string msgArgs) {
            Debug.Log("OnLeave" + msgArgs);
        }
    }
```

这里完成了创建角色和发送 Enter 协议两项功能，Enter 协议包含了角色描述和坐标信息，如图 3-29 所示。

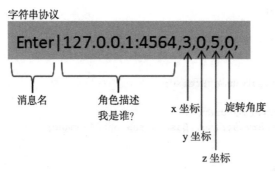

图 3-29　Enter 协议

以下是上述代码的说明。

（1）玩家操控角色

游戏中的角色都由代码生成，定义 humanPrefab 代表角色预设。角色预设只是一个带动画控制器的模型，不带任何 Human 类组件（如图 3-30 所示）。程序会按需给角色添加 CtrlHuman 或 SyncHuman 组件。将角色预设拉入 Main 的 humanPrefab 属性，如图 3-31 所示，即可完成预设的设置。

第 3 章　实践出真知：大乱斗游戏　❖　69

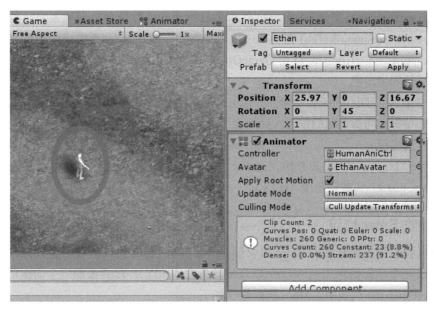

图 3-30　角色预设属性

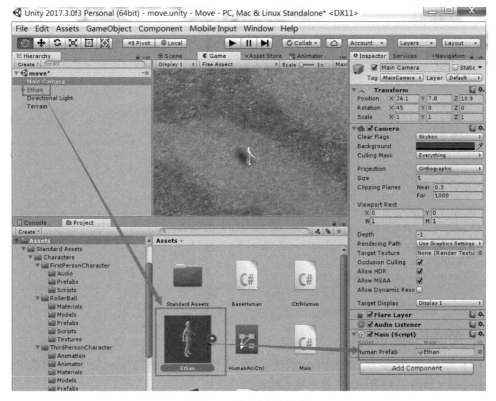

图 3-31　设置角色预设

定义 BaseHuman 类型的 myHuman 代表生成出来的操控角色，即玩家自己的角色。程序使用 Instantiate(humanPrefab) 在场景中生成角色 GameObject，再生成随机位置，最后通过 AddComponent<CtrlHuman>() 给 GameObject 添加 CtrlHuman 组件。

（2）其他同步角色

程序中定义了 Dictionary<string, BaseHuman> 类型的成员 otherHumans，otherHumans 列表将会保存所有同步角色的信息（后续会用到）。

（3）发送协议

调用 NetManager 的 Send 方法发送 Enter 协议，Enter 协议包含了角色描述、位置坐标（pos.x, pos.y, pos.z）和旋转角度（eul.y）。

### 3.5.2 接收 Enter 协议

客户端收到服务端转发的 Enter 协议后，需要解析 Enter 协议的各个参数，包括角色描述（desc）、三个坐标信息（x、y、z）以及旋转角度（eulY），然后添加一个同步角色，把它记录到 otherHumans 列表中。Main 代码修改如下。

```
void OnEnter (string msgArgs) {
    Debug.Log("OnEnter" + msgArgs);
    //解析参数
    string[] split = msgArgs.Split(',');
    string desc = split[0];
    float x = float.Parse(split[1]);
    float y = float.Parse(split[2]);
    float z = float.Parse(split[3]);
    float eulY = float.Parse(split[4]);
    //是自己
    if(desc == NetManager.GetDesc())
        return;
    //添加一个角色
    GameObject obj = (GameObject)Instantiate(humanPrefab);
    obj.transform.position = new Vector3(x, y, z);
    obj.transform.eulerAngles = new Vector3(0, eulY, 0);
    BaseHuman h = obj.AddComponent<SyncHuman>();
    h.desc = desc;
    otherHumans.Add(desc, h);
}
```

### 3.5.3 测试 Enter 协议

为了测试多个客户端的同步状态，可以打开 Unity 中 PlayerSettings 中的 Run In Background（如图 3-32 所示），客户端方能在后台运行。

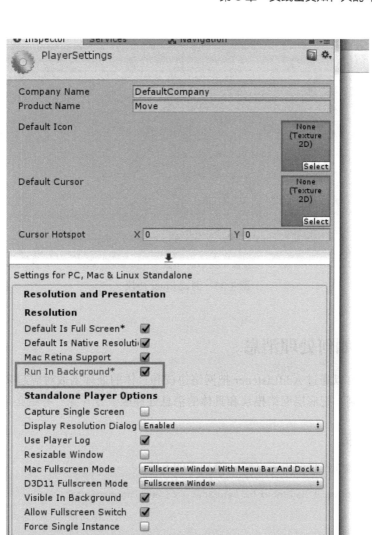

图 3-32　打开 PlayerSettings 中的 Run In Background

打开只有转发功能的服务端程序，然后按先后顺序运行客户端 A 和客户端 B。可以看到，当客户端 B 打开时，客户端 A 出现了客户端 B 的角色，如图 3-33 所示。可能有读者会问，客户端 B 为什么没有出现在客户端 A 上呢？因为客户端 B 没有收到任何关于其他玩家的消息。后续的 List 协议将会解决这个问题。

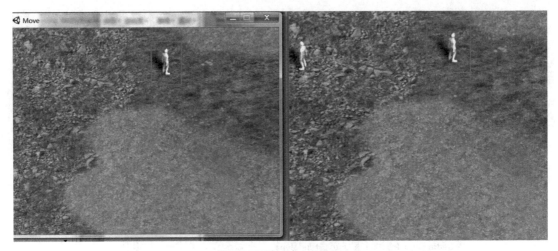

图 3-33　测试 Enter 协议

## 3.6　服务端如何处理消息

既然客户端可以通过 AddListener 把网络协议和具体的处理函数对应起来，那服务端能不能有类似的机制，把底层网络模块和具体的消息处理函数分开呢？答案必须是肯定的。

### 3.6.1　反射机制

设想在服务端程序里面也定义了一堆如下的方法：

```
public static void MsgEnter(ClientState c, string msgArgs){
    ......
}
public static void MsgList(ClientState c, string msgArgs){
    ......
}
```

如果网络模块能在解析协议名后，自动调用名为"Msg+ 协议名"的方法，那便大功告成（如图 3-34 所示），而这其中，C# 的反射机制是实现该功能的关键。

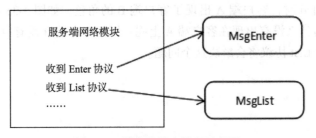

图 3-34　服务端消息处理示意图

修改 Select 服务端接收消息部分的代码，如下所示，完成消息处理函数的自动调用。

```
using System.Reflection;
using System.Linq;

//读取 Clientfd
public static bool ReadClientfd(Socket clientfd){
    ClientState state = clients[clientfd];
    //接收消息
    ……
    //客户端关闭(count==0)
    ……
    //消息处理
    string recvStr = 
        System.Text.Encoding.Default.GetString(state.readBuff, 0, count);
    string[] split = recvStr.Split('|');
    Console.WriteLine("Recv" + recvStr);
    string msgName = split[0];
    string msgArgs = split[1];
    string funName = "Msg" + msgName;
    MethodInfo mi = typeof(MsgHandler).GetMethod(funName);
    object[] o = {state, msgArgs};
    mi.Invoke(null, o);
    return true;
}
```

以下是上述代码中关于反射的说明。

MethodInfo 类对象 mi 包含它所指代的方法的所有信息，通过这个类可以得到方法的名称、参数、返回值等，并且可以调用它。假设所有的消息处理方法都定义在 MsgHandler 类中，且都是静态方法，通过 typeof(MsgHandler).GetMethod(funName) 便能够获取 MsgHandler 类中名为 funName 的静态方法。由于 MethodInfo 定义于 System.Reflection 命名空间下，因此需要引用（using）该命名空间。

mi.Invoke(null, o) 代表调用 mi 所包含的方法。第一个参数 null 代表 this 指针，由于消息处理方法都是静态方法，因此此处要填 null。第二个参数 o 代表的是参数列表。这里定义的消息处理函数都有两个参数，第一个参数是客户端状态 state，第二个参数是消息的内容 msgArgs。

### 3.6.2 消息处理函数

接下来在服务端创建一个名为 MsgHandler.cs 的文件，用它来定义存放所有消息处理函数的 MsgHandler 类（如图 3-35 所示）。

MsgHandler 类的代码如下所示，后续再根据需要添加消息处理内容。

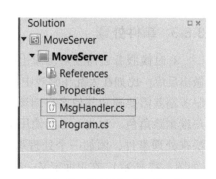

图 3-35　添加 MsgHandler 类

```
using System;
using System.Collections.Generic;

class MsgHandler
{
    public static void MsgEnter(ClientState c, string msgArgs){
        Console.WriteLine("MsgEnter" + msgArgs);
    }

    public static void MsgList(ClientState c, string msgArgs){
        Console.WriteLine ("MsgList" + msgArgs);
    }
}
```

图 3-36 展示了服务端的消息处理流程。诸如在 MsgEnter 等消息处理函数中，第一个参数 c 指代了这条消息是哪个客户端发来的，参数 msgArgs 代表具体的消息内容。

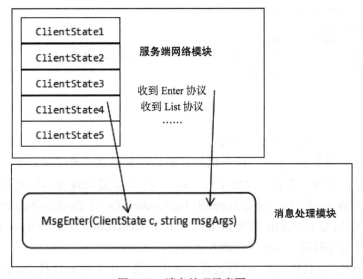

图 3-36　消息处理示意图

### 3.6.3　事件处理

有时候服务端需要对玩家上线、玩家下线等事件做出反应。比如在大乱斗游戏中，如果游戏玩家下线，服务端就需要通知其他客户端该玩家下线，从而使客户端删除角色。对此，可以使用类似于消息处理的方法来处理事件，添加一个处理事件的类 EventHandler（如图 3-37 所示），在里面定义一些消息处理函数（目前只有处理玩家下线的 OnDisconnect）就可实现该功能。

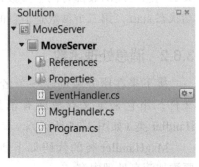

图 3-37　添加 EventHandler 类

EventHandler 的代码如下:

```
using System;

public class EventHandler
{
    public static void OnDisconnect(ClientState c){
        Console.WriteLine ("OnDisconnect");
    }
}
```

修改服务端接收消息的代码 ReadClientfd,当玩家下线时,调用 EventHandler.OnDisconnect,代码如下所示。同理可以在 Accept 处添加接受客户端连接的事件。

```
//读取 Clientfd
public static bool ReadClientfd(Socket clientfd){
    ClientState state = clients[clientfd];
    //接收
    int count = 0;
    try{
        count = clientfd.Receive(state.readBuff);
    }catch(SocketException ex){
        MethodInfo mei = typeof(EventHandler).GetMethod("OnDisconnect");
        object[] ob = {state};
        mei.Invoke(null, ob);

        clientfd.Close();
        clients.Remove(clientfd);
        Console.WriteLine("Receive SocketException" + ex.ToString());
        return false;
    }
    //客户端关闭
    if(count <= 0){
        MethodInfo mei = typeof(EventHandler).GetMethod("OnDisconnect");
        object[] ob = {state};
        mei.Invoke(null, ob);

        clientfd.Close();
        clients.Remove(clientfd);
        Console.WriteLine("Socket Close");
        return false;
    }
    //消息处理
    ……
}
```

图 3-38 展示了服务端消息处理和事件处理的流程。

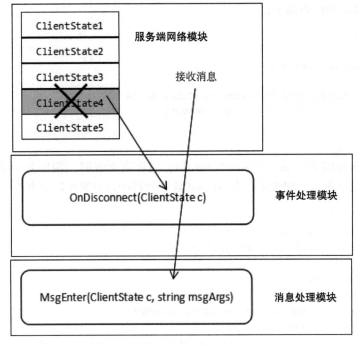

图 3-38 事件处理示意图

使用这套带有消息处理机制和事件处理机制的 Select 服务端，继续完成大乱斗游戏吧！

### 3.6.4 玩家数据

现在，回过头来看看 3.5.3 节留下的问题——进入游戏场景的玩家没有收到任何关于其他玩家的消息。一个常规的解决办法就是：当玩家进入场景时，向服务端请求 List 协议，服务端收到后，将场景中的人物信息返回给客户端。要达成这个功能，服务端必须要记录各个玩家的坐标信息。最直接的就是在客户端状态结构 ClientState 中添加一些变量，代码如下所示。

```
public class ClientState
{
    public Socket socket;
    public byte[] readBuff = new byte[1024];
    public int hp = -100;
    public float x = 0;
    public float y = 0;
    public float z = 0;
    public float eulY = 0;
}
```

上述代码添加的状态信息包括角色的生命值（hp）、位置信息（x、y、z）和旋转角度（eulY）。

### 3.6.5  处理 Enter 协议

服务端接收到 Enter 协议（以及后续的 Move 协议）后，需要把玩家的坐标信息记录下来，再广播出去。可通过修改处理消息的 MsgHandler.MsgEnter 方法来实现。它先解析客户端发来的协议参数，然后给代表该客户端的 ClientState 赋值，最后将协议广播给所有的客户端。代码如下：

```
public static void MsgEnter(ClientState c, string msgArgs)
{
    //解析参数
    string[] split = msgArgs.Split(',');
    string desc = split[0];
    float x = float.Parse(split[1]);
    float y = float.Parse(split[2]);
    float z = float.Parse(split[3]);
    float eulY = float.Parse(split[4]);
    //赋值
    c.hp = 100;
    c.x = x;
    c.y = y;
    c.z = z;
    c.eulY = eulY;
    //广播
    string sendStr = "Enter|" + msgArgs;
    foreach (ClientState cs in MainClass.clients.Values){
        MainClass.Send(cs, sendStr);
    }
}
```

## 3.7  玩家列表：List 协议

当玩家进入场景后，调用 NetManager.Send 发送 List 协议。服务端收到后回应各个客户端的信息。请求和回应的字符串协议如图 3-39 所示。请求的协议不必带任何参数，回应协议的参数依次为角色 A 描述、角色 A 坐标 X、角色 A 坐标 Y、角色 A 坐标 Z、角色 A 旋转角度、角色 A 生命值、角色 B 描述、角色 B 坐标 X、角色 B 坐标 Y、角色 B 坐标 Z、角色 B 旋转角度、角色 B 生命值。以此类推，每个角色带有 6 个参数，发送所有角色的消息。

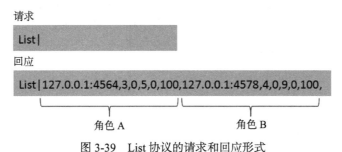

图 3-39  List 协议的请求和回应形式

## 3.7.1 客户端处理

客户端发送和接收 List 协议的代码如下所示，它解析参数后，生成一个同步角色。

```csharp
public class Main : MonoBehaviour {
    ……

    void Start () {
        //网络模块
        NetManager.AddListener("Enter", OnEnter);
        NetManager.AddListener("List", OnList);
        NetManager.AddListener("Move", OnMove);
        NetManager.AddListener("Leave", OnLeave);
        NetManager.Connect("127.0.0.1", 8888);
        //添加角色，发送 Enter 协议
        ……
        //请求玩家列表
        NetManager.Send("List|");
    }


    void OnList (string msgArgs) {
        Debug.Log("OnList" + msgArgs);
        //解析参数
        string[] split = msgArgs.Split(',');
        int count = (split.Length-1)/6;
        for(int i = 0; i < count; i++){
            string desc = split[i*6+0];
            float x = float.Parse(split[i*6+1]);
            float y = float.Parse(split[i*6+2]);
            float z = float.Parse(split[i*6+3]);
            float eulY = float.Parse(split[i*6+4]);
            int hp = int.Parse(split[i*6+5]);
            //是自己
            if(desc == NetManager.GetDesc())
                continue;
            //添加一个角色
            GameObject obj = (GameObject)Instantiate(humanPrefab);
            obj.transform.position = new Vector3(x, y, z);
            obj.transform.eulerAngles = new Vector3(0, eulY, 0);
            BaseHuman h = obj.AddComponent<SyncHuman>();
            h.desc = desc;
            otherHumans.Add(desc, h);
        }
    }
    ……
}
```

以下是上述代码的说明。

(1) count

假设服务端回应的角色数量为 N，每个角色有 6 个参数（描述、x、y、z、eulY、hp）。因为协议最后还带有个逗号，所以 msgArgs.Split(',') 返回的数量为 6*N+1，反推得到 count = (split.Length-1)/6。

(2) hp

hp 是角色的生命值，后面制作击打功能时会用到。

### 3.7.2 服务端处理

服务端代码如下所示，它会组装 List 协议，将字符串发送出去。

```
public static void MsgList(ClientState c, string msgArgs){
    string sendStr = "List|";
    foreach (ClientState cs in MainClass.clients.Values){
        sendStr+=cs.socket.RemoteEndPoint.ToString() + ",";
        sendStr+=cs.x.ToString() + ",";
        sendStr+=cs.y.ToString() + ",";
        sendStr+=cs.z.ToString() + ",";
        sendStr+=cs.eulY.ToString() + ",";
        sendStr+=cs.hp.ToString() + ",";
    }
    MainClass.Send(c, sendStr);
}
```

### 3.7.3 测试

运行服务端和多个客户端，后进入场景的客户端也能看到已在线的玩家，虽然他们只会站立不会移动，如图 3-40 所示。

图 3-40　List 协议测试结果

## 3.8 移动同步：Move 协议

当玩家用鼠标点击场景，角色移动时，客户端应把目的地位置发送给服务端。服务端一方面记录位置信息，另一方面将目的地位置信息广播给其他客户端。其他客户端收到协议后，解析目的地位置信息，然后控制 SyncHuman 走到对应的位置去。Move 协议如图 3-41 所示。

图 3-41 Move 协议

### 3.8.1 客户端处理

修改 Ctrlhuman 类中控制角色移动的代码，当角色移动时，将目的地信息发送给服务端。代码如下：

```
new void Update () {
    base.Update();

    if(Input.GetMouseButtonDown(0)){
        Ray ray = Camera.main.ScreenPointToRay(Input.mousePosition);
        RaycastHit hit;
        Physics.Raycast(ray, out hit);
        if (hit.collider.tag == "Terrain"){
            MoveTo(hit.point);
            //发送协议
            string sendStr = "Move|";
            sendStr += NetManager.GetDesc()+ ",";
            sendStr += hit.point.x + ",";
            sendStr += hit.point.y + ",";
            sendStr += hit.point.z + ",";
            NetManager.Send(sendStr);
        }
    }
}
```

修改 Main 的协议处理函数 OnMove（记得添加对该协议的监听），解析协议参数，然后找到对应的同步角色，调用 MoveTo 方法让同步角色走到目的地。

```
void OnMove (string msgArgs) {
    Debug.Log("OnMove" + msgArgs);
    //解析参数
    string[] split = msgArgs.Split(',');
    string desc = split[0];
    float x = float.Parse(split[1]);
    float y = float.Parse(split[2]);
    float z = float.Parse(split[3]);
    //移动
    if(!otherHumans.ContainsKey(desc))
        return;
    BaseHuman h = otherHumans[desc];
    Vector3 targetPos = new Vector3(x, y, z);
    h.MoveTo(targetPos);
}
```

## 3.8.2 服务端处理

服务端收到 Move 协议后，解析参数，记录坐标信息，然后广播 Move 协议。代码如下：

```
public static void MsgMove(ClientState c, string msgArgs){
    //解析参数
    string[] split = msgArgs.Split(',');
    string desc = split[0];
    float x = float.Parse(split[1]);
    float y = float.Parse(split[2]);
    float z = float.Parse(split[3]);
    //赋值
    c.x = x;
    c.y = y;
    c.z = z;
    //广播
    string sendStr = "Move|" + msgArgs;
    foreach (ClientState cs in MainClass.clients.Values){
        MainClass.Send(cs, sendStr);
    }
}
```

## 3.8.3 测试

运行服务端和多个客户端，移动角色，其他客户端也能看到该角色向目的地走去（如图 3-42 所示）。值得注意的是，由于网络延迟等原因，这种同步方式可能会有些误差，几个客户端的表现并不会完全一致。但这并不妨碍大乱斗游戏的功能，现在的网络游戏也很难保证所有客户端的表现是完全一样的，只要误差在可接受范围内即可。后面的章节还会继续探讨移动同步算法，更好地处理移动同步问题。

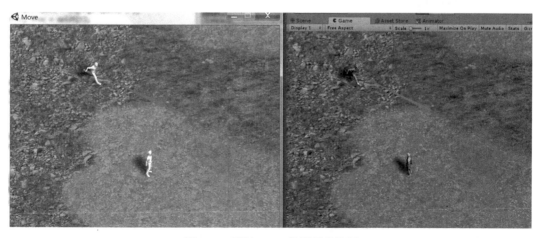

图 3-42 通过 Move 协议同步位置

## 3.9 玩家离开：Leave 协议

当某个客户端掉线，服务端会广播 Leave 协议，客户端收到后删除对应的角色。Leave 协议格式如图 3-43 所示。

```
Leave|127.0.0.1:4564,
```

图 3-43  Leave 协议

### 3.9.1 客户端处理

当客户端收到 Leave 协议后，调用监听函数 OnLeave，删除对应的同步角色，同时把它从同步角色列表 otherHumans 中删掉。代码如下：

```
void OnLeave (string msgArgs) {
    Debug.Log("OnLeave" + msgArgs);
    //解析参数
    string[] split = msgArgs.Split(',');
    string desc = split[0];
    //删除
    if(!otherHumans.ContainsKey(desc))
        return;
    BaseHuman h = otherHumans[desc];
    Destroy(h.gameObject);
    otherHumans.Remove(desc);
}
```

### 3.9.2 服务端处理

当客户端掉线时，会触发服务端的 Disconnect 事件，只要在 Disconnect 事件的处理函数 OnDisconnect 中编写发送 Leave 协议的代码即可。

```
using System;

public class EventHandler
{
    public static void OnDisconnect(ClientState c){
        string desc = c.socket.RemoteEndPoint.ToString();
        string sendStr = "Leave|" + desc + ",";
        foreach (ClientState cs in MainClass.clients.Values){
            MainClass.Send(cs, sendStr);
        }
    }
}
```

### 3.9.3 测试

运行服务端和多个客户端，然后关掉其中一个客户端，这个客户端的角色也会在其他客户端的场景中消失。到目前为止，已经完成了大乱斗游戏的角色移动部分，那么角色战斗部分又该如何实现呢？

## 3.10 攻击动作：Attack 协议

既是大乱斗，自然少不了攻击敌人。在角色站立状态下，玩家右击鼠标，角色就会发出攻击动作（Attack 协议）。如果打到敌人（Hit 协议），敌人会扣血，直至死亡（Die 协议）。Attack、Hit 和 Die 三个协议是处理大乱斗游戏战斗部分的关键。

### 3.10.1 播放攻击动作

由于 Unity 的 Standard Asset 中并没有附带攻击动作，读者可以在本书附带的素材或者 Asset Store 上找到通用的攻击动作文件，把它导入到项目中，如图 3-44 所示。

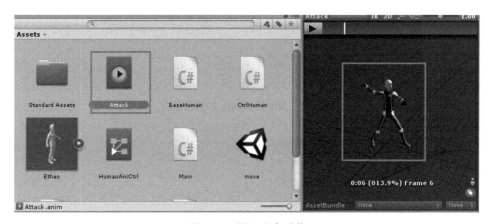

图 3-44　导入攻击动作

然后修改动画控制器，添加 Attack 状态和 isAttacking 参数。由于只有在站立状态下可以攻击，因此 Attack 状态也只能与 Idle 状态相互切换，如图 3-45 所示。

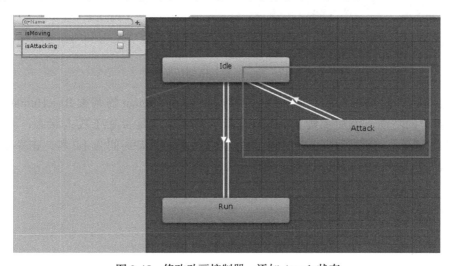

图 3-45　修改动画控制器，添加 Attack 状态

然后编辑 Attack 状态的切换条件：如果角色处于 Idle 状态，等到参数 isAttacking 变为 true 时，切换为 Attack 状态，如图 3-46 所示；如果角色处于 Attack 状态，等到参数 isAttacking 变为 false 时，切换为 Idle 状态，如图 3-47 所示。

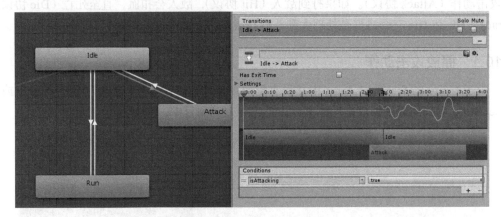

图 3-46　Idle 到 Attack 的切换条件

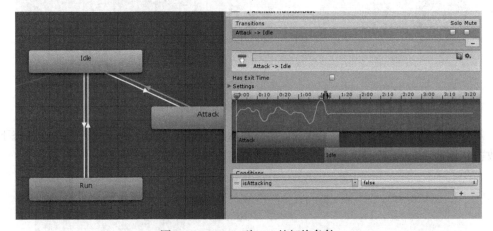

图 3-47　Attack 到 Idle 的切换条件

操控角色和同步角色都会播放攻击动作，可以在 Human 的基类 BaseHuman 添加播放攻击动作的功能。添加变量 isAttacking 指示角色当前是否处于攻击状态，添加变量 attackTime 记录上一次发动攻击的时间，假设攻击动作的冷却时间为 1.2 秒，在冷却时间内不能再次发起进攻。BaseHuman 修改的代码如下：

```
//是否正在攻击
internal bool isAttacking = false;
internal float attackTime = float.MinValue;

//攻击动作
public void Attack(){
```

```
    isAttacking = true;
    attackTime = Time.time;
    animator.SetBool("isAttacking", true);
}


//攻击Update
public void AttackUpdate(){
    if(!isAttacking) return;
    if(Time.time - attackTime < 1.2f) return;
    isAttacking = false;
    animator.SetBool("isAttacking", false);
}


// Update is called once per frame
internal void Update () {
    MoveUpdate();
    AttackUpdate();
}
```

至此，角色已经具备了播放攻击动作的功能。只需在合适的地方调用Attack方法，角色便会发起攻击。对于操控角色，只要玩家在合适的时间右击鼠标，角色就会转到鼠标所指的方向，然后发起攻击。修改操控角色类CtrlHuman，添加发起攻击功能的代码。程序会判断当前能否发起攻击（不处于攻击状态、不处于移动状态），然后使用LookAt方法让角色转向，最后调用BaseHuman的Attack方法播放攻击动作。

```
// Update is called once per frame
new void Update () {
    base.Update();
    //移动
    ......
    //攻击
    if(Input.GetMouseButtonDown(1)){
        if(isAttacking) return;
        if(isMoving) return;

        Ray ray = Camera.main.ScreenPointToRay(Input.mousePosition);
        RaycastHit hit;
        Physics.Raycast(ray, out hit);

        transform.LookAt(hit.point);
        Attack();
    }
}
```

上述代码中的hit.point代表右击时鼠标对应到场景的位置，也就是攻击的方向。角色转到该方向（transform.LookAt），然后播放攻击动作。

测试游戏，右击鼠标，角色会转到鼠标指示的方向，然后挥动左手，向前方打下去，如图 3-48 和图 3-49 所示。

图 3-48　发起攻击

图 3-49　转向并发起攻击

当客户端收到播放攻击动作的 Attack 协议时，同步角色要做出处理，播放攻击动作。

可在 SyncHuman 类中添加一个播放同步攻击动作的 SyncAttack 方法，它接受一个参数 eulY，代表角色的旋转角度。调用 SyncAttack 方法后，同步角色会转向，然后播放攻击动作。代码如下：

```
public class SyncHuman : BaseHuman {
    ……

    public void SyncAttack(float eulY){
        transform.eulerAngles = new Vector3(0, eulY, 0);
        Attack();
    }

}
```

### 3.10.2　客户端处理

Attack 协议设计如图 3-50 所示。它带有两个参数，第一个参数为角色描述，第二个参数为攻击的方向。在 CtrlHuman 发起攻击动作后，将 Attack 协议发送给服务端，代码如下。

```
if(Input.GetMouseButtonDown(1)){
    if(isAttacking) return;
    if(isMoving) return;
    ……
    //发送协议
    string sendStr = "Attack|";
    sendStr += NetManager.GetDesc()+ ",";
    sendStr += transform.eulerAngles.y + ",";
    NetManager.Send(sendStr);
}
```

`Attack|127.0.0.1:4564,45,`

图 3-50　Attack 协议示意图

当客户端接收到服务端转发的 Attack 协议时，它会解析协议参数，然后调用对应同步角色的 SyncAttack 方法。修改的 Main 代码如下：

```
NetManager.AddListener("Attack", OnAttack);

void OnAttack (string msgArgs) {
    Debug.Log("OnAttack" + msgArgs);
    //解析参数
    string[] split = msgArgs.Split(',');
    string desc = split[0];
    float eulY = float.Parse(split[1]);
    //攻击动作
    if(!otherHumans.ContainsKey(desc))
        return;
    SyncHuman h = (SyncHuman)otherHumans[desc];
    h.SyncAttack(eulY);
}
```

### 3.10.3 服务端处理

服务端只需转发 Attack 协议，代码如下：

```
public static void MsgAttack(ClientState c, string msgArgs){
    //广播
    string sendStr = "Attack|" + msgArgs;
    foreach (ClientState cs in MainClass.clients.Values){
        MainClass.Send(cs, sendStr);
    }
}
```

### 3.10.4 测试

运行游戏，然后右击鼠标，可以看到角色发出攻击的动作。在其他客户端上，也能够看到该角色的攻击动作（如图 3-51 和图 3-52 所示）。

图 3-51　测试 Attack 协议

图 3-52　移动到敌人面前，攻击他

## 3.11 攻击伤害：Hit 协议

当玩家发起进攻，且打击到敌人时，敌人会受到伤害。假设不会有玩家作弊，服务端完全信任客户端，一种可能的实现方式是，当攻击到敌人时，攻击方发送 Hit 协议，如图 3-53 所示，协议中带有被攻击者的信息。服务端收到协议后，扣除被攻击角色的血量。

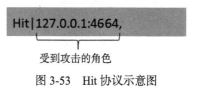

图 3-53 Hit 协议示意图

### 3.11.1 客户端处理

假设玩家发动攻击时刚好有角色位于玩家的正前方，便判断该玩家受到攻击。可以在攻击角色正前方做一条有方向的线段，如图 3-54 和图 3-55 所示，线段从 lineStart 延伸到 lineEnd，如果有角色被线段射穿，说明该角色位于攻击者的正前方，会受到伤害（更准确的做法是在角色挥动手臂、拳头刚好位于前方时去做判断，这部分和网络功能无关，就留给读者自己实现）。

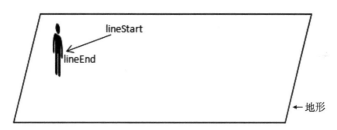

图 3-54 使用有向线段判断是否攻击到敌人

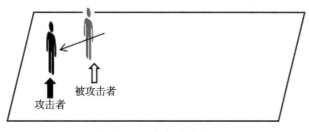

图 3-55 攻击到敌人

Unity 中的 Physics.Linecast（线性投射）恰好能实现上述功能。该方法会从开始位置（lineStart）到结束位置（lineEnd）做一个光线投射，如果碰到碰撞体，返回 true。为了实现碰撞检测，还需要给角色预设添加 Collider 组件，一般会给人形角色添加 Capsule Collider，如图 3-56 所示。

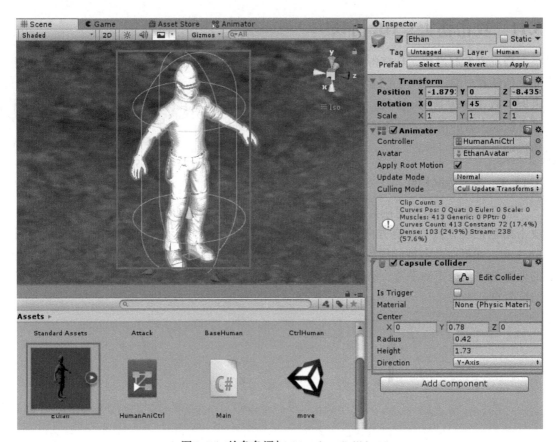

图 3-56 给角色添加 Capsule Collider

修改 CtrlHuman，添加攻击判断的代码，如下所示。先做一条有向线段，如果线段碰到了带有 SyncHuman 组件的角色，表示角色被击中，客户端发送 Hit 协议通知服务端谁被击中了。

```
//攻击
if(Input.GetMouseButtonDown(1)){
    ……
    //发送协议
    ……
    //攻击判定
    Vector3 lineEnd = transform.position + 0.5f*Vector3.up;
    Vector3 lineStart = lineEnd + 20*transform.forward;
    if(Physics.Linecast(lineStart, lineEnd, out hit)){
        GameObject hitObj = hit.collider.gameObject;
        if(hitObj == gameObject)
            return;
        SyncHuman h = hitObj.GetComponent<SyncHuman>();
        if(h == null)
            return;
```

```
    sendStr = "Hit|";
    sendStr += NetManager.GetDesc()+ ",";
    sendStr += h.desc + ",";
    NetManager.Send(sendStr);
}
```

}

### 3.11.2 服务端处理

当服务端收到 Hit 协议后，它会找出受到攻击的角色，然后扣血（此处固定扣除 25 滴血）。当被攻击的角色血量小于 0，代表角色死亡，服务端会广播 Die 协议，通知客户端删除该角色。

```
public static void MsgHit(ClientState c, string msgArgs){
    //解析参数
    string[] split = msgArgs.Split(',');
    string attDesc = split[0];
    string hitDesc = split[1];
    //找出被攻击的角色
    ClientState hitCS = null;
    foreach (ClientState cs in MainClass.clients.Values){
        if(cs.socket.RemoteEndPoint.ToString() == hitDesc)
            hitCS = cs;
    }
    if(hitCS == null)
        return;
    //扣血
    hitCS.hp -= 25;
    //死亡
    if(hitCS.hp <= 0){
        string sendStr = "Die|" + hitCS.socket.RemoteEndPoint.ToString();
        foreach (ClientState cs in MainClass.clients.Values){
            MainClass.Send(cs, sendStr);
        }
    }
}
```

## 3.12 角色死亡：Die 协议

当角色死亡时，服务端会广播 Die 协议（图 3-57），客户端收到协议后删除该角色。

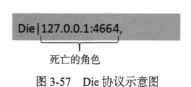

图 3-57 Die 协议示意图

### 3.12.1 客户端处理

客户端处理函数如下，如果是玩家操控的角色死亡，打印出"GameOver"，如果是其他玩家死亡，删掉他［通过 SetActive(false) 实现］。

```
void OnDie (string msgArgs) {
    Debug.Log("OnDie" + msgArgs);
    //解析参数
    string[] split = msgArgs.Split(',');
    string attDesc = split[0];
    string hitDesc = split[0];
    //自己死了
    if(hitDesc == myHuman.desc){
        Debug.Log("Game Over");
        return;
    }
    //死了
    if(!otherHumans.ContainsKey(hitDesc))
        return;
    SyncHuman h = (SyncHuman)otherHumans[hitDesc];
    h.gameObject.SetActive(false);
}
```

### 3.12.2 测试

现在打开多个客户端，攻击对方角色，在攻击一定次数后，敌方死亡，从屏幕上消失（见图 3-58、图 3-59 和图 3-60）。

图 3-58 攻击敌方，敌方受到伤害

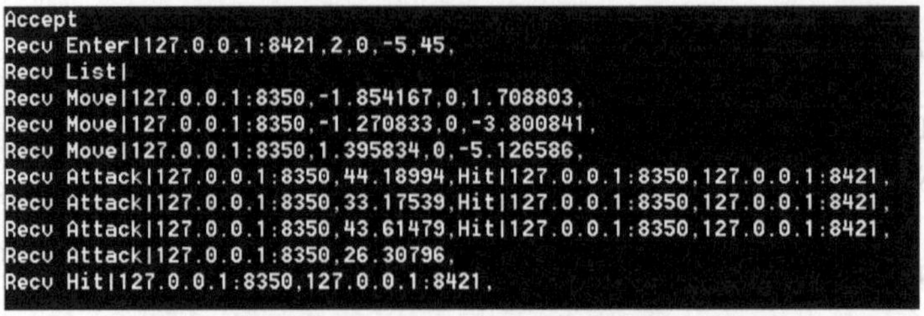

图 3-59 服务端显示收到 Hit 协议

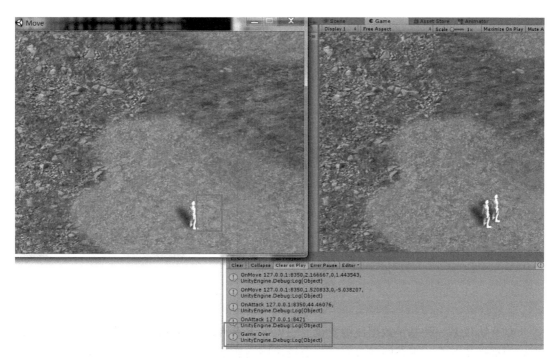

图 3-60　客户端 A（左）杀死客户端 B（右）角色

还记得本章开头说的吗？虽然已经搭建了网络游戏开发的基本框架，但并不完美。如果读者在测试的过程中莫名其妙地断线，或者莫名其妙地收不到协议（在本机测试很少出现，但如果放到网络很差的环境，出现概率比较大）也纯属正常。因为 TCP 协议是基于数据流的协议，并不保证每次接收的数据都是完整的。制作商业级游戏，必须解决各种隐患。

Chapter 4 第 4 章

# 正确收发数据流

TCP 协议是一种基于数据流的协议。想象一下看网络直播的过程：直播平台不断把最新画面推送给观众；观众的播放器程序会读出网络数据，播放最新画面，然后丢弃播放过的数据。在图 4-1 中，在 t1 时刻，直播平台（服务端）向观众（客户端）依次推送第 1 帧、第 2 帧、第 3 帧数据……到了 t2 时刻，客户端已经播放了第 1 帧画面，于是数据向前移动，变成了第 2 帧、第 3 帧……整个数据的处理过程就像流水一般，因此称为数据流。本章将介绍怎样正确和高效地处理 TCP 数据。

本章和第 5 章会涉及 TCP 的底层机制，有一定难度。但读者不必担心，第 6 章的"客户端网络模块"会封装这两章介绍的功能，只要对 TCP 机制稍有了解，能够调用几个函数就好。等做成了游戏，再回头继续探求 TCP 机制，也是个好办法。

## 4.1 TCP 数据流

### 4.1.1 系统缓冲区

图 4-2 展示的是接收缓冲区存有数据的 TCP Socket 示意图。当收到对端数据时，操作系统会将数据存入到 Socket 的接收缓冲区中，图 4-2 中接收缓冲区有 4 个字节数据，分别是 1、2、3、4。

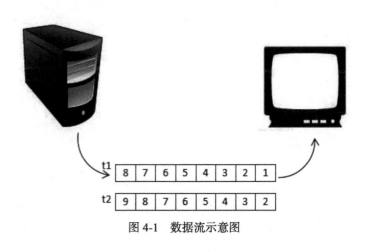

图 4-1 数据流示意图

操作系统层面上的缓冲区完全由操作系统操作，程序并不能直接操作它们，只能通过 socket.Receive、socket.Send 等方法来间接操作。

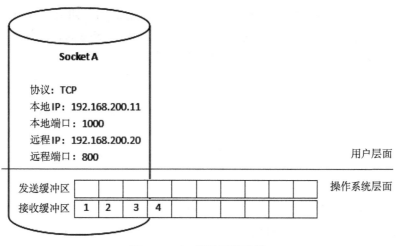

图 4-2　TCP 缓冲区示意图

Socket 的 Receive 方法只是把接收缓冲区的数据提取出来，比如调用 Receive(readBuff, 0,2)（API 的参数说明详见第 1 章），接收 2 个字节的数据到 readbuff。在图 4-2 所示的例子中，调用后操作系统接收缓冲区只剩下了 2 个字节数据，用户缓冲区 readBuff 保存了接收到的 2 字节数据，形成图 4-3 所示的缓冲区。当系统的接收缓冲区为空，Receive 方法会被阻塞，直到里面有数据。

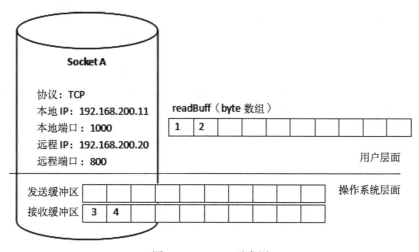

图 4-3　Receive 示意图

同样地，Socket 的 Send 方法只是把数据写入到发送缓冲区里，具体的发送过程由操作系统负责。当操作系统的发送缓冲区满了，Send 方法将会阻塞。

## 4.1.2 粘包半包现象

如果发送端快速发送多条数据，接收端没有及时调用 Receive，那么数据便会在接收端的缓冲区中累积。如图 4-4 所示，客户端先发送"1、2、3、4"四个字节的数据，紧接着又发送"5、6、7、8"四个字节的数据。等到服务端调用 Receive 时，服务端操作系统已经将接收到的数据全部写入缓冲区，共接收到 8 个数据。

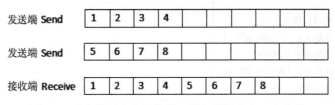

图 4-4　客户端两次发送数据，服务端只响应一次接收

这一现象有时与功能需求不符，比如在聊天软件中，客户端依次发送"Lpy"和"_is_handsome"，期望其他客户端也展示出"Lpy"和"_is_handsome"两条信息，但由于 Receive 可能把两条信息当作一条信息处理，有可能只展示"Lpy_is_handsome"一条信息（如图 4-5 所示）。Receive 方法返回多少个数据，取决于操作系统接收缓冲区中存放的内容。

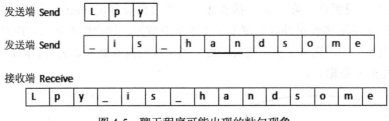

图 4-5　聊天程序可能出现的粘包现象

发送端发送的数据还有可能被拆分，如发送"HelloWorld"（如图 4-6 所示），但在接收端调用 Receive 时，操作系统只接收到了部分数据，如"Hel"，在等待一小段时间后再次调用 Receive 才接收到另一部分数据"loWorld"。

图 4-6　半包现象

由于 TCP 是基于流的数据，粘包现象本身是很正常的现象。但它与直觉不符，直觉告诉我们，"一次发送多少数据，一次也接收多少数据"才正常。

### 4.1.3 人工重现粘包现象

一种人工重现粘包现象的方法是,在 Accept 后让服务端等待一段时间(如 30 秒,代码如下所示),在此期间让客户端多次发送数据,比如分别发送"hello"和"unity",那么服务端最终会输出"[ 服务器接收 ]hellounity"。

同步服务端程序:

```
public static void Main (string[] args)
{
    //Socket Bind  Listen(略)
    //Accept
    Socket connfd = listenfd.Accept ();
    // 等待
    System.Threading.Thread.Sleep(30*1000);
    //Receive
    byte[] readBuff = new byte[1024];
    int count = connfd.Receive (readBuff);
        string readStr = System.Text.Encoding.UTF8.GetString (readBuff, 0, count);
    Console.WriteLine ("[服务器接收]" + readStr);
}
```

## 4.2 解决粘包问题的方法

一般有三种方法可以解决粘包和半包问题,分别是长度信息法、固定长度法和结束符号法。一般的游戏开发会在每个数据包前面加上长度字节,以方便解析,后续也将详细介绍这种方法。

### 4.2.1 长度信息法

长度信息法是指在每个数据包前面加上长度信息。每次接收到数据后,先读取表示长度的字节,如果缓冲区的数据长度大于要取的字节数,则取出相应的字节,否则等待下一次数据接收。

在图 4-7 所示的例子中,客户端要发送"hellounity"和"love"两个字符串(为了方便解释,并不严格按照字节流绘图,对应图 4-7 的客户端 Send ①和②),它在每个包前面加上一个代表字符串长度的字符。按照 TCP 机制,接收端收到的字节顺序一定和发送顺序一致。

1)假设第一次接收到的是"10hel",服务端程序将接收到的数据存入缓冲区(特指用户缓冲区 readBuff,下同),然后读取第一个字节"10",此时缓冲区长度只有 4(见图 4-7,服务端 Buff ①),服务端不处理,等待下一次接收。

2)假设第二次接收到了 9 个字节"lounity4l"(见图 4-7,服务端 Buff ②),此时缓冲区便有了 13 个字节,超出第一个包所需的 11 个字节(10 个数据字节加上 1 个长度字节)。于是程序读取缓冲区前 11 个字节的数据并处理。之后缓冲区便只剩下"4l"两个字节。

3）假设服务端第三次接收到"ove"三个字节（见图4-7，服务端Buff ③），这时缓冲区便有了"4love"5个字节。程序读取缓冲区的这5个字节并作出处理。

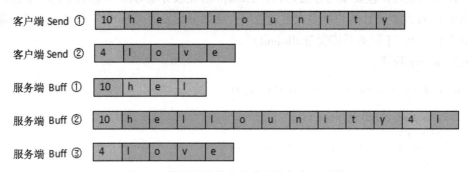

图4-7　使用程度信息法处理粘包半包问题

前面的例子使用一个字节表示长度，最大值为255。游戏程序一般会使用16位整型数或32位整型数来存放长度信息（如图4-8和图4-9所示），16位整型数的取值范围是0～65535，32位整型数的取值范围是0～4294967295。对于大部分游戏，网络消息的长度很难超过65535字节，使用16位整型数来存放长度信息较合适。

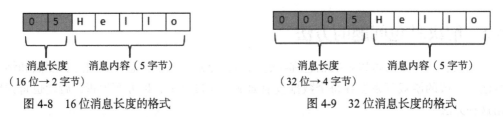

图4-8　16位消息长度的格式　　　　　图4-9　32位消息长度的格式

### 4.2.2　固定长度法

每次都以相同的长度发送数据，假设规定每条信息的长度都为10个字符，那么发送"Hello""Unity"两条信息可以发送成"Hello...""Unity..."，其中的"."表示填充字符，是为凑数，没有实际意义，只为了每次发送的数据都有固定长度。接收方每次读取10个字符，作为一条消息去处理。如果读到的字符数大于10，比如第1次读到"Hello...Un"，那它只要把前10个字节"Hello..."抽取出来，再把后面的两个字节"Un"存起来，等到再次接收数据，拼接第二条信息。

### 4.2.3　结束符号法

规定一个结束符号，作为消息间的分隔符。假设规定结束符号为"$"，那么发送"Hello""Unity"两条信息可以发送成"Hello$""Unity$"。接收方每次读取数据，直到"$"出现为止，并且使用"$"去分割消息。比如接收方第一次读到"Hello$Un"，那它把结束符前面的Hello提取出来，作为第一条消息去处理，再把"Un"保存起来。待后续读到"ity$",再把"Un"和"ity"拼成第二条消息。

## 4.3 解决粘包的代码实现

本节会展示在异步客户端上,实现带有 16 字节长度信息的协议,来解决粘包问题。

### 4.3.1 发送数据

假设要发送一条字符串消息"HelloWorld"。由于要解决粘包问题,发送的数据需要包含长度信息,实际发送的数据变成了"0AHelloWorld"(0A 表示数字 10)。下面用 Send 方法实现了该功能。

```
//点击发送按钮
public void Send(string sendStr)
{
    //组装协议
    byte[] bodyBytes = System.Text.Encoding.Default.GetBytes(sendStr);
    Int16 len = (Int16)bodyBytes.Length;
    byte[] lenBytes = BitConverter.GetBytes(len);
    byte[] sendBytes = lenBytes.Concat(bodyBytes).ToArray();
    //为了精简代码:使用同步 Send
    //不考虑抛出异常
    socket.Send(sendBytes);
}
```

图 4-10 展示了以上程序各个变量的取值。

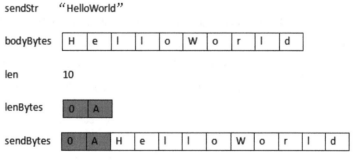

图 4-10 Send 程序中各个变量取值示意图

其中的 Concat 方法位于 Linq 命名空间,使用前需要加上"using System.Linq;",它的功能是拼接数组。"lenBytes.Concat(bodyBytes).ToArray();"一句的含义是生成一个 lenBytes 后接 bodyBytes 的 byte 数组。

### 4.3.2 接收数据

游戏程序一般会使用"长度信息法"处理粘包问题,核心思想是定义一个缓冲区

（readBuff）和一个指示缓冲区有效数据长度变量（buffCount）。

```
//接收缓冲区
byte[] readBuff = new byte[1024];
//接收缓冲区的数据长度
int buffCount = 0;
```

比如，readBuff 中有 5 个字节的数据 "world"（其余为 byte 的默认值 0），那么 buffCount 的值应是 5，如图 4-11 所示。

因为存在粘包现象，缓冲区里面会保存尚未处理的数据。所以接收数据时不再从缓冲区开头的位置写入，而是把新数据放在有效数据之后。比如在图 4-11 所示的缓冲区中增加两个字节的数据 "hi"，缓冲区将会变成图 4-12 所示的样式，同时让 buffCount 增加 2。

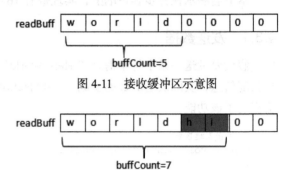

图 4-11　接收缓冲区示意图

图 4-12　新增两字节数据的缓冲区

如果使用异步 Socket，BeginReceive 的参数应填成下面的样子：

```
socket.BeginReceive(readBuff,        //缓冲区
                    buffCount,       //开始位置
                    1024-buffCount,  //最多读取多少数据
                    0,               //标志位，设成 0 即可
                    ReceiveCallback, //回调函数
                    socket);         //状态
```

图 4-13 所展示的是，BeginReceive 从缓冲区 buffCount 的位置开始写入，因为缓冲区的索引从 0 开始，所以第 6 个位置的索引为 5，正好等于 buffCount。假设缓冲区长度为 9，那么剩余量是"总长度 -buffCount"。图 4-13 缓冲区还剩余 4 个字节，所以下一次接收数据最多只能接收 4 个字节。对于长度为 1024 的缓冲区，剩余量便是"1024-buffCount"。

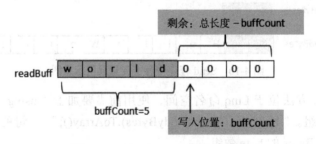

图 4-13　BeginReceive 参数示意图

在收到数据后，程序需要更新 buffCount，以使下一次接收数据时，写入到缓冲区有效数据的末尾（如图 4-14 所示）。

```
public void ReceiveCallback(IAsyncResult ar){
    Socket socket = (Socket) ar.AsyncState;
    //获取接收数据长度
    int count = socket.EndReceive(ar);
    buffCount+=count;
    ……
}
```

### 4.3.3 处理数据

收到数据后，如果缓冲区的数据足够长，超过 1 条消息的长度，就把消息提取出来处理。如果数据长度不够，不去处理它，等待下一次接收数据。对于缓冲区数据长度，会有以下几种情况。

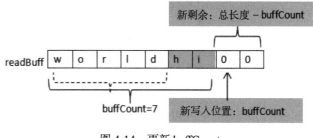

图 4-14　更新 buffCount

#### 1. 缓冲区长度小于等于 2

由于消息长度是 16 位（2 字节），缓冲区至少要有 2 个字节数据才能把长度信息解析出来（这里假设长度值一定要大于 0）。如果缓冲区长度小于 2（如图 4-15 所示），不去处理它，等待下一次接收。

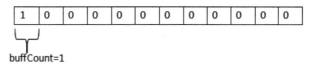

图 4-15　缓冲区数据长度小于 2 的情况

假设 OnReceiveData 是处理缓冲区消息的方法，对应的代码如下：

```
public void OnReceiveData(){
    if(buffCount <= 2)
        return;
    //如果是完整的消息，就处理它
}
```

#### 2. 缓冲区长度大于 2，但还不足以组成一条消息

在图 4-16 中，缓冲区有 6 个有效字节 "05hell"。取出前 2 个字节 "05"，解析后会得到这条消息总共有 5 个字节。加上表示长度的 2 个字节，这条消息总共有 7 个字节。显然，缓冲区里的数据不足以组成一条完整的消息。也不去处理它，等待下一次接收。

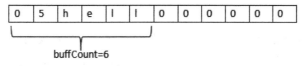

图 4-16　缓冲区长度大于 2，但还不足以组成一条消息

对应的代码如下：

```
public void OnReceiveData(){
    if(buffCount <= 2)
        return;
    Int16 bodyLength = BitConverter.ToInt16(readBuff, 0);
    //消息体长度
    if(buffCount < 2+bodyLength)
        return;
    //如果是完整的消息，就处理它
}
```

其中的 BitConverter.ToInt16 表示取缓冲区 readBuff 某个字节开始（这里是 0，表示从第 1 个字节开始）的 2 个字节（因为 Int16 需要用 2 个字节表示）数据，再把它转换成数字。

### 3. 缓冲区长度大于等于一条完整信息

如果缓冲区长度大于等于一条完整的消息，那应该解析出这一条消息，然后更新缓冲区。如图 4-17 所示，缓冲区的内容为"05hello03cat"，前两个字节"05"代表第一条消息有 5 个字节，那么将缓冲区第 3 到第 7 个字节给解析出来，形成第一条消息。下面的代码使用 System.Text.Encoding.UTF8.GetString(缓冲区,开始位置,长度) 将缓冲区的指定数据转换为字符串，读取消息内容。

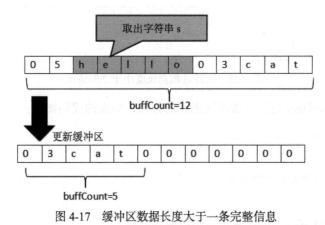

图 4-17　缓冲区数据长度大于一条完整信息

```
public void OnReceiveData(){
    //消息体长度判断（略）
    string s = System.Text.Encoding.UTF8.GetString(readBuff, 2, bodyLength);
    //如果有更多消息，就处理它
}
```

读取出的缓冲区数据已经没有用了，需要删除它。一个直观的办法是将缓冲区后面的数据向前移位，在图 4-17 所示的例子中，第一条消息共有 7 位，读取完后，可将缓冲区的第 8 位移动至缓冲区的第 1 位，将缓冲区的第 9 位移动至缓冲区的第 2 位，以此类推，最终缓冲区将只保留第二条之后的数据"03cat"。

移动缓冲区数据可使用 Array.Copy 方法，它的原型如下：

```
public static void Copy(
    Array sourceArray,
    long sourceIndex,
    Array destinationArray,
    long destinationIndex,
    long length
)
```

sourceArray 代表源数组，destinationArray 代表目标数据，sourceIndex 代表源数组的起始位置，destinationIndex 代表目标数组的起始位置，length 代表要复制的消息的长度。在图 4-17 所示的例子中，需要把缓冲区的第 8 位（索引为 7）到第 12 位数据"03cat"复制到缓冲区最前面，也就是从源数据的第 8 位到第 12 位（索引 7 到 11），复制到目标数据的第 1 位到第 5 位（索引 0 到 4），共复制 5 字节数据。代码如下所示：

```
public void OnReceiveData(){
    //处理一条消息（略）
    // 更新缓冲区
    int start = 2 + bodyLength;
    int count = buffCount - start;
    Array.Copy(readBuff, start, readBuff, 0, count);
    buffCount -= start;
    // 如果有更多消息，就处理它
}
```

上述代码中，代表起始位置的 start 指向第一条消息的末尾，在例子中取值为 2+5=7。长度 count 取值为缓冲区有效数据的长度，即 12-7=5，最后更新代表缓冲区有效数据长度的 buffCount，取值为 12-7=5。

如果缓冲区数据足够长，还可以继续处理下一条消息。处理消息方法 OnReceiveData 的完整代码如下：

```
public void OnReceiveData(){
    //消息长度
    if(buffCount <= 2)
        return;
    Int16 bodyLength = BitConverter.ToInt16(readBuff, 0);
    //消息体
    if(buffCount < 2+bodyLength)
        return;
    string s = System.Text.Encoding.UTF8.GetString(readBuff, 2, buffCount);
    //s是消息内容
```

```
        //更新缓冲区
        int start = 2 + bodyLength;
        int count = buffCount - start;
        Array.Copy(readBuff, start, readBuff, 0, count);
        buffCount -= start;
        //继续读取消息
        if(readBuff.length > 2){
            OnReceiveData();
        }
    }
```

### 4.3.4 完整的示例

下面以第2章的聊天客户端为例，给出粘包分包处理的完整代码。比起上一章的程序，它有以下几处改进。

1）使用buffCount记录缓冲区的数据长度，使缓冲区可以保存多条数据；

2）接收数据（BeginReceive）的起点改为buffCount，由于缓冲区总长度为1024，所以最大能接收的数据长度变成了1024-buffCount；

3）通过OnReceiveData处理消息，OnReceiveData每一行代码的具体功能前几节已有详细介绍。这里还增加一些打印内容，以便测试；

4）给发送的消息添加长度信息。

代码如下：

```
using System.Collections;
using System.Collections.Generic;
using UnityEngine;
using System.Net.Sockets;
using UnityEngine.UI;
using System;
using System.Linq;

public class Echo : MonoBehaviour {

    //定义套接字
    Socket socket;
    //UGUI
    public InputField InputFeld;
    public Text text;
    //接收缓冲区
    byte[] readBuff = new byte[1024];
    //接收缓冲区的数据长度
    int buffCount = 0;
    //显示文字
```

```csharp
string recvStr = "";

// 点击连接按钮
public void Connection()
{
    //Socket
    socket = new Socket(AddressFamily.InterNetwork,
        SocketType.Stream, ProtocolType.Tcp);
    // 为了精简代码：使用同步 Connect
    // 不考虑抛出异常
    socket.Connect("127.0.0.1", 8888);
    socket.BeginReceive( readBuff, buffCount, 1024-buffCount, 0,
        ReceiveCallback, socket);
}

//Receive 回调
public void ReceiveCallback(IAsyncResult ar){
    try {
        Socket socket = (Socket) ar.AsyncState;
        // 获取接收数据长度
        int count = socket.EndReceive(ar);
        buffCount+=count;
        // 处理二进制消息
        OnReceiveData();
        // 继续接收数据
        socket.BeginReceive( readBuff, buffCount, 1024-buffCount, 0,
            ReceiveCallback, socket);
    }
    catch (SocketException ex){
        Debug.Log("Socket Receive fail" + ex.ToString());
    }
}

public void OnReceiveData(){
    Debug.Log("[Recv 1] buffCount=" +buffCount);
    Debug.Log("[Recv 2] readbuff=" + BitConverter.ToString(readBuff));
    // 消息长度
    if(buffCount <= 2)
        return;
    Int16 bodyLength = BitConverter.ToInt16(readBuff, 0);
    Debug.Log("[Recv 3] bodyLength=" +bodyLength);
    // 消息体
    if(buffCount < 2+bodyLength)
        return;
    string s = System.Text.Encoding.UTF8.GetString(readBuff, 2, bodyLength);
    Debug.Log("[Recv 4] s=" +s);
```

```csharp
        //更新缓冲区
        int start = 2 + bodyLength;
        int count = buffCount - start;
        Array.Copy(readBuff, start, readBuff, 0, count);
        buffCount -= start;
        Debug.Log("[Recv 5] buffCount=" +buffCount);
        //消息处理
        recvStr = s + "\n" + recvStr;
        //继续读取消息
        OnReceiveData();
    }

    //点击发送按钮
    public void Send()
    {
        string sendStr = InputFeld.text;
        //组装协议
        byte[] bodyBytes = System.Text.Encoding.Default.GetBytes(sendStr);
        Int16 len = (Int16)bodyBytes.Length;
        byte[] lenBytes = BitConverter.GetBytes(len);
        byte[] sendBytes = lenBytes.Concat(bodyBytes).ToArray();
        //为了精简代码：使用同步 Send
        //不考虑抛出异常
        socket.Send(sendBytes);
        Debug.Log("[Send]" + BitConverter.ToString(sendBytes));
    }

    public void Update(){
        text.text = recvStr;
    }
}
```

### 4.3.5 测试程序

**1. 正常的流程**

现在修改第 2 章的 Select 服务端程序，让服务端仅做转发。读者也可以仿照本节的代码，让服务端拥有处理粘包分包的能力。后续章节会详细介绍服务端的实现，这里的测试程序仅作观察客户端数据是否正确之用。

服务端程序修改如下：

```csharp
//读取 Clientfd
public static bool ReadClientfd(Socket clientfd){
    ClientState state = clients[clientfd];
    int count = clientfd.Receive(state.readBuff);
    //客户端关闭
    if(count == 0){
        //略
    }
```

```
//显示
string recvStr = System.Text.Encoding.Default.GetString(
    state.readBuff, 2, count-2);
Console.WriteLine("Receive" + recvStr);
//广播
byte[] sendBytes = new byte[count];
Array.Copy(state.readBuff, 0, sendBytes, 0, count);
foreach (ClientState cs in clients.Values){
    cs.socket.Send(sendBytes);
}
return true;
}
```

运行服务端和客户端程序，在客户端的窗口输入一些数据，然后发送，如图4-18所示。

图4-19展示了客户端收到服务端转发的数据。客户端收到的数据为"05hello"，转换为16进制即是"05-00-68-65-6C-6C-6F"，长度为7个字节。取出前两个字节"05-00"，解析得到数据的长度是5。从第三个字节开始读取5个字节"68-65-6C-6C-6F"，解析出来得到文字"hello"（如图4-20所示）。读取完成后，更新缓冲区，缓冲区长度变为0（buffCount为0，至于缓冲区内的数据已经无关紧要了，它们会在下一次Receive被覆盖掉）。

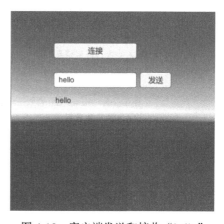

图4-18  客户端发送和接收"hello"

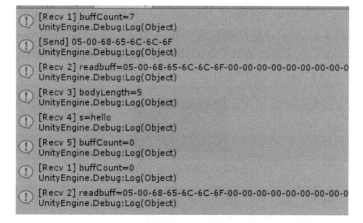

图4-19  客户端解析数据打印的日志

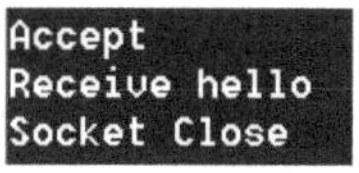

图4-20  服务端打印的日志

### 2. 手动模拟粘包

修改客户端 ReceiveCallback 方法,在接收一次数据后,强制等待 30 秒,然后再开启下一次接收。因为 ReceiveCallback 是在子线程中执行,调用 Sleep 不会卡住主线程,客户端不会被卡住。只要在这 30 秒内多次发送数据,经由服务端转发,再次调用 BeginReceive 时,缓冲区已经有足够多的数据,产生粘包现象。客户端代码如下:

```
//Receive 回调
public void ReceiveCallback(IAsyncResult ar){
    try {
        Socket socket = (Socket) ar.AsyncState;
        // 获取接收数据长度
        int count = socket.EndReceive(ar);
        buffCount+=count;
        // 处理二进制消息
        OnReceiveData();
        // 等待
        System.Threading.Thread.Sleep(1000*30);
        // 继续接收数据
        socket.BeginReceive( readBuff, buffCount,
                    1024-buffCount, 0, ReceiveCallback, socket);
    }
    catch (SocketException ex){
        Debug.Log("Socket Receive fail" + ex.ToString());
    }
}
```

现在开启服务端和客户端,连接后,迅速让客户端发送"hi""hello""unity"三条数据。如图 4-21 和图 4-22 所示,客户端收到"hi"之后,进入 30 秒的等待,唤醒之后,客户端再次调用 BeginReceive 接收消息,此时缓冲区已存了"hello"和"unity"两条数据,OnReceiveData 将会解析它们,并打印日志。

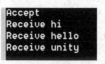

图 4-21 服务端打印的日志

在图 4-22 中,收到"hi"时,缓冲区共有 4 个字节数据"02-00-68-69",前两字节表示长度,后两字节表示内容。处理过程和"正常的流程"一致。

如图 4-23 所示,在第二次收到消息后,缓冲区共有 14 字节的数据"05-00-68-65-6C-6C-6F-05-00-75-6E-69-74-79"(图中 Recv 1),解析得到第一条消息长度是 5(图中 Recv 3),得到字符串字节"68-65-6C-6C-6F",解析字符串得到 hello(图中 Recv 4)。更新缓冲区后,缓冲区还剩下 7 个字节,于是程序继续解析它,最终得到"75-6E-69-74-79",即"unity"。

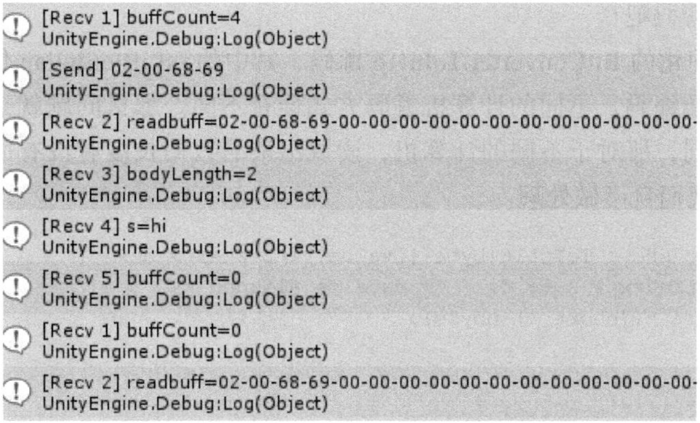

```
[Recv 1] buffCount=4
UnityEngine.Debug:Log(Object)
[Send] 02-00-68-69
UnityEngine.Debug:Log(Object)
[Recv 2] readbuff=02-00-68-69-00-00-00-00-00-00-00-00-00-00-00-00-
UnityEngine.Debug:Log(Object)
[Recv 3] bodyLength=2
UnityEngine.Debug:Log(Object)
[Recv 4] s=hi
UnityEngine.Debug:Log(Object)
[Recv 5] buffCount=0
UnityEngine.Debug:Log(Object)
[Recv 1] buffCount=0
UnityEngine.Debug:Log(Object)
[Recv 2] readbuff=02-00-68-69-00-00-00-00-00-00-00-00-00-00-00-00-
UnityEngine.Debug:Log(Object)
```

图 4-22　收到"hi"时客户端打印的日志

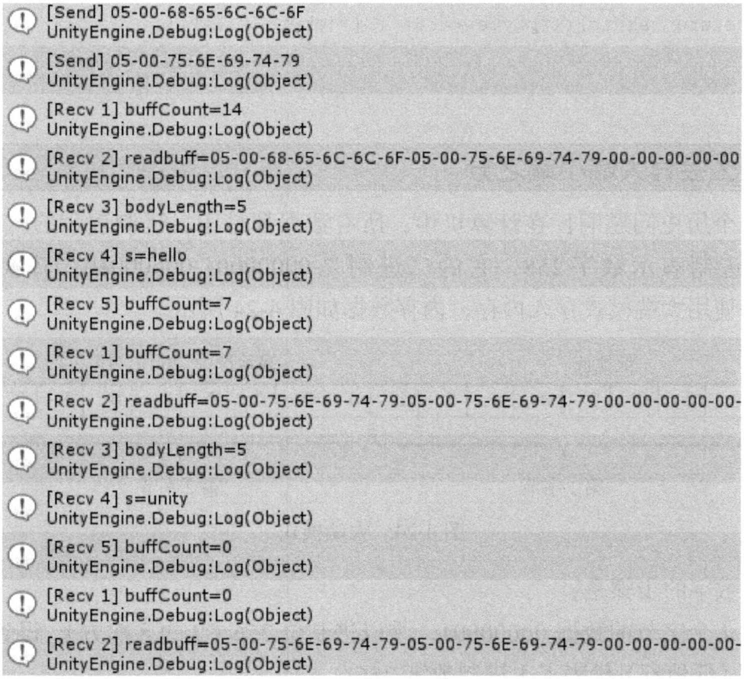

```
[Send] 05-00-68-65-6C-6C-6F
UnityEngine.Debug:Log(Object)
[Send] 05-00-75-6E-69-74-79
UnityEngine.Debug:Log(Object)
[Recv 1] buffCount=14
UnityEngine.Debug:Log(Object)
[Recv 2] readbuff=05-00-68-65-6C-6C-6F-05-00-75-6E-69-74-79-00-00-00-00-
UnityEngine.Debug:Log(Object)
[Recv 3] bodyLength=5
UnityEngine.Debug:Log(Object)
[Recv 4] s=hello
UnityEngine.Debug:Log(Object)
[Recv 5] buffCount=7
UnityEngine.Debug:Log(Object)
[Recv 1] buffCount=7
UnityEngine.Debug:Log(Object)
[Recv 2] readbuff=05-00-75-6E-69-74-79-05-00-75-6E-69-74-79-00-00-00-00-
UnityEngine.Debug:Log(Object)
[Recv 3] bodyLength=5
UnityEngine.Debug:Log(Object)
[Recv 4] s=unity
UnityEngine.Debug:Log(Object)
[Recv 5] buffCount=0
UnityEngine.Debug:Log(Object)
[Recv 1] buffCount=0
UnityEngine.Debug:Log(Object)
[Recv 2] readbuff=05-00-75-6E-69-74-79-05-00-75-6E-69-74-79-00-00-00-00-
UnityEngine.Debug:Log(Object)
```

图 4-23　收到"hello""unity"时客户端打印的日志

## 4.4　大端小端问题

在实际测试中，粘包半包问题的出现频率很高，占据了收发数据问题的 80%，然而还有 20% 的问题尚未解决，大端小端问题就是其中之一。前面解决粘包问题中读取消息长度的方法，使用的是 BitConverter.ToInt16(buffer, offset)。这个方法的底层是怎样实现的呢？

一起探究 .Net 的源码吧！

下面是经过简化的 BitConverter.ToInt16 源码，其中的 IsLittleEndian 代表这台计算机是大端编码还是小端编码，不同的计算机编码方式会有不同。那么问题就是，不同编码方式下，计算方法不同，那对于不同的计算机，读取出来的数据长度有没有可能不同呢，答案是肯定的，需要我们自己做处理。

```
public static short ToInt16(byte[] value, int startIndex) {
    if( startIndex % 2 == 0) { // data is aligned
        return *((short *) pbyte);
    }
    else {
        if( IsLittleEndian) {
            return (short)((*pbyte) | (*(pbyte + 1) << 8)) ;
        }
        else {
            return (short)((*pbyte << 8) | (*(pbyte + 1)));
        }
    }
}
```

### 4.4.1 为什么会有大端小端之分

这真是一个历史问题啊！在计算机中，所有数据都是用二进制表示的，举个例子，如果用 16 位二进制表示数字 258，它的二进制是 00000001 00000010，转换成 16 进制是 0x0102。假如使用大端模式存入内存，内存数据如图 4-24 所示。

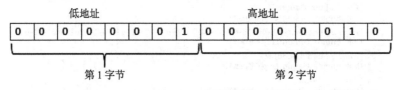

图 4-24　大端模式

还原这个数字的步骤是：
- 拿到第 1 个字节的数据 00000001，乘以进制位 256（2 的 8 次方），得到 256，即第 1 个字节（低地址）代表了十进制数字 256；
- 拿到第 2 个字节的数据 00000010，它代表十进制数字 2，乘以进制位 1，得到 2；
- 将前两步得到的数字相加，即 256+2，得到 258，还原出数字。

如果所有人都用这种方式存储数据最好了，可是有些人偏不（当然，这是属于历史问题），他们规定存入内存的数据使用如图 4-25 所示的小端模式。

还原这个数字的步骤是：
- 拿到第 2 个字节的数据 00000001，乘以进制位 256（2 的 8 次方），得到 256，即第 2 个字节（高地址）代表了十进制数字 256；

- 拿到第 1 个字节的数据 00000010，它代表十进制数字 2，乘以进制位 1，得到 2。
- 将前两步得到的数字相加，即 256+2，得到 258，还原出数字。

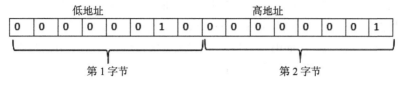

图 4-25　小端模式

常用的 X86 结构是小端模式，很多的 ARM、DSP 都为小端模式，但 KEIL C51 则为大端模式，有些 ARM 处理器还可以由硬件来选择是大端模式还是小端模式。也就是说市面上的手机有些采用大端模式，有些采用小端模式。

为了兼容所有的机型，我们规定，写入缓冲区的数字，必须按照小端模式来存储。有两种方法可以做到大小端兼容，下面分别介绍。

### 4.4.2　使用 Reverse() 兼容大小端编码

如果使用 BitConverter.GetBytes 将数字转换成二进制数据，转换出来的数据有可能基于大端模式，也有可能基于小端模式。因为我们规定必须使用小端编码，一个简单的办法是，判断系统是否是小端编码的系统，如果不是，就使用 Reverse() 方法将大端编码转换为小端编码。以 Send 为例，代码如下：

```
//点击发送按钮
public void Send()
{
    string sendStr = InputFeld.text;
    //组装协议
    byte[] bodyBytes = System.Text.Encoding.Default.GetBytes(sendStr);
    Int16 len = (Int16)bodyBytes.Length;
    byte[] lenBytes = BitConverter.GetBytes(len);
    //大小端编码
    if(!BitConverter.IsLittleEndian){
        Debug.Log("[Send] Reverse lenBytes");
        lenBytes=lenBytes.Reverse();
    }
    //拼接字节
    byte[] sendBytes = lenBytes.Concat(bodyBytes).ToArray();
    socket.Send(sendBytes);
}
```

### 4.4.3　手动还原数值

BitConverter.ToInt16 中根据系统大小端采用不同的编码方式，如果是小端编码，返回的是 (*pbyte) | (*(pbyte + 1) << 8)，如果是大端编码，返回的是 (*pbyte << 8) | (*(pbyte +

1))。以小端为例,由于采用指针,(*pbyte) 指向缓冲区中指定位置的第 1 个字节,*(pbyte + 1) 指向缓冲区中指定位置的第 2 个字节,(*(pbyte + 1) << 8) 表示左移 8 位,相当于乘以 256,返回的数字便是 "第 1 个字节 + 第 2 字节 *256",与 4.4.1 节中介绍的步骤相同。

以接收数据为例。在下面的代码中,readBuff[0] 代表缓冲区的第 1 个字节,readBuff[1] 代表缓冲区的第 2 个字节,(readBuff[1] << 8) 代表将缓冲区第 2 个字节的数据乘以 256,中间的 "|" 代表逻辑与,在这里等同于相加。

```
public void OnReceiveData(){
    //消息长度
    if(buffCount <= 2)
        return;
    //消息长度
    Int16 bodyLength = (short)((readBuff[1] << 8) | readBuff[0]);
    Debug.Log("[Recv] bodyLength=" + bodyLength);
    //消息体、更新缓冲区
    //消息处理、继续读取消息
    ......
}
```

以数字 258 为例,解析过程如图 4-26 所示。

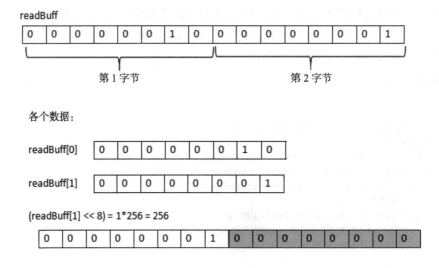

图 4-26  代码中各个数据示例

## 4.5 完整发送数据

回忆一下 Send 方法,该方法会把要发送的数据存入操作系统的发送缓冲区,然后返回成功写入的字节数。这句话的另一层含义是，对于那些没有成功发送的数据，程序需要把它们保存起来，在适当的时机再次发送。由于在网络通畅的环境下，Send 只发送部分数据的概率并不高，很多商业游戏也没有处理这种情况。但作为有志于开发百万级在线玩家的读者，必然渴望做到完美。

### 4.5.1 不完整发送示例

以异步聊天客户端为例，假设操作系统缓冲区被设置得很小，只有 8 个字节，再假设网络环境很差，缓冲区的数据没能及地的发送出去。如图 4-27 步骤①所示，假设客户端发送字符串"hero"，发送后，Send 返回 6（包含两字节的长度），数据全部存入操作系统缓冲区中。但此时网络拥堵，TCP 尚未把数据发送给服务端。此时，客户端又发送了字符串"cat"，由于操作系统的发送缓冲区只剩下 2 字节空位，只有代表数据长度的"03"被写入缓冲区（图 4-27 步骤②）。此时，网络环境有所改善，TCP 成功把缓冲区的数据发送给服务端，操作系统缓冲区被清空，如图 4-27 步骤③所示。稍后，客户端又发送了字符串"hi"，数据成功发送。

对于服务端而言，接收到的数据是"04hero0302hi"，第一个字符串"hero"可以被解析，但对于后续的"0302hi"，服务端会解析成一串 3 个字节的数据"02h"，以及不完整的长度信息"i"。"04hero"往后的数据全部无法解析，通信失败。

图 4-27　不完整的发送流程

### 4.5.2 如何解决发送不完整问题

要让数据能够发送完整，需要在发送前将数据保存起来；如果发送不完整，在 Send 回调函数中继续发送数据，示意代码如下。

```
//定义发送缓冲区
byte[] sendBytes = new byte[1024];
```

```csharp
//缓冲区偏移值
int readIdx = 0;
//缓冲区剩余长度
int length = 0;


//点击发送按钮
public void Send()
{
    sendBytes = 要发送的数据；
    length = sendBytes.Length;       // 数据长度
    readIdx = 0;
    socket.BeginSend(sendBytes, 0, length, 0, SendCallback, socket);
}

//Send 回调
public void SendCallback(IAsyncResult ar){
    // 获取 state
    Socket socket = (Socket) ar.AsyncState;
    //EndSend 的处理
    int count = socket.EndSend(ar);
    readIdx + =count;
    length -= count;
    //继续发送
    if(length > 0){
        socket.BeginSend(sendBytes,
            readIdx, length, 0, SendCallback, socket);
    }
}
```

一步一步来解析上面的代码。假如要发送的数据是 "08hellolpy"，在调用 BeginSend 时，缓冲区 sendBytes 的数据如图 4-28 所示。

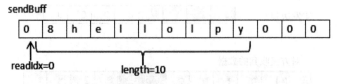

图 4-28　调用 BeginSend 时，sendBytes 示意图

假设 Socket 只发送了 6 个数据，即发送了 "08hell"，在 SendCallback 中，count 返回 6，程序会调整 readIdx 和 length，使缓冲区相关的数据如图 4-29 所示。

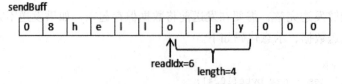

图 4-29　接收 6 个字节数据后，缓冲区示意图

此时 length > 0，于是程序再次调用 BeginSend，发送剩余的数据。BeginSend 的参数解释如下：

```
socket.BeginSend(sendBytes,      //发送缓冲区
                 readIdx,         //从索引为 6 的数据开始发送
                 length,          //因为缓冲区只剩下 4 个数据，最多发送 4 个数据
                 0,               //标志位，设置为 0 即可
                 SendCallback,    //回调函数
                 socket);         //传给回调函数的对象
```

如果再次调用的 BeginSend 能够把数据发完，那万事大吉。如果不能完整发送，第二次 BeginSend 的回调函数也会把剩余的数据发送出去。

上面的方案解决了一半问题，因为调用 BeginSend 之后，可能要隔一段时间才会调用回调函数，如果玩家在 SendCallback 被调用之前再次点击发送按钮，按照前面的写法，会重置 readIdx 和 length，SendCallback 也就不可能正确工作了。为此我们设计了加强版的发送缓冲区，叫作写入队列（writeQueue），它的结构如图 4-30 所示。

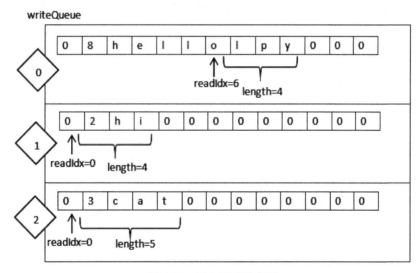

图 4-30　写入队列示意图

图 4-30 展示了一个包含三个缓冲区的写入队列，当玩家点击发送按钮时，数据会被写入队列的末尾，比如一开始发送 "08hellolpy"，那么就在队列里添加一个缓冲区，这个缓冲区和本节前面介绍的缓冲区一样，包含一个 bytes 数组，以及指向缓冲区开始位置的 readIdx、缓冲区剩余长度的 length。Send 方法会做这样的处理，示意代码如下：

```
public void Send() {
    sendBytes = 要发送的数据;
    writeQueue.Enqueue(ba);      //假设 ba 封装了 readbuff、readIdx、length 等数据
    if(writeQueue 只有一条数据){
        socket.BeginSend(参数略);
```

```
    }
}
public void SendCallback(IAsyncResult ar){
    count = socket.EndSend(ar);
    ByteArray ba = writeQueue.First();  //ByteArray 后面再介绍
    ba.readIdx+=count;   //length 的处理略
    if(发送不完整){
        取出第一条数据,再次发送
    }
    else if(发送完整,且writeQueue还有数据){
        删除第一条数据
        取出第二条数据,如有,发送
    }
}
```

我们以一个例子来说明这个过程。假设玩家发送的第一条数据是 "08hellolpy",调用 writeQueue.Enqueue 把数据写入 writeQueue 末尾,因为此时 writeQueue 为空,即写入第一条数据。此时的写入队列如图 4-31 所示。因为队列只有一条数据,程序会调用 socket. BeginSend 将第一条数据发送出去。

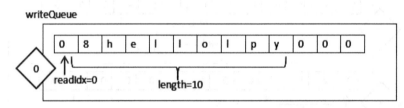

图 4-31 发送第一条数据前,写入队列示意图

假设 BeginSend 的回调方法尚未返回,玩家又发送了第二条数据 "02hi",程序会把数据写入 writeQueue 末尾,形成图 4-32 所示的队列。由于此时发送队列有两条数据,不会调用 BeginSend。这样做的目的是控制发送的数据,不同时发送多条数据,导致混乱。

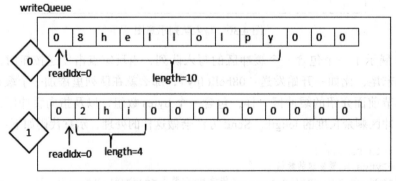

图 4-32 发送第二条数据前,写入队列示意图

假如第一次 BeginSend 的回调函数被调用，成功发送了 6 个数据，调整 readindex 和 length 后，写入队列，如图 4-33 所示。

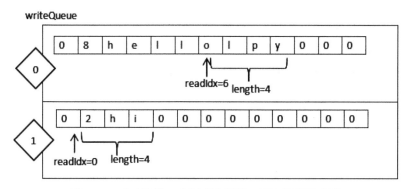

图 4-33　成功发送 6 个字节数据后，写入队列示意图

此时会进入"if(发送不完整)"的真分支，重新调用 BeginSend 发送数据，假如这次把数据都发送出去了，会进入"if(发送不完整)"的假分支，删除第一条数据。此时的写入队列只剩下第二条数据，如图 4-34 所示。

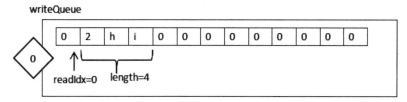

图 4-34　成功发送第一条数据后，写入队列示意图

程序会取出"02hi"这条数据，然后调用 BeginSend 发送出去，直到缓冲区被清空。如此往复，可以保证完整地发送数据。

以上过程涉及两个结构，分别是封装 byte[]、readIdx 和 length 的缓冲区 ByteArray，以及队列 Queue。这两种结构是什么样子呢？

### 4.5.3　ByteArray 和 Queue

#### 1. ByteArray

由上一节可知，ByteArray 是封装 byte[]、readIdx 和 length 的类，可以这样定义它（添加文件 ByteArray.cs）：

```
using System;

public class ByteArray {
    //缓冲区
    public byte[] bytes;
```

```
    //读写位置
    public int readIdx = 0;
    public int writeIdx = 0;
    //数据长度
    public int length { get { return writeIdx-readIdx; }}

    //构造函数
    public ByteArray(byte[] defaultBytes){
        bytes = defaultBytes;
        readIdx = 0;
        writeIdx = defaultBytes.Length;
    }
}
```

使用方法如下面的代码所示。代码中，通过构造函数 ByteArray(byte[] defaultBytes) 给 ByteArray 对象赋初值，赋值后的 ba 如图 4-35 所示，readIdx 为 0，writeIdx 为数据长度 5，计算可得缓冲区有效数据的长度 length 为 5。发送数据时，根据 ba 的 readIdx、length 选择合适的参数即可。

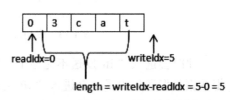

图 4-35　ByteArray 对象 ba 示意图

```
byte[] sendBytes = new byte[]{'0', '3', 'c', 'a', 't'};
ByteArray ba = new ByteArray(sendBytes);
socket.BeginSend(ba.bytes, ba.readIdx, ba.length, 0, SendCallback, socket);
```

### 2. ByteArray 调试

为了调试方便，可以给 ByteArray 类添加两个将缓冲区数据（bytes）转换成字符串的方法，以便把缓冲区数据打印出来。这里定义的 ToString 方法会把缓冲区的有效数据（从 readIdx 开始，长度为 length 的数据）打印出来，Debug 方法会把 readIdx、writeIdx 和 bytes 的完整数据打印出来。如果 bytes 存放的数据是 "345"，Debug.Log(ba.ToString()) 将会打印出 "03-04-05"，Debug.Log(ba.Debug()) 将会打印出 "readIdx(0) writeIdx(3) bytes(03-04-05)"。

```
//打印缓冲区（仅为调试）
public override string ToString(){
    return BitConverter.ToString(bytes, readIdx, length);
}

//打印调试信息（仅为调试）
public string Debug(){
    return string.Format("readIdx({0}) writeIdx({1}) bytes({2})",
        readIdx,
        writeIdx,
        BitConverter.ToString(bytes, 0, bytes.Length)
```

            );
    }

### 3. Queue

C# 提供了一种队列数据结构 Queue。和 List 一样，它是一种容器，使用示例如下面代码所示。常用的有 Enqueue、Dequeue 和 First 三个方法，其中：Enqueue 代表把元素放入到队列中，该元素会放到队列的末尾；Dequeue 代表出列，队列的第一个元素被弹出来；First 代表获取队列的第一个元素。

```
Queue<ByteArray> writeQueue = new Queue<ByteArray>();
ByteArray ba = new ByteArray(sendBytes);

writeQueue.Enqueue(ba);                //将 ba 放入队列
ByteArray ba2 = writeQueue.First();    //获取 writeQueue 的第一个元素，队列保持不变
be2 = writeQueue.Dequeue();            //弹出队列的第一个元素
```

### 4. 代码示例

使用了 ByteArray 和 Queue 后，4.5.2 节的代码变成了下面的样子。该结构与 4.5.2 节的代码基本相同，只是多了些实现细节。

```
//定义
Queue<ByteArray> writeQueue = new Queue<ByteArray>();

//点击发送按钮
public void Send()
{
    //拼接字节，省略组装 sendBytes 的代码
    byte[] sendBytes = 要发送的数据;
    ByteArray ba = new ByteArray(sendBytes);
    writeQueue.Enqueue(ba);
    //send
    if(writeQueue.Count == 1){
        socket.BeginSend(ba.bytes, ba.readIdx, ba.length,
            0, SendCallback, socket);
    }
}

//Send 回调
public void SendCallback(IAsyncResult ar){
    //获取 state、EndSend 的处理
    Socket socket = (Socket) ar.AsyncState;
    int count = socket.EndSend(ar);
    //判断是否发送完整
    ByteArray ba = writeQueue.First();
    ba.readIdx+=count;
    if(ba.length == 0){        //发送完整
        writeQueue.Dequeue();
```

```
            ba = writeQueue.First();
        }
        if(ba != null){        //发送不完整，或发送完整且存在第二条数据
            socket.BeginSend(ba.bytes, ba.readIdx, ba.length,
                0, SendCallback, socket);
        }
    }
```

### 4.5.4 解决线程冲突

由异步的机制可以知道，BeginSend 和回调函数往往执行于不同的线程，如果多个线程同时操作 writeQueue，有可能引发些问题。在图 4-36 所示的流程中，玩家连续点击两次发送按钮，假如运气特别差，第二次发送时，第一次发送的回调函数刚好被调用。如果线程 1 的 Send 刚好走到 writeQueue.Enqueue(ba) 这一行（t2 时刻），按理说 writeQueue.Count 应为 2，不应该进入 if(writeQueue.Count == 1) 的真分支去发送数据（因为此时 writeQueue.Count == 2）。但假如在条件判断之前，回调线程刚好执行了 writeQueue.Dequeue()（t3 时刻），由于 writeQueue 里只有 1 个元素，在 t4 时刻主线程判断 if(writeQueue.Count == 1) 时，条件成立，会发送数据。但 SendCallback 中 ba = writeQueue.First() 也会获取到队列的第一条数据，也会把它发送出去。第二次发送的数据将会被发送两次，显然不是我们需要的。

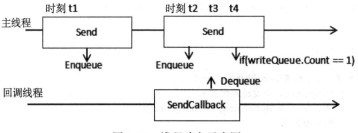

图 4-36　线程冲突示意图

为了避免线程竞争，可以通过加锁（lock）的方式处理。当两个线程争夺一个锁的时候，一个线程等待，被阻止的那个锁变为可用。关于锁的介绍，读者可以去网上搜寻更多资料。加锁后，4.5.3 节的代码如下：

```
//发送缓冲区
Queue<ByteArray> writeQueue = new Queue<ByteArray>();

//点击发送按钮
public void Send()
{
    //拼接字节，省略组装 sendBytes 的代码
    byte[] sendBytes = 要发送的数据;
    ByteArray ba = new ByteArray(sendBytes);
    int count = 0;
```

```
lock(writeQueue){
    writeQueue.Enqueue(ba);
    count = writeQueue.Count;
}
//send
if(count == 1){
    socket.BeginSend(sendBytes, 0, sendBytes.Length,
        0, SendCallback, socket);
}
Debug.Log("[Send]" + BitConverter.ToString(sendBytes));
}

//Send 回调
public void SendCallback(IAsyncResult ar){

    // 获取 state、EndSend 的处理
    Socket socket = (Socket) ar.AsyncState;
    int count = socket.EndSend(ar);

    ByteArray ba;
    lock(writeQueue){
        ba = writeQueue.First();
    }

    ba.readIdx+=count;
    if(ba.length==0){
        lock(writeQueue){
            writeQueue.Dequeue();
            ba = writeQueue.First();
        }
    }
    if(ba != null){
        socket.BeginSend(ba.bytes, ba.readIdx, ba.length,
            0, SendCallback, socket);
    }
}
```

以上代码把临界区设计得很小，拥有较高的执行效率。

## 4.5.5　为什么要使用队列

可能有读者会有疑惑，为什么要使用队列 Queue<ByteArray> 做写缓冲区，而不使用一个很大的 byte 数组做写缓冲区。例如要发送的数据分别是"03cat"和"02hi"，为什么不使用 byte 数组呢（如图 4-37 所示）？

图 4-37　使用 bytes 数组的写缓冲区

使用队列是从"极致性能"的角度考虑，为了做到最佳性能，lock 里面代码的执行

时间必须非常的短，最大限度地减少程序等待的时间。而队列的入队（Enqueue）和出队（Dequeue）时间复杂度是 o(1)。如果操作 bytes 缓冲区，比如移动数据，时间复杂度是 o(n)，对于高并发的游戏产品，两者会有差距。

## 4.6 高效的接收数据

### 4.6.1 不足之处

#### 1. Copy 操作

要做到极致，那就极致到底。回顾 4.3.4 节中接收数据的代码（OnReceiveData），每次成功接收一条完整的数据后，程序会调用 Array.Copy，将缓冲区的数据往前移动。但 Array.Copy 是个时间复杂度为 o(n) 的操作，假如缓冲区中的数据很多，那移动全部数据将会花费较长的时间。

```
public void OnReceiveData(){
    ……
    //更新缓冲区
    int start = 2 + bodyLength;
    int count = buffCount - start;
    Array.Copy(readBuff, start, readBuff, 0, count);
    buffCount -= start;
    ……
}
```

一个可行的办法是，使用 ByteArray 结构作为缓冲区，使用 readIdx 指向的数据作为缓冲区的第一个数据，当接收完数据后，只移动 readIdx，时间复杂度为 o(1)。例如客户端收到服务端发来的两条数据"03cat"和"02hi"，由于出现粘包现象，读缓冲区如图 4-38 所示。

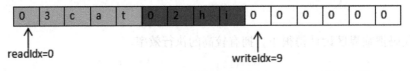

图 4-38 读缓冲区示意图

程序解析出第一条数据"03cat"后，仅将 readIdx 增加 5，形成图 4-39 所示的缓冲区。

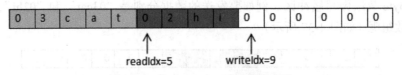

图 4-39 移动 readIdx 后的读缓冲区

后续读取数据时，只要从 readIdx 处开始读取即可。写入数据时，也只需在 writeIdx 处开始写入。当缓冲区长度不够时，再做一次 Array.Copy，调整 readIdx 和 writeIdx 的值，即可以做到不断接收数据，平均复杂度只会比 o(1) 高一点点。

#### 2. 缓冲区不够长

4.3.2 节中定义的输入缓冲区最大长度是 1024（byte[] readBuff = new byte[1024]），如果网络状况很不好，缓冲区数据一直堆积，总有一天会把缓冲区撑爆。一个解决办法是，当缓冲区长度不够时，就让它自动扩展，重新申请一个较长的 bytes 数组。

### 4.6.2 完整的 ByteArray

ByteArray 作为一种通用的 byte 型缓冲区结构，它应该支持自动扩展，支持常用的读写操作。同时，为了做到极致的效率，ByteArray 的大部分成员变量都设为 public，以提供灵活性。

#### 1. 构造 ByteArray

现在，我们在 4.5.3 节的基础上编写完整的 ByteArray。成员函数定义和构造函数代码如下所示，ByteArray 拥有两个构造函数，其中一个是 ByteArray(byte[] defaultBytes)，它可以实现 4.5 节中发送缓冲区的数据构造，当使用 ByteArray(byte[] defaultBytes) 构造函数时，函数成员 bytes、readIdx 和 writeIdx 的值与传进来的数据长度相关。另一个构造函数是 ByteArray(int size = DEFAULT_SIZE)，用于初始化指定长度的 bytes，如果不填写 size，将会生成一个长度为 1024（DEFAULT_SIZE）的 byte 数组，如图 4-40 所示。

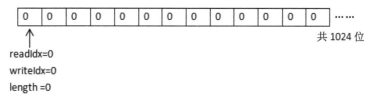

图 4-40　形如"ByteArray ba = new ByteArray()"的对象示意图

成员变量 capacity 代表缓冲区容量，也就是 bytes 的长度，即与 bytes.Lenght 相同。成员变量 initSize 代表 ByteArray 被构造时的长度，即初始长度，后续会用到。readIdx 代表可读位置，即缓冲区有效数据的起始位置，writeIdx 代表可写位置，即缓冲区有效数据的末尾。成员函数 remain 代表缓冲区还可以容纳的字节数（示意如图 4-41 所示）。

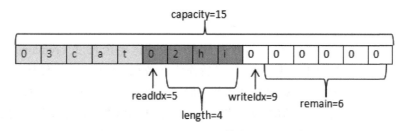

图 4-41　capacity、remain 等成员变量示意图

**ByteArray 的部分代码如下所示：**

```
using System;

public class ByteArray {
    //默认大小
    const int DEFAULT_SIZE = 1024;
    //初始大小
    int initSize = 0;
    //缓冲区
    public byte[] bytes;
    //读写位置
    public int readIdx = 0;
    public int writeIdx = 0;
    //容量
    private int capacity = 0;
    //剩余空间
    public int remain { get { return capacity-writeIdx; }}
    //数据长度
    public int length { get { return writeIdx-readIdx; }}

    //构造函数
    public ByteArray(int size = DEFAULT_SIZE){
        bytes = new byte[size];
        capacity = size;
        initSize = size;
        readIdx = 0;
        writeIdx = 0;
    }

    //构造函数
    public ByteArray(byte[] defaultBytes){
        bytes = defaultBytes;
        capacity = defaultBytes.Length;
        initSize = defaultBytes.Length;
        readIdx = 0;
        writeIdx = defaultBytes.Length;
    }
```

## 2. 重设尺寸

在某些情况下，比如需要写入的数据量大于缓冲区剩余长度（remain）时，就需要扩大缓冲区。例如要在图 4-42 所示缓冲区后面添加数据"05hello"，使缓冲区数据变成"02hi05hello"。此时缓冲区只剩余 6 个字节，但"05hello"是 7 个字节，放不下。此时的做法是，重新申请一个长度合适的 byte 数组，然后把原 byte 数组的数据复制过去，再重新设置 readIdx、writeIdx 等数值。

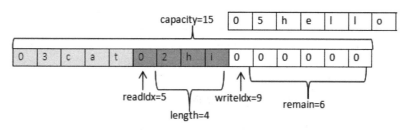

图 4-42　需要重设尺寸的情形

重设尺寸的 ReSize 方法如下面的代码所示。它带有一个参数 size，代表所需数据长度，在图 4-42 中，需要 11 个字节，即 "02hi05hello" 的长度。该方法会先做些判断，避免 size 值不合理，size 值必须比现有有效数据大，不然有些数据放不下，为了避免缓冲区尺寸太小，规定 byte 数组必须大于初始长度。

Resize 方法如下所示：

```
//重设尺寸
public void ReSize(int size){
    if(size < length) return;
    if(size < initSize) return;
    int n = 1;
    while(n<size) n*=2;
    capacity = n;
    byte[] newBytes = new byte[capacity];
    Array.Copy(bytes, readIdx, newBytes, 0, writeIdx-readIdx);
    bytes = newBytes;
    writeIdx = length;
    readIdx = 0;
}
```

为了避免频繁重设尺寸，规定每次翻倍增加 bytes 数组长度，即长度是 1、2、4、8、16、32、64、128、256、512、1024、2048 等值。如果参数 size 是 1500，缓冲区长度会被设置成 2048，如果参数 size 是 130（假设 size 值合理），缓冲区长度会被设置成 256。通过 "int n = 1; while(n<size) n*=2" 这两行代码，即可得出长度值。在图 4-42 所示的缓冲区上执行 Resize(6) 后，缓冲区将变成图 4-43 所示的样式。

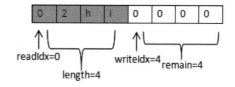

图 4-43　Resize(6) 后的缓冲区

**3. 移动数据**

在某些情形下，例如有效数据长度很小（这里设置为 8），或者数据全部被读取时（readIdx == writeIdx），可以将数据前移，增加 remain，避免 bytes 数组过长。由于数据很少，程序执行的效率不会有影响。在图 4-40 所示的缓冲区上执行 CheckAndMoveBytes 后，缓冲区将变成图 4-44 所示的样式。

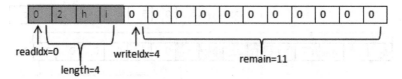

图 4-44 执行 CheckAndMoveBytes 后的缓冲区

CheckAndMoveBytes 的实现代码如下：

```
//检查并移动数据
public void CheckAndMoveBytes(){
    if(length < 8){
        MoveBytes();
    }
}

//移动数据
public void MoveBytes(){
    if(length > 0) {
        Array.Copy(bytes, readIdx, bytes, 0, length);
    }
    writeIdx = length;
    readIdx = 0;
}
```

### 4. 读写功能

接下来编写一些读写缓冲区数据的方法。写数据的方法 Write 带有 3 个参数，该方法会把 bs 从 offset 位置开始的 count 个数据写入缓冲区。Write 方法会判断缓冲区是否有足够的剩余量，必要时调用 ReSize 方法调整 byte 数组长度。读方法 Read 也带有 3 个参数，它代表把缓冲区前 count 个数据放到 bs 中，数据从 bs 的 offset 位置开始放入。Read 方法会调用 CheckAndMoveBytes，必要时移动数据，以增加 remain。

```
//写入数据
public int Write(byte[] bs, int offset, int count){
    if(remain < count){
        ReSize(length + count);
    }
    Array.Copy(bs, offset, bytes, writeIdx, count);
    writeIdx+=count;
    return count;
}

//读取数据
public int Read(byte[] bs, int offset, int count){
    count = Math.Min(count, length);
    Array.Copy(bytes, readIdx, bs, offset, count);
    readIdx+=count;
    CheckAndMoveBytes();
    return count;
}
```

为了方便读取数据，可以给缓冲区添加读取数值的方法 ReadInt16 和 ReadInt32。其中 ReadInt16 代表读取 16 位 int 型整数，ReadInt32 代表读取 32 位 int 型整数，它们的实现方式与 Read 方法相似。ReadInt16 和 ReadInt32 代码如下所示，程序还使用 4.4.3 节介绍的方法处理大小端问题。

```
//读取 Int16
public Int16 ReadInt16(){
    if(length < 2) return 0;
    Int16 ret = (Int16)((bytes[readIdx+1] << 8) | bytes[readIdx]);
    readIdx += 2;
    CheckAndMoveBytes();
    return ret;
}

//读取 Int32
public Int32 ReadInt32(){
    if(length < 4) return 0;
    Int32 ret = (Int32)( (bytes[readIdx+3] << 24)|
                         (bytes[readIdx+2] << 16)|
                         (bytes[readIdx+1] << 8) |
                          bytes[readIdx+0] );
    readIdx += 4;
    CheckAndMoveBytes();
    return ret;
}
```

**5. 测试缓冲区**

最后给 ByteArray 添加 4.5.3 节提供的调试方法 ToString 和 Debug。然后添加如下的测试程序，看看 ByteArray 是否能够正常运行。

```
using System.Collections;
using System.Collections.Generic;
using UnityEngine;
using System;

public class TestByteArray : MonoBehaviour {

    // Use this for initialization
    void Start () {
        //[1 创建]
        ByteArray buff = new ByteArray(8);
        Debug.Log("[1 debug ]→" + buff.Debug());
        Debug.Log("[1 string]→" + buff.ToString());
        //[2 write]
        byte[] wb = new byte[]{1,2,3,4,5};
        buff.Write(wb, 0, 5);
        Debug.Log("[2 debug ]→" + buff.Debug());
        Debug.Log("[2 string]→" + buff.ToString());
```

```csharp
            //[3 read]
            byte[] rb = new byte[4];
            buff.Read(rb, 0, 2);
            Debug.Log("[3 debug ]→ " + buff.Debug());
            Debug.Log("[3 string]→ " + buff.ToString());
            Debug.Log("[3 rb     ]→ "+ BitConverter.ToString(rb));
            //[4 write, resize]
            wb = new byte[]{6,7,8,9,10,11};
            buff.Write(wb, 0, 6);
            Debug.Log("[4 debug ]→ " + buff.Debug());
            Debug.Log("[4 string]→ " + buff.ToString());
        }
    }
```

程序运行结果如图 4-45 所示。

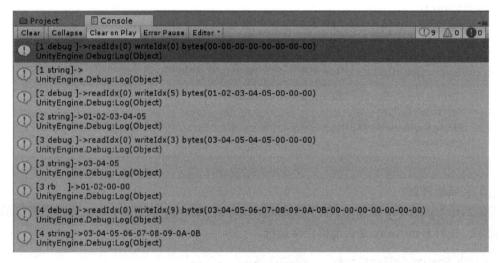

图 4-45　程序运行结果

在"[1 创建]"阶段，程序创建了一个长度为 8 的空缓冲区，如图 4-46 所示，打印的信息"[1 debug]"和"[1 string]"也能反映缓冲区的结构。

在"[2 write]"阶段，程序创建了一个 bytes 数组 {1,2,3,4,5}，并通过 buff.Write 将这 5 个数据写入缓冲区，此时缓冲区结构如图 4-47 所示。

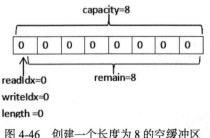

图 4-46　创建一个长度为 8 的空缓冲区

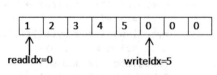

图 4-47　写入阶段的缓冲区

在"[3 read]"阶段，程序从缓冲区读出两个字节"12"数据到 rb，读取时缓冲区的结构如图 4-48 所示。由于数据长度小于 8，程序会移动数据，读取完成的缓冲区如图 4-49 所示。

图 4-48　读取时的缓冲区（未完成）

图 4-49　读取完成的缓冲区

在"[4 write, resize]"阶段，程序往缓冲区写入数据 {6,7,8,9,10,11}。由于所需的存储长度较大，缓冲区会扩展，最终的缓冲区如图 4-50 所示。

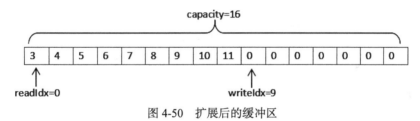

图 4-50　扩展后的缓冲区

## 4.6.3　将 ByteArray 应用到异步程序

现在，将 ByteArray 应用到异步程序，以避免 Array.Copy 导致的效率问题，同时避免网络环境不好的情况下缓冲区溢出。示范程序中，将异步程序的 byte[] readbuff 替换成了 ByteArray readBuff。为了提高执行效率，避免一次数据复制，socket.BeginReceive 会直接操作 readBuff.bytes，往缓冲区里写入数据，而不是使用 ByteArray 的 Write 方法，也意味着需要自己处理缓冲区扩展的功能。在 ReceiveCallback 中，由于不知道下一次接收的数据量，程序会使用"if(readBuff.remain < 8)"判断缓冲区是否有一定的剩余量，如果不够，会执行 readBuff.ReSize(readBuff.length*2) 让缓冲区增大。在 OnReceiveData 中，程序通过 readBuff.ReadInt16 读取消息长度，再使用 readBuff.Read 将缓冲区数据读取出来。

```
using System.Collections;
using System.Collections.Generic;
using UnityEngine;
using System.Net.Sockets;
using UnityEngine.UI;
using System;
using System.Linq;
```

```csharp
public class Echo : MonoBehaviour {

    //定义套接字
    Socket socket;
    //UGUI
    public InputField InputFeld;
    public Text text;
    // 接收缓冲区
    ByteArray readBuff = new ByteArray();
    // 显示文字
    string recvStr = "";

    // 点击连接按钮
    public void Connection()
    {
        //Socket
        socket = new Socket(AddressFamily.InterNetwork,
            SocketType.Stream, ProtocolType.Tcp);
        // 为了精简代码：使用同步 Connect
        // 不考虑抛出异常
        socket.Connect("127.0.0.1", 8888);
        socket.BeginReceive( readBuff.bytes, readBuff.writeIdx,
            readBuff.remain, 0, ReceiveCallback, socket);
    }

    //Receive 回调
    public void ReceiveCallback(IAsyncResult ar){
        try {
            Socket socket = (Socket) ar.AsyncState;
            // 获取接收数据长度
            int count = socket.EndReceive(ar);
            readBuff.writeIdx+=count;
            // 处理二进制消息
            OnReceiveData();
            // 继续接收数据
            if(readBuff.remain < 8){
                readBuff.MoveBytes();
                readBuff.ReSize(readBuff.length*2);
            }
            socket.BeginReceive( readBuff.bytes, readBuff.writeIdx,
                readBuff.remain, 0, ReceiveCallback, socket);
        }
        catch (SocketException ex){
            Debug.Log("Socket Receive fail" + ex.ToString());
        }
    }

    // 数据处理
    public void OnReceiveData(){
        Debug.Log("[Recv 1] length =" + readBuff.length);
```

```
            Debug.Log("[Recv 2] readbuff=" + readBuff.ToString());
        if(readBuff.length <= 2)
                return;
        //消息长度
        int readIdx = readBuff.readIdx;
        byte[] bytes =readBuff.bytes;
        Int16 bodyLength = (Int16)((bytes[readIdx+1] << 8 )| bytes[readIdx]);
        if(readBuff.length < bodyLength+2)
                return;
        readBuff.readIdx+=2;
        Debug.Log("[Recv 3] bodyLength=" +bodyLength);
        //消息体
        byte[] stringByte = new byte[bodyLength];
        readBuff.Read(stringByte, 0, bodyLength);
        string s = System.Text.Encoding.UTF8.GetString(stringByte);

        Debug.Log("[Recv 4] s=" +s);
        Debug.Log("[Recv 5] readbuff=" + readBuff.ToString());
        //消息处理
        recvStr = s + "\n" + recvStr;
        //继续读取消息
        if(readBuff.length > 2){
            OnReceiveData();
        }
    }

    //点击发送按钮
    public void Send() {
        //略
    }


    public void Update(){
        text.text = recvStr;
    }
}
```

使用纯转发服务器程序测试上述客户端程序，在聊天客户端中输入"hello"（图4-51），会得到图4-52和4-53所示的输出。

图4-51　在聊天客户端中输入"hello"，并接收返回

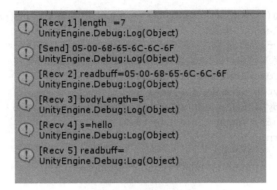

图 4-52　客户端输出

图 4-53　服务端输出

发送字符串"hello"，程序会给字符串添加长度，构成 7 字节的字节流"05-00-68-65-6C-6C-6F"，经由服务端转发，客户端再将字符串解析出来。

通过这一章的学习，读者应能够深入了解正确且高效收发 TCP 数据所需要做的工作了。那么 TCP 通信的底层原理是什么？还有哪些要注意的地方？下一章将会探讨这两个问题。

# 第 5 章
# 深入了解 TCP，解决暗藏问题

TCP 协议最早由斯坦福大学的两名研究人员于 1973 年提出，1983 年 TCP/IP 被 Unix 4.2BSD 系统采用，至今已有三四十年的历史。当时的设计理念和现今的理念并不完全相同，以前人们注重技术的灵活性，会留下很多可供用户自由选择和处理的功能。但对于初学者，这些灵活性却成为"大坑"。在网络游戏的运营过程中，经常会有玩家反馈"游戏登录不上""游戏网络很卡"等问题，导致这些问题的有可能是游戏程序没写好，在特殊的条件下暴露了出来。怎样正确发送数据？怎样正确接收数据？怎样正确关闭连接？这些都是很值得探讨的问题。

本章将会深入介绍 TCP 协议的机制，分析网络游戏中可能会遇到的一些"暗藏"问题，以及它们的解决方法。

## 5.1 从 TCP 到铜线

TCP 协议是一种什么样的协议？它的数据格式是什么样子的？想象一下寄信，网络传输和寄信的过程有些相似。寄信是一个不稳定的过程，时不时会丢件；它还有重量限制，总不能在信封里塞个大包裹吧？网络传输更不稳定，需要进行多次编码和校验来确保数据的有效传输。网络传输过程很复杂，下面将以客户端向服务端发送数据为例，一步步揭开网络传输的底层机制。

### 5.1.1 应用层

应用层功能是应用程序（游戏程序）提供的功能。在给客户端发送"hello"的例子中，程序把"hello"转化成二进制流传递给传输层（传送给 send 方法，如图 5-1 所示）。操作系统会对二进制数据做一系列加工，使它适合于网络传输。

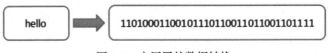

图 5-1　应用层的数据转换

## 5.1.2　传输层

收到二进制数据后，传输层协议会对它做一系列加工，并提供数据流传送、可靠性校验、流量控制等功能。依然想象一下寄信，在寄出一封信后，为了确保对方一定会收到信件，人们可以约定如下的规则。

1）加个确认机制，收到信件的人必须写回信，告诉对方收到了信件。寄件人在收到回信后，可以确认对方一定收到了信件。

2）信件寄出后，寄信人会等待回信。如果过一个月时间都没能收到回信，说明信件很有可能丢失了，寄件人会重新写一封一模一样的信，再次寄出，等待回信。如果三次重寄都没有回音，只能放弃，当作对方不可能收到信件。

TCP 协议有着类似的机制，双端约定收到消息后会给对方回应，可以确保对方收到消息，或者在多次尝试后假定对方无法收到信息。5.2.2 节会进一步介绍 TCP 的数据传输机制。

正如 4.2.1 节所介绍的长度信息法，底层的 IP 协议使用了两个字节代表数据长度，每个 IP 包的最大长度是 65535 个字节，这就像邮局强制规定，每一个信封只能写 70 个字。如果千言万语说不尽，就要分成很多封信发出去。为了让接收方能够还原信件，还需要在信中写明这是第几封信，如图 5-2 所示。

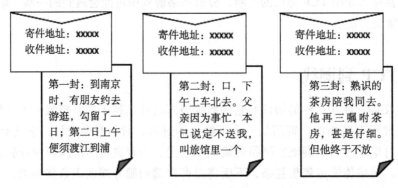

图 5-2　一系列信件

TCP 会遵循图 5-3 所示的传输模型，一层层加工数据。其中的网络层相当于邮政系统，它能把信件送出去，但网络层有一些限制，每个包的最大数据量是 65535 字节，同时它发送的数据有可能丢包。TCP 就是在网络层（IP 协议）的基础上，增加了数据拆分（把 TCP

数据拆分成多个 IP 包）、确认重传、流量控制等机制，让"邮政系统"更加强大。

图 5-2 中信件正文的"第一封""第二封"和"第三封"指明了信件的编号，收件人收到信件后回应"收到第一封""收到第二封""收到第三封"，寄件人便能够知道哪几封信发送成功、哪几封信需要重新寄出。TCP 协议在把用户数据拆分成合适大小的"信件"后，会给每封信添加 20 个字节的头部信息，包含了"信件"编号。由于 IP 协议最大的数据长度是 65515 字节，TCP 头部信息有 20 个字节，因此一个 TCP 包的用户数据最多能有 65535-20=65515 个字节，这样才能把它们装进"信封"里。图 5-4 展示了两个 TCP 数据包，每个数据包包含 20 个字节的头部信息和一定长度的用户数据。

| 应用层 |
| 传输层：TCP |
| 网络层：IP |
| 网络接口 |

图 5-3　四层网络模型

| TCP 头部<br>20 个字节 | 用户数据<br>11010001100101110110…… |
| --- | --- |
| TCP 头部<br>20 个字节 | 用户数据<br>0110110011011111…… |

图 5-4　两个 TCP 数据包

### 5.1.3　网络层

邮政系统并不是直达系统，当寄件人想要把信件从广州天河区寄到北京西城区的时候，信件会先从天河区邮局发送到广州市邮局，再由广州市邮局发送到北京市邮局，北京市邮局再发送到西城区邮局，最后再由邮递员投递到指定地址。网络通信同理，数据包会经过一层层传送，最终到达目的地（5.3.3 节会有进一步介绍），所以网络消息必须附带"寄件人地址""收件人地址"等数据，方便"各地邮局"投递。IP 协议会给 TCP 数据添加本地地址、目的地地址等信息（如图 5-5 所示）。

| IP 头部<br>20 个字节 | TCP 头部<br>20 个字节 | 用户数据<br>11010001100101110110…… |
| --- | --- | --- |
| IP 头部<br>20 个字节 | TCP 头部<br>20 个字节 | 用户数据<br>0110110011011111…… |

图 5-5　两个 IP 数据包

### 5.1.4　网络接口

在多层处理后，数据通过物理介质（如电缆、光纤）传输到接收方，接收方再依照相反的过程解析，得到用户数据。实际上，IP 协议还会被封装成更为底层的链路层协议，以完成数据校验等一些功能。

## 5.2 数据传输流程

TCP 是一种面向连接的、可靠的、基于字节流的传输层通信协议，与 TCP 相对应的 UDP 协议是无连接的、不可靠的协议，但传输效率比 TCP 高。那么 TCP 是通过怎样的机制保障数据传输的可靠性的呢？下面将从连接的建立、数据传输和连接的终止三个方面展开讲解。

### 5.2.1 TCP 连接的建立

TCP 是面向连接的，无论哪一方向另一方发送数据之前，都必须先在双方之间建立一条连接。以邮政系统比喻，在寄信前，寄信人会先发出送一封特殊信件（SYN），收信人收到后会回应另一封特殊信件（SYN/ACK），收到回信的寄信人知道信件可达，才开始发送真正的信。

在 TCP/IP 协议中，TCP 协议提供可靠的连接服务，连接是通过三次握手进行初始化的。三次握手的目的是同步连接双方的序列号和确认号并交换 TCP 窗口的大小信息。

考虑下面的情形：军队 A 和军队 B 是盟军，若两者同时对军队 C 发起总攻，必将获胜；若只有一支军队攻打 C，会被击败，如图 5-6 所示。

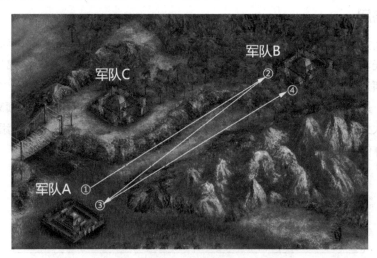

图 5-6　三军对峙

1）军队 A 派出通讯员告知军队 B 今夜子时发起总攻。通讯员有可能在途中被敌人杀死，不一定能够完成任务，所以军队 A 只有在确认军队 B 收到消息后才敢发起总攻。派出通讯员后，军队 A 等待军队 B 的回音，如果等待太长时间，会派出另一位通讯员，多次尝试失败后才放弃。这个过程和 5.1.1 节的寄信回信过程相似，对应图 5-6 的①→②→③步骤。

2）军队 B 收到通讯员的消息，会派出通讯员回应 A。然而军队 B 还是不敢发起总攻，因为如果军队 B 派出的通讯员不能完成任务，军队 A 就收不到回音，军队 A 也就不敢发起总攻。派出通信员后,军队 B 就等待军队 A 的回应。同样,如果等待太长时间,会派出另一位通讯员。对应图 5-6 的②→③→④步骤。

3)完成图 5-6 的①→②→③→④的步骤后,双方确信与对方达成了协议,在子时发起总攻。

4)唯一导致行动失败的情况是,所有负责③→④阶段的通信员都没能够完成任务,但此时军队 A 已经确认了军队 B 的回应,军队 A 会发起进攻,而军队 B 没有收到军队 A 的回应,不敢发起进攻。最终只有军队 A 单打独斗,行动失败。但由于①→②→③步骤能够走通,说明道路通畅,唯独③→④步骤失败的可能性很小。对于 TCP 而言,监听方如果重发指定次数后,仍然未收到 ACK 应答(对应③→④步骤),会关闭这个连接。但连接方认为这个连接已经建立,如果连接方向监听方写数据,监听方将以 RST 包(用于强制关闭 TCP 连接)响应,使连接方关闭连接。

图 5-7 展示了 TCP 连接的三次握手过程。连接方调用 Connect 后,Client(连接方)向 Server(监听方)发送一个数据包 SYN,SYN 包含了序列号 seq,这是以后传送数据时要使用的。Server 收到数据包后由标志位 SYN 知道 Client 请求建立连接,Server 将 SYN/ACK 数据包发送给 Client 以确认连接请求。Clients 收到 SYN/ACK 数据包后 Connect 返回,连接成功。网络不好的情况下,Connect 很可能要十多秒才会返回,这是因为底层一直在等待和尝试发送 SYN 或 SYN/ACK 包,直到连接建立或者超出重试次数。待到 Server 收到 ACK 包,将连接状态设置成 ESTABLISHED 时,表示成功建立连接。

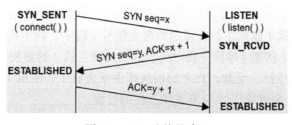

图 5-7 TCP 连接的建立

## 5.2.2 TCP 的数据传输

图 5-8 展示了 TCP 数据传输的过程。发送一个数据后,发送方并不能确保数据被对方接收。于是发送方会等待接收方的回应,如果太长时间没有收到回应,发送方会重新发送数据。发送数据时,TCP 会考虑对方缓冲区的容量,当对方缓冲区满时,会暂停发送数据,防止对端溢出。TCP 还会根据数据返回的时间判断网络是否拥堵,如果网络

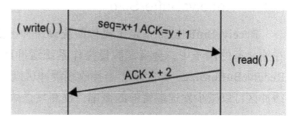

图 5-8 TCP 的数据传输

拥堵就减慢发送的速度,以求"道路畅通"。

### 5.2.3 TCP 连接的终止

客户端和服务器通过三次握手建立了 TCP 连接以后,完成数据传输,便要断开连接。与三次握手相似,TCP 通过"四次挥手"确保双端释放 socket 资源,如图 5-9 所示。

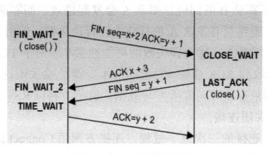

图 5-9 TCP 连接的终止

第一次挥手:主机 1(可以是客户端也可以是服务端)向主机 2 发送一个终止信号(FIN),此时,主机 1 进入 FIN_WAIT_1 状态,它没有需要发送的数据,等待着主机 2 的回应。

第二次挥手:主机 2 收到了主机 1 发送的终止信号(FIN),向主机 1 回应一个 ACK。收到 ACK 的主机 1 进入 FIN_WAIT_2 状态。

第三次挥手:在主机 2 把所有数据发送完毕后,主机 2 向主机 1 发送终止信号(FIN),请求关闭连接。

第四次挥手:主机 1 收到主机 2 发送的终止信号(FIN),向主机 2 回应 ACK。然后主机 1 进入 TIME_WAIT 状态(等待一段时间,以便处理主机 2 的重发数据)。主机 2 收到主机 1 的回应后,关闭连接。至此,TCP 的四次挥手便完成了,主机 1 和主机 2 都关闭了连接。在 5.3.5 节中,还会继续探讨 TCP 关闭连接的过程。

## 5.3 常用 TCP 参数

本节会介绍一些 TCP 常用的参数,理解这些参数对开发高效的程序很有意义。

### 5.3.1 ReceiveBufferSize

ReceiveBufferSize 指定了操作系统读缓冲区的大小,默认值是 8192(如图 5-10 所示)。在第 4 章的例子中,会有"假设操作系统缓冲区的长度是 8"这样的描述,可通过 socket.ReceiveBufferSize = 8 实现。当接收端缓冲区满了的时候,发送端会暂停发送数据,较大的缓冲区可以减少发送端暂停的概率,提高发送效率。

## 5.3.2 SendBufferSize

SendBufferSize 指定了操作系统写缓冲区的大小，默认值也是 8192。对于那些没有处理好"完整发送数据"的网络模块（见 4.5 节），可以将 SendBufferSize 设成较大的值，以避免因发送不完整而带来的各种问题（图 5-10）。笔者见过有些还算成功的游戏项目，虽没有处理好数据的接收问题，但将 SendBufferSize 调大 10 倍，也能让游戏正常运转。

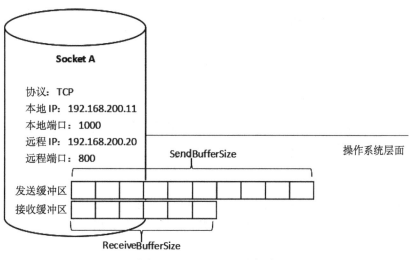

图 5-10　BufferSize 示意图

## 5.3.3 NoDelay

指定发送数据时是否使用 Nagle 算法，对于实时性要求高的游戏，该值需要设置成 true。Nagle 是一种节省网络流量的机制，默认情况下，TCP 会使用 Nagle 算法去发送数据。

5.1 节中讲到 TCP/IP 协议会给用户数据添加一些头部信息，然后发送出去。假如用户要发送"hello"，操作系统会把该字符串包装成图 5-11 所示的形式，总数据量是 20+20+5=45 字节。

| IP 头部<br>20 个字节 | TCP 头部<br>20 个字节 | 用户数据<br>hello |
| --- | --- | --- |

图 5-11　包装后的字符串"hello"

假如程序频繁发送数据量很小的数据，比如用户一个个地输入字符"h""e""l""l""o"，包装后的数据会是图 5-12 所示的样式，总数据量是 41*5=205 字节。比起直接发送"hello"多了 160 字节的数据。

Nagle 算法的机制在于，如果发送端欲多次发送包含少量字节的数据包时，发送端不会立马发送数据，而是积攒到了一定数量后再将其组成一个较大的数据包发送出去。启用

Nagle 算法后，当用户一个个字符地输入“h”“e”“l”“l”“o”时，操作系统还是会将这些字符组成大的数据包发送出去。

| | | |
|---|---|---|
| IP 头部<br>20 个字节 | TCP 头部<br>20 个字节 | 用户数据<br>h |

| | | |
|---|---|---|
| IP 头部<br>20 个字节 | TCP 头部<br>20 个字节 | 用户数据<br>e |

| | | |
|---|---|---|
| IP 头部<br>20 个字节 | TCP 头部<br>20 个字节 | 用户数据<br>l |

| | | |
|---|---|---|
| IP 头部<br>20 个字节 | TCP 头部<br>20 个字节 | 用户数据<br>l |

| | | |
|---|---|---|
| IP 头部<br>20 个字节 | TCP 头部<br>20 个字节 | 用户数据<br>o |

图 5-12　包装后的字符串“h”“e”“l”“l”“o”

启用 Nagle 算法可以提升网络传输效率，但它要收集到一定长度的数据后才会把它们一块儿发送出去。这样一来，就会降低网络的实时性，大部分实时网络游戏都会关闭 Nagle 算法，将 socket.NoDelay 设置成 true。

## 5.3.4　TTL

TTL 指发送的 IP 数据包的生存时间值（Time To Live,TTL）。TTL 是 IP 头部的一个值，该值表示一个 IP 数据报能够经过的最大的路由器跳数。发送数据时，TTL 默认为 64（TTL 的默认值和操作系统有关，Windows Xp 默认值为 128，Windows7 默认值为 64，Window10 默认值为 65，Linux 默认值为 255）。

数据在网络上传输，实际上是经过多个路由器转发的。如图 5-13 所示，发送端往接收端发送一个 IP 数据报，初始的 TTL 为 64，在经过第一个理由器时，IP 头部的 TTL 减小，变成 63；在经过第二个路由器时，变成了 62。以此类推，直到 TTL 等于 0，路由器就会丢弃数据。

| | | |
|---|---|---|
| IP 头部（20 字节）<br>TTL：64 | TCP 头部<br>20 个字节 | 用户数据<br>hello |

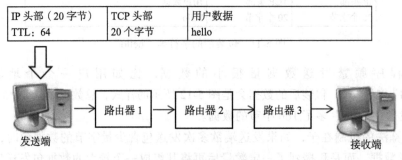

图 5-13　数据经由路由器转发

TTL 的主要作用是避免 IP 包在网络中的无限循环和收发。在图 5-14 中，路由器 1 和路由器 2 链路不通，所以路由器 1 将数据转发给路由器 4，路由器 4 又将数据转发给路由器 5，路由器 5 则将数据转发给路由器 1，形成了循环。IP 数据报既不会被接收端接收，还会浪费路由器资源。有了 TTL 作为计数器，将会把无限循环变成有限次循环。

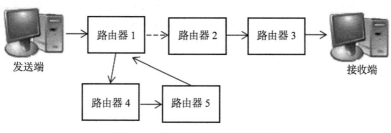

图 5-14　数据无限转发的示意图

在网络游戏中，如果某些偏远地区用户时不时无法接收数据，可以尝试增大 TTL 值（socket.ttl=xxx）来解决问题。

### 5.3.5　ReuseAddress

ReuseAddress 即端口复用，让同一个端口可被多个 socket 使用。一般情况下，一个端口只能由一个进程独占，假设服务端程序都绑定了 1234 端口，若开启两个服务端程序，虽然，第一个开启的程序能够成功绑定端口并监听，但第二个程序会提示"端口已经在使用中"，无法绑定端口。在计算机中，退出程序与释放端口并不同步。在 5.2.3 节 "TCP 连接的终止"中，我们知道 TCP 断开连接会经历 4 次挥手。4 次挥手需要时间，在网络不好的情况下，程序还会多次重试。当服务端程序崩溃，但它持有的 Socket 不会被立马释放，这时候重启服务器就会遇到"端口已经在使用中"的情形。等到 Socket 被释放后（这个过程可能要十几分钟时间），服务端才能成功重启。

对于人气爆棚的大型网游，十几分钟的等待时间会造成很大损失，一般要求在程序崩溃（尽管也不应该崩溃，但人算不如天算）后立刻重启，继续提供服务。端口复用最常见的用途是，防止服务器重启时，之前绑定的端口还未释放或者程序突然退出而系统没有释放端口。这种情况下如果设定了端口复用，则新启动的服务器进程可以直接绑定端口。如果没有设定端口复用，绑定会失败，提示端口已经在使用中，只好等十几分钟再重试了。

设置端口复用使用 socket 的 SetSocketOption 方法，代码如下所示。

```
Socket socket= new Socket(AddressFamily.InterNetwork, SocketType.Stream, ProtocolType.Tcp);
    socket.SetSocketOption(SocketOptionLevel.Socket, SocketOptionName.ReuseAddress, true);
```

尽管端口复用能解决服务端立即重启的问题，但它存在安全隐患。主动关闭方有可能在下次使用时收到上一次连接的数据包，包括关闭连接响应包或者正常通信的数据包，有可能会出现奇怪的现象。

### 5.3.6 LingerState

LingerState 的功能是设置套接字保持连接的时间。要解释这个功能，需要再次回顾 5.2.3 节中连接终止的流程。在图 5-15 中，客户端调用 Close() 关闭 Socket 连接（客户端或服务端关闭连接都是同样的流程，服务端主动关闭连接同理），这时，客户端会给服务端发送 FIN 信号（①），然后进入等待。当服务端收到 FIN 信号时，会返回一个长度为 0 的数据，然后向客户端回应信息（②）。这也是为什么关闭连接时，对端 Receive 会收到 0 个数据。如果服务端不做处理，客户端将会持续等待。

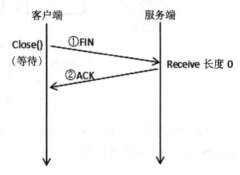

图 5-15　客户端关闭连接

服务端中，会使用下面的代码处理客户端主动关闭连接，即在收到长度为 0 的消息后，调用 clientfd.Close() 关闭连接。

```
public static void ReceiveCallback(IAsyncResult ar){
    ……
    int count = clientfd.EndReceive(ar);
    //客户端关闭
    if(count == 0){
        clientfd.Close();
        ……
        return;
    }
    ……
}
```

图 5-16 展示了上述代码的工作流程，服务端在调用 Close 后，它向客户端发送 FIN 信号（③），然后等待客户端回应。当服务端收到客户端的回应信息时，它会释放 socket 资源，真正完成关闭连接的流程。对客户端来说，它在收到服务端的 FIN（③）信号后，会进入一个称为 TIME_WAIT 的状态，等待一段时间后（Windows 下默认为 4 分钟），才会释放 socket 资源，真正完成关闭连接的流程。TIME_WAIT 状态的意义在于，如果网络状况不好，服务端迟迟没有收到客户端回应的信号（④），那它会重发 FIN 信号（③），客户端 socket 需要维持一段时间，以

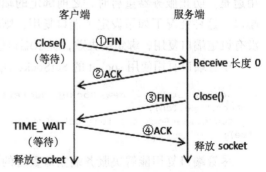

图 5-16　服务端调用 Close

回应重发的信号，确保对方有很大概率能够收到回应信号（④）。

这种机制可以让服务端在关闭连接前处理尚未完成的事情，例如，假设收到客户端 FIN 信号时，服务端 socket 处于图 5-17 所示的状态，即发送缓冲区还有尚未发送的数据，那么直接调用 Close 关闭连接，缓冲区中的数据将被丢弃。这种关闭方式很暴力，因为对端可能还需要这些数据。在服务端收到关闭信号后，有没有办法先把发送缓冲区中的数据发完，再关闭连接呢？LingerState 就是为了解决这个问题而诞生的。

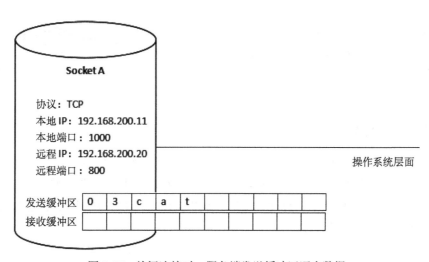

图 5-17　关闭连接时，服务端发送缓冲区还有数据

设置 socket 的 LingerState，代码如下所示。

```
socket.LingerState = new LingerOption (true, 10);
```

其中的 LingerOption 带有两个参数。第一个参数是 LingerState.Enabled，代表是否启用 LingerState，只有设置为 true 才能生效。第二个参数是 LingerState.LingerTime，指定超时时间。如果超时时间大于 0（比如 10 秒），操作系统会尝试发送缓冲区中的数据，但如果网络状况不好，超过 10 秒还没有发完，它还是会强制关闭连接。如果 LingerState.LingerTime 设置为 0，系统会一直等到数据发完才关闭连接，无论等待多长时间。开启 LingerOption 能够在一定程度上保证发送数据的完整性。整个过程如图 5-18 所示。

从图 5-18 还能看出另一个问题，断开连接的一方会进入 TIME_WAIT 状态，服务端断开连接的情况也同理（如图 5-19 所示）。一般情况下，当服

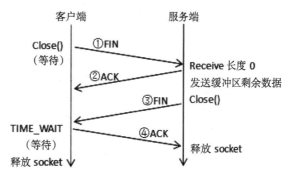

图 5-18　服务端发送完缓冲区剩余数据，再关闭连接

务端判断客户端发来的数据包不合法时，它会主动断开与客户端的连接。比如在第 3 章大乱斗游戏中，玩家的旋转角度值取值范围是 0 ～ 360°，如果客户端发送一个不在此范围内的数据，很有可能是数据错乱或者客户端作弊，服务端会调用 Close 断开连接。

服务端进入 TIME_WAIT 状态后，会等待一段时间再释放资源（Windows 下默认为 4 分钟）。对于高并发的服务端，过多的 TIME_WAIT 会占用系统资源，不是一件好事。有时候需要减小服务器的 TIME_WAIT 值，以求快速释放资源。

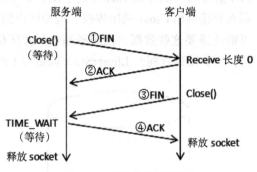

图 5-19　服务端断开连接

## 5.4　Close 的恰当时机

LingerState 选项可以让程序在关闭连接前发完系统缓冲区中的数据，然而，这并不代表能将所有数据发出去。回顾第 4 章的"完整发送数据"一节，使用的是写入队列 writeQueue 保存要发送的数据，再逐一发送。本节会在 4.5 节的基础上完善代码，使连接关闭时，依然能够完整地发送数据。

在图 5-20 中，socket 的发送缓冲区已经有 5 个字节的数据 "03cat"，写入队列 writeQueue 中也有 2 条数据，分别是 "05hello" 和 "04good"。在此状态下，假如调用 Close 关闭连接，就算开启 LingerState 选项，"05hello" 和 "04good" 这两条数据也会丢失，达不到完整发送数据的目的。

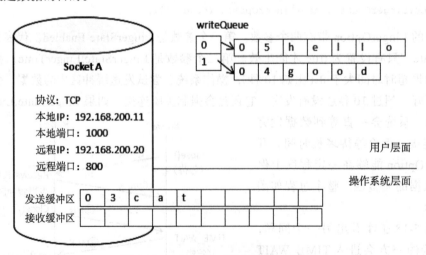

图 5-20　writeQueue 存在数据的情况

对于主动关闭的一方（假设调用下述 Close 方法关闭连接），应判断当前是否还有正在发送的数据。如有，只将标志位 isClosing 设置为 true，等数据发送完再关闭连接；如果没有正在发送数据，直接调用 socket.Close() 关闭连接。代码如下：

```
bool isClosing = false;

//关闭连接
public void Close(){
    //还有数据在发送
    if(writeQueue.Count > 0){
        isClosing = true;
    }
    //没有数据在发送
    else{
        socket.Close();
    }
}
```

由于设置了 isClosing 标志位，在关闭连接的过程中，程序只负责将已有的数据发送完，不会发送新的数据。可以在 Send 方法中添加判断，假如程序处于 Closing 状态，不能发送信息。代码如下：

```
//点击发送按钮
public void Send()
{
    if(isClosing){
        return;
    }
    //拼接字节，省略组装 sendBytes 的代码
    byte[] sendBytes = 要发送的数据;
    ByteArray ba = new ByteArray(sendBytes);
    writeQueue.Enqueue(ba);
    //send
    if(writeQueue.Count == 1){
        socket.BeginSend(ba.bytes, ba.readIdx, ba.length,
            0, SendCallback, socket);
    }
}
```

在 BeginSend 回调函数中，还需要判断程序是否处于 isClosing 状态，如果程序发送完写入队列的所有数据，而且处于 isClosing 状态，应调用 socket.Close 关闭连接。代码如下：

```
public void SendCallback(IAsyncResult ar){
    //获取 state、EndSend 的处理
    Socket socket = (Socket) ar.AsyncState;
    int count = socket.EndSend(ar);
    //判断是否发送完整
    ByteArray ba = writeQueue.First();
    ba.readIdx+=count;
    if(count == ba.length){    //发送完整
```

```
        writeQueue.Dequeue();
        ba = writeQueue.First();
    }
    if(ba != null){            //发送不完整,或发送完整且存在第二条数据
        socket.BeginSend(ba.bytes, ba.readIdx, ba.length,
            0, SendCallback, socket);
    }
    else if(isClosing) {
        socket.Close();
    }
}
```

如此,才能保证完整地发送数据。

## 5.5 异常处理

大部分的Socket API会在某些时刻抛出异常,以EndReceive为例,一般会把它放到try-catch结构里面,以便捕获异常,代码如下。

```
//Receive 回调
public void ReceiveCallback(IAsyncResult ar){
    try {
        Socket socket = (Socket) ar.AsyncState;
        //获取接收数据长度
        int count = socket.EndReceive(ar);
        readBuff.writeIdx+=count;
        //处理二进制消息
        ......
    }
    catch (SocketException ex){
        Debug.Log("Socket Receive fail" + ex.ToString());
    }
}
```

EndReceive可能引发的异常如表5-1所示。

表 5-1　EndReceive 的异常

| 异常 | 发生条件 |
| --- | --- |
| ArgumentNullException | asyncResult 为 null |
| ArgumentException | asyncResult 通过调用未返回 BeginReceive 方法 |
| InvalidOperationException | EndReceive 之前已调用为异步读取 |
| SocketException | 尝试访问套接字时出错 |
| ObjectDisposedException | Socket 已关闭 |

ReceiveCallback 返回时,如果 Socket 被关闭,会引发 ObjectDisposedException 异常。如果编写如下多次调用 EndReceive 的程序,在第二次调用 EndReceive 时,会引发"Invalid-OperationException"异常。

```
//Receive 回调
public void ReceiveCallback(IAsyncResult ar){
    try {
        Socket socket = (Socket) ar.AsyncState;
        // 获取接收数据长度
        int count = socket.EndReceive(ar);
        int count2 = socket.EndReceive(ar);
        ……
    }
    catch (SocketException ex){
        Debug.Log("Socket Receive fail" + ex.ToString());
    }
}
```

对于大部分的 Socket API，需要将他们放到 try-catch 结构里面。

## 5.6 心跳机制

断开连接时，主动方会给对端发送 FIN 信号，开启 4 次挥手流程。但在某些情况下，比如拿着手机进入没有信号的山区，更极端的，比如有人拿剪刀把网线剪断。虽然断开了连接，但主动方无法给对端发送 FIN 信号（网线剪断了还能干什么？），对端会认为连接有效，一直占用系统资源。

TCP 有一个连接检测机制，就是如果在指定的时间内没有数据传送，会给对端发送一个信号（通过 SetSocketOption 的 KeepAlive 选项开启）。对端如果收到这个信号，回送一个 TCP 的信号，确认已经收到，这样就知道此连接通畅。如果一段时间没有收到对方的响应，会进行重试，重试几次后，会认为网络不通，关闭 socket。

```
Socket.SetSocketOption(SocketOptionLevel.Socket, SocketOptionName.KeepAlive, true)
```

游戏开发中，TCP 默认的 KeepAlive 机制很"鸡肋"，因为上述的"一段时间"太长，默认为 2 小时。一般会自行实现心跳机制。心跳机制是指客户端定时（比如每隔 1 分钟）向服务端发送 PING 消息，服务端收到后回应 PONG 消息。服务端会记录客户端最后一次发送 PING 消息的时间，如果很久没有收到（比如 3 分钟），就假定连接不通，服务端会关闭连接，释放系统资源。后续章节"客户端网络模块"和"服务端框架"会有心跳机制的具体实现。

心跳机制也有缺点，比如在短暂的故障期间，它们可能引起一个良好连接被释放；PING 和 PONG 消息占用了不必要的宽带；在流量如黄金的移动网络中，会让玩家花费更多的流量费。

至此，相信读者对网络编程有了较好的理解。尽管本书不能全面介绍网络编程，还有不少遗漏，但也覆盖了网络游戏开发所用到的大部分知识。接下来搭建框架，然后制作游戏吧！

## 第 6 章

# 通用客户端网络模块

本书的第二部分"搭框架"旨在与读者一起搭建一套商业级的客户端网络模块,和一套可用于小型游戏的服务端框架。无论是完成第三部分"做游戏"的示例,还是开发其他游戏,都可以使用这一部分的代码。一次搭建,长期使用。

回顾本书第 3 章的大乱斗游戏,初步编写了网络管理器 NetManager,还介绍了基于 NetManager 开发一款网络游戏的方法。本章会结合第 4 章和第 5 章的内容,完善第 3 章的网络模块,解决粘包分包、完整发送数据、心跳机制、事件分发等功能。

## 6.1 网络模块设计

### 6.1.1 对外接口

网络模块的核心是静态类 NetManager,它对外提供了 Connect、AddListener、Send 等多个方法,与第 3 章介绍的 NetManager 相似,它提供如下方法。

- ❏ NetManager.Connect("127.0.0.1"，8888)　连接服务端。
- ❏ NetManager.Close()　关闭连接。
- ❏ NetManager.Send(msgMove)　发送消息,其中的参数 msgMove 为协议对象,NetManager 会自动把它转换成二进制数据。
- ❏ NetManager.Update()　需外部调用,用于驱动 NetManager。
- ❏ NetManager.AddMsgListener("MsgMove"，OnMsgMove); 添加消息事件,对应第 3 章的 AddListener 方法。如果收到 MsgMove 协议,便调用 OnMsgMove 方法。
- ❏ NetManager.AddEventListener(NetManager.NetEvent.ConnectSucc, OnConnect-

Succ);监听网络事件,该语句表示当连接成功时调用 OnConnectSucc 方法,一共会有 3 种监听事件,如表 6-1 所示。这个方法是第 3 章中没有的。

表 6-1 监听事件

| 事件 | 说明 |
| --- | --- |
| NetManager.NetEvent.ConnectSucc | 连接成功 |
| NetManager.NetEvent.ConnectFail | 连接失败 |
| NetManager.NetEvent.Close | 连接关闭 |

设想有这样的需求(如图 6-1 所示),进入游戏会弹出选服界面,玩家选择一个服务器(如华南区)后点击登录,这时界面会提示"登录中"等待服务器回应,最后进入游戏。使用监听事件便可以实现上述功能(6.3 节会详细介绍)。

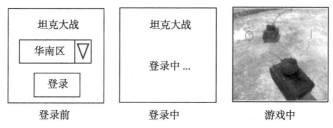

图 6-1 游戏登录过程示意图

## 6.1.2 内部设计

NetManager 基于异步 Socket 实现。异步 socket 回调函数把收到的消息按顺序存入消息队列 msgList 中,如图 6-2 所示,Update 方法依次读取消息,再根据监听表和协议名,调用相应的处理方法。

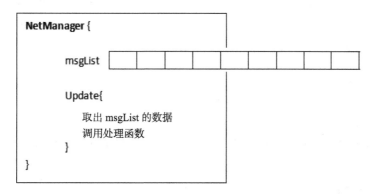

图 6-2 NetManager 的消息处理

网络模块分为两个部分,如图 6-3 所示。第一部分是框架部分 framework。framework 包含网络管理器 NetManager、为提高运行效率使用的 ByteArray 缓冲区(第 4 章中已实现)、以及协议基类 MsgBase（6.5 节会详细介绍）。第二部分是协议类（对应图 6-3 的 proto 部分）。它定义了客户端和服务端通信的数据格式，例如第 3 章中出现的移动协议 MsgMove、攻击协议 MsgAttack 会定义在 BattleMsg 中。

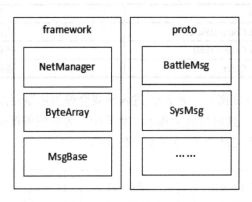

图 6-3　网络模块类设计

开始编写网络模块吧！在 Unity 中添加文件夹 Script/framework，将第 4 章编写的 ByteArray 复制进来，再新建文件 NetManager，如图 6-4 所示。

然后编写如下的 NetManager 类代码：

```
using System.Collections;
using System.Collections.Generic;
using UnityEngine;
using System.Net.Sockets;
using System;
using System.Linq;

public static class NetManager {
    //定义套接字
    static Socket socket;
    //接收缓冲区
    static ByteArray readBuff;
    //写入队列
    static Queue<ByteArray> writeQueue;
}
```

图 6-4　建立 framework 文件夹，并添加文件

基本的 NetManager 包含一个 Socket 对象、接收缓冲区 readBuff 和写入队列 writeQueue。

## 6.2　网络事件

本节将会实现网络管理器的事件分发功能。

## 6.2.1 事件类型

按照 6.1 节的设计方案，网络管理器会提供"连接成功""连接失败"和"断开连接"三种事件的回调。在 NetManager 中定义这三种事件，分别是 ConnectSucc、ConnectFail 和 Close。网络事件的实现和第 3 章监听网络消息的实现很类似，只不过在第 3 章中，程序是根据协议名区分监听方法的，而这里根据 NetEvent 来区分监听方法。

```
//事件
public enum NetEvent
{
    ConnectSucc = 1,
    ConnectFail = 2,
    Close = 3,
}
```

## 6.2.2 监听列表

定义委托类型 EventListener，它对应带有一个 string 参数的方法。然后添加事件列表 eventListeners，它是一个字典结构，会记录每种网络事件对应的回调方法（如图 6-5 所示）。每一种事件类型可以对应多个回调方法，当事件发生时，依次调用。

```
//事件委托类型
public delegate void EventListener(String err);
//事件监听列表
private static Dictionary<NetEvent, EventListener>
                eventListeners = new Dictionary<NetEvent, EventListener>();
```

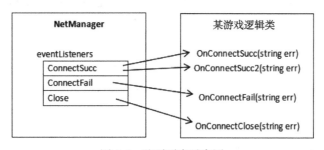

图 6-5　监听列表示意图

为了给监听列表添加和删除事件，给 NetManager 添加 AddEventListener 和 RemoveEventListener 方法。在 AddEventListener 中，会先判断给定事件是否已经存在，如果是新增的事件，使用"eventListeners[netEvent] = listener"添加该事件的第一个监听函数；如果已有监听事件，使用"+="添加事件，使同一个事件可以有多个监听函数。删除事件的方法 RemoveEventListener 中，会有个"if(eventListeners[netEvent] == null)"的判断，如果事件为空，则从 eventListeners 移除事件。如果不使用 Remove 移除事件，尽管对象的值为

null,eventListeners.ContainsKey 还是会返回 true。代码如下：

```
//添加事件监听
public static void AddEventListener(NetEvent netEvent,
                                    EventListener listener){
    //添加事件
    if (eventListeners.ContainsKey(netEvent)){
        eventListeners[netEvent] += listener;
    }
    //新增事件
    else{
        eventListeners[netEvent] = listener;
    }
}
//删除事件监听
public static void RemoveEventListener(NetEvent netEvent,
                                       EventListener listener){
    if (eventListeners.ContainsKey(netEvent)){
        eventListeners[netEvent] -= listener;
        //删除
        if(eventListeners[netEvent] == null){
            eventListeners.Remove(netEvent);
        }
    }
}
```

### 6.2.3 分发事件

给 NetManager 添加分发事件的方法 FireEvent。指定事件类型 netEvent，以及要传给回调方法的字符串 err，然后判断该事件是否有监听方法，如有，就调用它们。代码如下：

```
//分发事件
private static void FireEvent(NetEvent netEvent, String err){
    if(eventListeners.ContainsKey(netEvent)){
        eventListeners[netEvent](err);
    }
}
```

6.3 节将会演示网络事件的调用方法。

## 6.3 连接服务端

本节将会实现网络管理器连接服务端的功能。

### 6.3.1 Connect

编写 NetManager 中连接服务端的 Connect 方法，它接收两个参数，分别代表服务端的

IP 地址和端口。Connect 方法的核心是调用 BeginConnect 发起连接，它还会将 Socket 参数 NoDelay 设置为 true，表明不使用 Nagle 算法。

商业级程序和 Demo 级程序的一大区别在于，商业级的程序会处理各种意外情况。待客户端程序连接服务端后，再次连接服务端会发生什么？当客户端发起连接而回调函数尚未返回时，再次连接是否会发生异常？这些都需要考虑。程序定义了 isConnecting 成员，它代表当前是否处于正在连接的状态，即调用 BeginConnect 但回调函数尚未返回的阶段。Connect 会做出各种状态判断：当连接成功时，它会阻止再次连接；若 Socket 处于"连接中"，则不能再次发起连接。代码如下：

```
//是否正在连接
static bool isConnecting = false;




//连接
public static void Connect(string ip, int port)
{
    //状态判断
    if(socket!=null && socket.Connected){
        Debug.Log("Connect fail, already connected!");
        return;
    }
    if(isConnecting){
        Debug.Log("Connect fail, isConnecting");
        return;
    }
    //初始化成员
    InitState();
    //参数设置
    socket.NoDelay = true;
    //Connect
    isConnecting = true;
    socket.BeginConnect(ip, port, ConnectCallback, socket);
}
```

上述代码调用了 InitState，它的功能是重置缓冲区等成员变量。设想这样一种情况：客户端连接服务端后开始接收数据，一段时间后断开，断开时读缓冲区 readBuff 可能还有未处理的数据。客户端再次调用 Connect 重新连接后，readBuff 还有之前未处理的数据，这显然不符合要求。因此，在每次连接前，需要重置缓冲区。代码如下：

```
//初始化状态
private static void InitState(){
    //Socket
    socket = new Socket(AddressFamily.InterNetwork,
        SocketType.Stream, ProtocolType.Tcp);
    //接收缓冲区
```

```
        readBuff = new ByteArray();
        //写入队列
        writeQueue = new Queue<ByteArray>();
        //是否正在连接
        isConnecting = false;
    }
```

## 6.3.2 ConnectCallback

Connect 的回调函数需要处理 3 个事项。

1）将可能抛出异常的代码放置在 try-catch 结构中，用于捕获异常。

2）连接成功时，调用 FireEvent(NetEvent.ConnectSucc,"") 分发连接成功事件，连接失败时，调用 FireEvent(NetEvent.ConnectFail, ex.ToString()) 分发连接失败事件。

3）将标识"连接中"的变量 isConnecting 设置为 false。isConnecting 的状态切换过程如图 6-6 所示。

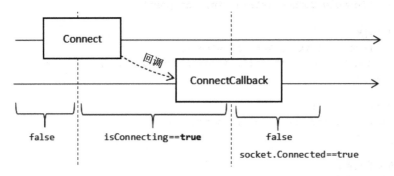

图 6-6　isConnecting 状态

ConnectCallback 代码如下：

```
//Connect 回调
private static void ConnectCallback(IAsyncResult ar){
    try{
        Socket socket = (Socket) ar.AsyncState;
        socket.EndConnect(ar);
        Debug.Log("Socket Connect Succ ");
        FireEvent(NetEvent.ConnectSucc,"");
        isConnecting = false;

    }
    catch (SocketException ex){
        Debug.Log("Socket Connect fail " + ex.ToString());
        FireEvent(NetEvent.ConnectFail, ex.ToString());
        isConnecting = false;
    }
}
```

## 6.3.3 测试程序

编写连接服务端的功能后,编写测试程序。新建 Unity 场景,制作类似图 6-7 所示的界面,界面中只有一个按钮"连接服务器"。设置按钮的 OnClick 事件,当点击"连接服务器"时,调用 test 类(下面实现)的 OnConnectClick 方法。

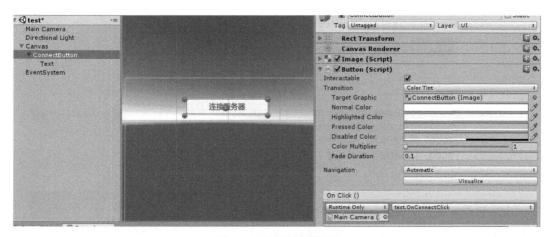

图 6-7　连接服务器按钮

测试程序 test 如下所示,在 Start 中监听"连接成功""连接失败"和"关闭连接"三种事件,对应于 OnConnectSucc、OnConnectFail 和 OnConnectClose 三个回调方法。当玩家点击"连接服务器"按钮时,调用 OnConnectClick 方法,它会调用 NetManager.Connect("127.0.0.1",8888) 发起连接。

```
using System.Collections;
using System.Collections.Generic;
using UnityEngine;

public class test : MonoBehaviour {
    //开始
    void Start(){
        NetManager.AddEventListener(NetManager.NetEvent.ConnectSucc, OnConnectSucc);
        NetManager.AddEventListener(NetManager.NetEvent.ConnectFail, OnConnectFail);
        NetManager.AddEventListener(NetManager.NetEvent.Close, OnConnectClose);
    }

    //玩家点击连接按钮
    public void OnConnectClick () {
        NetManager.Connect("127.0.0.1",8888);
        //TODO:开始转圈圈,提示"连接中"
    }
```

```csharp
//连接成功回调
void OnConnectSucc(string err){
    Debug.Log("OnConnectSucc");
    //TODO：进入游戏
}

//连接失败回调
void OnConnectFail(string err){
    Debug.Log("OnConnectFail" + err);
    //TODO：弹出提示框（连接失败，请重试）
}

//关闭连接
void OnConnectClose(string err){
    Debug.Log("OnConnectClose");
    //TODO：弹出提示框（网络断开）
    //TODO：弹出按钮（重新连接）
}
```

由于只需测试连接功能，可以开启上一章只有转发功能的服务端程序，然后运行客户端。点击连接按钮，连接成功后程序会调用 OnConnectSucc 方法，打印出"OnConnectSucc"。若此时再点击连接按钮，会提示"Connect fail"，因为已经连接上，不能重复连接，如图 6-8 所示。

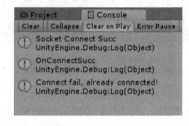

图 6-8　再次连接，提示"Connect fail"

如若关闭服务器，客户端发起连接后，OnConnectFail 会被调用，弹出提示，如图 6-9 所示。

图 6-9　连接失败

若快速地点击两次连接按钮，第二次点击时，会提示"Connect fail"，因为此时还处于"连接中"的状态。读者还可以尝试给事件添加多个监听函数，连接成功或失败时，多个监听函数都会被调用。

## 6.4　关闭连接

本节会实现网络管理器中关闭连接的功能。

## 6.4.1 isClosing

在第 4 章中，为了"完整地发送数据"，客户端关闭连接时，程序并不会直接关闭连接，而是判断写入队列是否还有数据，如果还有数据，会等待数据发送完毕再关闭连接。在 NetManager 中通过定义变量 isClosing 来标识程序是否处于"关闭中"的状态。除了定义变量，还需在 InitState 设置它的初始值，每一次发起连接时，必然不处于"关闭中"的状态。示例代码如下：

```
//是否正在关闭
static bool isClosing = false;

private static void InitState(){
    ……
    //是否正在关闭
    isClosing = false;
}
```

## 6.4.2 Close

给 NetManager 添加关闭连接的方法 Close，它会做一系列的状态判断，只有在连接建立后才能关闭。然后依据写入队列 writeQueue 的长度判断是否需要延迟关闭。如果需要延迟关闭，设置状态位 isClosing，等待发送数据的回调函数去处理。否则，调用 socket.Close() 关闭连接，再调用 FireEvent(NetEvent.Close, "") 分发连接关闭的事件。

```
//关闭连接
public static void Close(){
    //状态判断
    if(socket==null || !socket.Connected){
        return;
    }
    if(isConnecting){
        return;
    }
    //还有数据在发送
    if(writeQueue.Count > 0){
        isClosing = true;
    }
    //没有数据在发送
    else{
        socket.Close();
        FireEvent(NetEvent.Close, "");
    }
}
```

### 6.4.3 测试

在客户端程序中添加"断开"按钮，如图 6-10 所示，再给 test 类添加关闭连接的 OnCloseClick 方法，让 OnCloseClick 成为按钮的点击事件回调。

图 6-10 在客户端程序中添加"断开"按钮

```
//主动关闭
public void OnCloseClick () {
    NetManager.Close();
}
```

测试多种可能的情况，包括：还没有连接时断开连接，"连接中"断开连接，连接成功后断开连接。无论在什么情况下，程序都不会出错。

## 6.5 Json 协议

本节将会实现网络管理器协议编码解码的功能。

### 6.5.1 为什么会有协议类

回顾第 3 章"大乱斗游戏"的协议处理方法，大致形式如下：

```
void OnMove (string msgArgs) {
    // 解析参数
    string[] split = msgArgs.Split(',');
    string desc = split[0];
    float x = float.Parse(split[1]);
    float y = float.Parse(split[2]);
    float z = float.Parse(split[3]);
    //……各种处理
}
```

无论采用字符串协议还是字节流协议（本书第一版第 7 章的内容，即直接读取二进制数据），都避免不了"参数解析"这个步骤。这个步骤很烦琐。假如可以定义一个协议类，例如：

```
public class MsgMove {
    public int x = 0;
    public int y = 0;
    public int z = 0;
}
```

然后把协议处理函数写成下面的形式，即传入的参数可以被转换成对应的协议对象，再直接操作协议对象，会方便很多。至少，游戏开发人员看到 MsgMove 的定义就知道它包含 x、y、z 三个参数。

```
void OnMove (MsgBase msgBase) {
    MsgMove msgMove = (MsgMove) msgBase;
    //……各种处理
    msgMove.x = 1234;
    msgMove.y = 5678;
    msgMove.z = -765;
}
```

协议类的核心在于图 6-11 展示的功能，即把一个协议对象转换成二进制数据（编码），再把二进制数据转换成协议对象（解码）。为了方便理解，本书会使用 Json 协议，即把协议对象转换成形如 "{"x":100, "y":200, "z":300}" 的字符串，再把对应的字符串转换成协议对象。本章还会介绍使用 protobuf 协议的方法，读者只需稍微修改，就能适配效率更高的 protobuf 协议。

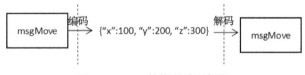

图 6-11　Json 协议的编码解码

## 6.5.2　使用 JsonUtility

Unity 中提供 Json 辅助类 JsonUtility，通过 JsonUtility.ToJson 和 JsonUtility.FromJson 可以实现 Json 协议的编码和解码。例如有如下的两个协议类 MsgMove 和 MsgAttack，其中 MsgMove 包含 x、y、z 三个成员，MsgAttack 包含 desc 一个成员。

```
public class MsgMove {
    public int x = 0;
    public int y = 0;
    public int z = 0;
}

public class MsgAttack {
    public string desc = "127.0.0.1:6543";
}
```

编写一个测试程序。新建一个 MsgMove 对象，给成员赋值，然后调用 JsonUtility.ToJson 可将协议类转换成字符串，结果如图 6-12 所示。Json 字符串形如 "{"成员 1": 值，"成员 2": 值 }"，很直观。

```
MsgMove msgMove = new MsgMove();
msgMove.x = 100;
msgMove.y = -20;
// 相当于取得要发送的字符串
string s = JsonUtility.ToJson(msgMove);
Debug.Log(s);
```

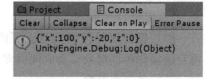

图 6-12 将 msgMove 编码成 Json 字符串

下面的程序演示 JsonUtility.FromJson 的使用方法。它可以将字符串转换成指定的协议对象。FromJson 的第一个参数指定要解析的字符串 s，第二个参数指定了要还原的协议类的类型，这里使用 Type.GetType 由协议类的名字来指定类型。字符串 s 包含了一些 "\""，这是因为在 C# 的字符串中，引号由 "\"" 表示。

```
string s = "{\"desc\":\"127.0.0.1:1289\"}";
MsgAttack msgAttack =
    JsonUtility.FromJson(s, Type.GetType("MsgAttack"));
Debug.Log(msgAttack.desc);
```

JsonUtility 有多种解码方式，FromJsonOverwrite 是另外的一种，先定义要解析的协议对象，再调用 FromJsonOverwrite 给协议对象赋值。FromJson 或 FromJsonOverwrite 还具备一定的错误处理能力。下面的程序中，msgMove.x 应是 int 型，但 s 却指定 x 的值是字符串 "hehe"，无法解码。这时，JsonUtility 会把 x 设置为默认值 0。

```
string s = "{\"x\":\"hehe\"}";
MsgMove msgMove = new MsgMove();
JsonUtility.FromJsonOverwrite(s, msgMove);
Debug.Log(msgMove.x);
```

### 6.5.3 协议格式

根据第 4 章的"分包粘包"处理方式，需要在消息前面加上 2 字节的长度信息。配合 Json 编码（或 protobuf 编码），可以定义图 6-13 所示的协议格式。

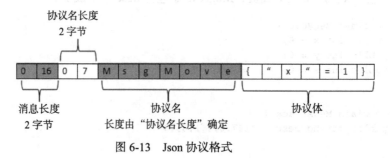

图 6-13 Json 协议格式

消息的前两个字节代表消息长度，即示例中"07MsgMove{"x"=1}"的长度，为16字节，第3和第4字节为协议名长度，即示例中"MsgMove"的长度，为7字节。通过协议名长度，程序可以正确解析协议名称，根据名称做消息分发。示例中"{"x"=1}"为协议体，可由它解析出MsgMove对象。

### 6.5.4 协议文件

为了方便处理协议，在Script/framework中定义MsgBase类（如图6-14所示），所有的协议类都继承它。由于每个协议都含有协议名，在MsgBase中定义了代表协议名的字符串protoName。定义MsgBase还为了实现处理消息的统一接口，形如"OnMove (MsgBase msgBase)"，接口参数类型为MsgBase，用户只需使用形如"MsgMove msgMove = (MsgMove) msgBase"的语句即可得到真正的协议对象。另一个目的是方便实现Send方法。后续我们会给NetManager添加Send(MsgBase msgBase)函数，基于类的多态性，它可以发送具体的协议类，如"NetManager.Send(msgMove)"。示例代码如下：

```
using System;
using UnityEngine;

public class MsgBase{
    //协议名
    public string protoName = "";
}
```

开始编写真正的协议文件。在客户端程序Assets/Script中新建proto目录，用于存放包含协议类的文件。比如添加一个协议文件BattleMsg（如图6-15所示），在里面定义MsgMove和MsgAttack两个类。

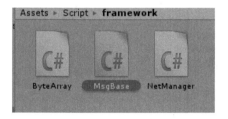

图6-14　在Script/framework中定义MsgBase类

图6-15　添加协议文件BattleMsg.cs

代码如下：

```
public class MsgMove:MsgBase {
    public MsgMove() {protoName = "MsgMove";}

    public int x = 0;
    public int y = 0;
    public int z = 0;
```

```
}

public class MsgAttack:MsgBase {
    public MsgAttack() {protoName = "MsgAttack";}

    public string desc = "127.0.0.1:6543";
}
```

MsgMove 和 MsgAttack 都继承自 MsgBase，它们会在构造函数中设置协议名。为了实现后续的编码解码，协议名必须与类名相同。

### 6.5.5 协议体的编码解码

为了统一处理协议的编码解码，在 MsgBase 中添加静态方法 Encode 和 Decode，后续只要解析出 Json 字符串所在的缓冲区位置和协议名，再使用"MsgBase.Decode(协议名，缓冲区，起始位置，长度)"即可获得协议对象。编码方法 Encode 包含一个协议体对象参数，程序使用 JsonUtility.ToJson 将协议体转化成字符串，再使用"System.Text.Encoding.UTF8.GetBytes"将字符串转化成 byte 数组。解码方法 Decode 会先使用"System.Text.Encoding.UTF8.GetString"将 byte 数组中的部分数据解析成字符串，再使用 JsonUtility.FromJson 将字符串还原成指定类型的协议对象。协议对象的类型由协议名指定，程序使用"Type.GetType(protoName)"获取协议名对应的类型。代码如下：

```
using System;
using UnityEngine;

public class MsgBase{
    //协议名
    public string protoName = "";
    //编码
    public static byte[] Encode(MsgBase msgBase){
        string s = JsonUtility.ToJson(msgBase);
        return System.Text.Encoding.UTF8.GetBytes(s);
    }

    //解码
    public static MsgBase Decode(string protoName,
                                 byte[] bytes, int offset, int count){
        string s = System.Text.Encoding.UTF8.GetString(bytes, offset, count);
        MsgBase msgBase = (MsgBase)JsonUtility.FromJson(s,
                                 Type.GetType(protoName));
        return msgBase;
    }
}
```

例如在图 6-16 所示的数组中，假如使用 MsgBase.Decode 解码，完整的参数则为 MsgBase.Decode("MsgMove", bytes, 11, 7)。

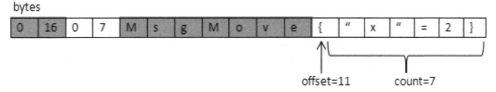

图 6-16 要解码的 byte 数组示意图

下面的代码演示编码函数的调用方法，将协议对象传入 Encode 即可。

```
MsgMove msgMove = new MsgMove();
msgMove.x = 100;
msgMove.y = -20;
//相当于取得要发送的字符串
byte[] bytes = MsgBase.Encode(msgMove);
//转成字符串
string s = System.Text.Encoding.UTF8.GetString(bytes);
Debug.Log(s);
```

下面的代码演示解码函数的调用方法，将协议名、byte 数组、起始位置和长度传入 Decode 方法即可。

```
string s = "{\"protoName\":\"MsgMove\",\"x\":100,\"y\":-20,\"z\":0}";
// 转换成 byte 数组
byte[] bytes = System.Text.Encoding.UTF8.GetBytes(s);
//解码
MsgMove m = (MsgMove)MsgBase.Decode("MsgMove", bytes, 0, bytes.Length);
Debug.Log(m.x);
Debug.Log(m.y);
Debug.Log(m.z);
```

### 6.5.6 协议名的编码解码

根据 6.5.3 节的协议格式，给 MsgBase 添加编码协议名和解码协议名的方法。编码协议名的方法 EncodeName 会将协议名转换成 byte 数组（nameBytes），然后将名字长度以小端编码的形式放置在 nameBytes 前面，如图 6-17 所示。

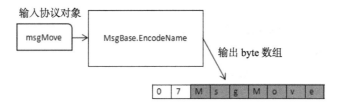

图 6-17 EncodeName 示意图

MsgBase.EncodeName 的代码如下：

```csharp
//编码协议名（2字节长度+字符串）
public static byte[] EncodeName(MsgBase msgBase){
    //名字bytes和长度
    byte[] nameBytes = System.Text.Encoding.UTF8.GetBytes(msgBase.protoName);
    Int16 len = (Int16)nameBytes.Length;
    //申请bytes数值
    byte[] bytes = new byte[2+len];
    //组装2字节的长度信息
    bytes[0] = (byte)(len%256);
    bytes[1] = (byte)(len/256);
    //组装名字bytes
    Array.Copy(nameBytes, 0, bytes, 2, len);

    return bytes;
}
```

协议名解码方法 DecodeName 会根据参数 bytes 和 offset 找到协议名数据的起始地址，先解析出协议名长度，再将协议名字符串解析出来。参数中的 count 由 out 修饰，表明它是个引用，函数会给 count 赋值，返回协议名信息的字节数。

MsgBase.DecodeName 的代码如下：

```csharp
//解码协议名（2字节长度+字符串）
public static string DecodeName(byte[] bytes, int offset, out int count){
    count = 0;
    //必须大于2字节
    if(offset + 2 > bytes.Length){
        return "";
    }
    //读取长度
    Int16 len = (Int16)((bytes[offset+1] << 8 )| bytes[offset] );
    if(len <= 0){
        return "";
    }
    //长度必须足够
    if(offset + 2 + len > bytes.Length){
        return "";
    }
    //解析
    count = 2+len;
    string name = System.Text.Encoding.UTF8.GetString(bytes, offset+2, len);
    return name;
}
```

图 6-18 展示了 DecodeName 的输入和输出。

下面的代码演示 EncodeName 和 DecodeName 的调用方法。

```csharp
MsgMove msgMove = new MsgMove();
byte[] bs = MsgBase.EncodeName(msgMove);

int count;
string name = MsgBase.DecodeName(bs, 0, out count);
Debug.Log(name);      //MsgMove
Debug.Log(count);     //2+7=9
```

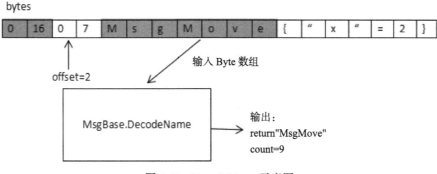

图 6-18 DecodeName 示意图

有了协议类和它的编码解码方法，就可以开始编写发送和接收消息的功能。本节虽然采用了直观的 Json 协议，如果读者想要使用更为高效的 protobuf 协议，只需用 6.10 节提及的编码解码方法替换本节的编码解码方法即可。

## 6.6 发送数据

本节实现网络管理器发送数据的功能。

### 6.6.1 Send

给 NetManager 添加发送数据的 Send 方法，此处的 Send 方法不仅综合了第 4 章和第 5 章 "完整发送数据" 的功能，还拥有处理 6.5.3 节定义的协议格式的功能。NetManager.Send 方法接受一个 Msgbase 类型的参数，调用方法形如 "NetManager.Send(msgMove)"。根据类的多态性，程序中的 MsgBase.EncodeName 和 MsgBase.Encode 能够正确识别 MsgMove 的类型。

本节 Send 方法的另一个特点是它做了很多条件判断，只有在成功连接服务器后，才能发送数据，这样做避免了特殊情况下的程序异常。

在 Send 的数据编码部分，它会先使用 "MsgBase.EncodeName(msg)" 获取协议名的编码数据，使用 "MsgBase.Encode(msg)" 获取协议体的编码数据，再将它们整合成 6.5.3 节定义的协议格式。图 6-19 展示了各个变量的含义。至于写入队列的处理部分，与第 5 章完全相同。代码如下：

```
//发送数据
    public static void Send(MsgBase msg) {
        //状态判断
        if(socket==null || !socket.Connected){
            return;
        }
```

```
if(isConnecting){
    return;
}
if(isClosing){
    return;
}
// 数据编码
byte[] nameBytes = MsgBase.EncodeName(msg);
byte[] bodyBytes = MsgBase.Encode(msg);
int len = nameBytes.Length + bodyBytes.Length;
byte[] sendBytes = new byte[2+len];
// 组装长度
sendBytes[0] = (byte)(len%256);
sendBytes[1] = (byte)(len/256);
// 组装名字
Array.Copy(nameBytes, 0, sendBytes, 2, nameBytes.Length);
// 组装消息体
Array.Copy(bodyBytes, 0, sendBytes, 2+nameBytes.Length, bodyBytes.Length);
// 写入队列
ByteArray ba = new ByteArray(sendBytes);
int count = 0;      //writeQueue 的长度
lock(writeQueue){
    writeQueue.Enqueue(ba);
    count = writeQueue.Count;
}
//send
if(count == 1){
    socket.BeginSend(sendBytes, 0, sendBytes.Length,
        0, SendCallback, socket);
}
```

图 6-19 展示了上述代码中编码部分各个变量的含义。

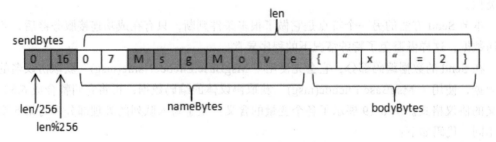

图 6-19  Send 方法数据编码部分各变量含义

## 6.6.2  SendCallback

编写 Send 方法的回调函数 SendCallback，它整合了第 4 章和第 5 章 "完整发送数据" 的功能。回调方法会判断写入队列是否还有数据，如果写入队列不为空，它会继续调用

BeginSend 发送数据。由于代码调用了 First 函数，而它在 Linq 命名空间中定义，因此需要引用它（using System.Linq）。代码如下：

```
//Send 回调
public static void SendCallback(IAsyncResult ar){
    // 获取 state、EndSend 的处理
    Socket socket = (Socket) ar.AsyncState;
    // 状态判断
    if(socket == null || !socket.Connected){
        return;
    }
    //EndSend
    int count = socket.EndSend(ar);
    // 获取写入队列第一条数据
    ByteArray ba;
    lock(writeQueue){
        ba = writeQueue.First();
    }
    // 完整发送
    ba.readIdx+=count;
    if(ba.length == 0){
        lock(writeQueue){
        writeQueue.Dequeue();
        ba = writeQueue.First();
        }
    }
    // 继续发送
    if(ba != null){
        socket.BeginSend(ba.bytes, ba.readIdx, ba.length,
            0, SendCallback, socket);
    }
    // 正在关闭
    else if(isClosing) {
        socket.Close();
    }
}
```

### 6.6.3 测试

现在，测试发送数据的功能吧！在客户端中添加"移动"按钮（如图 6-20 所示），让它绑定 test 类的 OnMoveClick 方法。OnMoveClick 会创建 MsgMove 类型的协议对象 msg，然后调用 NetManager.Send 发送给服务端。

OnMoveClick 的代码如下：

```
// 玩家点击发送按钮
public void OnMoveClick () {
```

```
        MsgMove msg = new MsgMove();
        msg.x = 120;
        msg.y = 123;
        msg.z = -6;
        NetManager.Send(msg);
    }
```

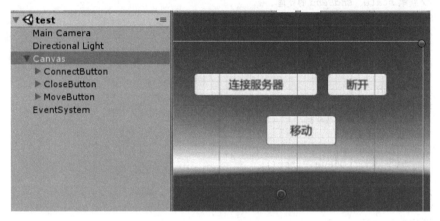

图 6-20　添加"移动"按钮

如果使用纯转发数据的服务端，客户端在发送 MsgMove 协议后，也会收到同样的协议。只是，我们还没有编写接收数据的功能。

## 6.7　消息事件

第 3 章中，游戏程序定义了一系列的消息事件。程序可以给不同的协议添加不同的回调方法，比如给 MsgMove 协议添加 OnMsgMove 方法的监听，给 MsgAttack 添加 OnMsgAttact 方法的监听。消息事件和 6.2 节的网络事件很类似，不同的地方只在于它根据协议名称去分发消息。

定义如下形式的委托类型 MsgListener 和监听列表 msgListeners。

```
//消息委托类型
public delegate void MsgListener(MsgBase msgBase);
//消息监听列表
private static Dictionary<string, MsgListener> msgListeners
                         = new Dictionary<string, MsgListener>();
```

定义添加消息监听的方法 AddMsgListener 和删除消息监听的方法 RemoveEventListener。它们的形式与 6.2 节"网络事件"完全一致，两者共同组成了 NetManager 的监听结构（如图 6-21 所示）。代码如下：

```
//添加消息监听
```

```
public static void AddMsgListener(string msgName, MsgListener listener){
    //添加
    if (msgListeners.ContainsKey(msgName)){
        msgListeners[msgName] += listener;
    }
    //新增
    else{
        msgListeners[msgName] = listener;
    }
}
//删除消息监听
public static void RemoveMsgListener(string msgName, MsgListener listener){
    if (msgListeners.ContainsKey(msgName)){
        msgListeners[msgName] -= listener;
        //删除
        if(msgListeners[msgName] == null){
            msgListeners.Remove(msgName);
        }
    }
}
```

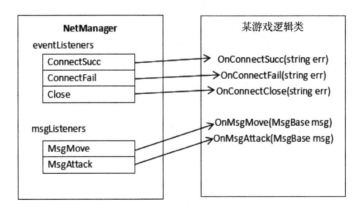

图 6-21　NetManager 监听结构示意图

定义分发消息的 FireMsg 方法，它会判断监听列表 msgListeners 中是否有对应消息名的回调函数，如有，调用它。代码如下：

```
//分发消息
private static void FireMsg(string msgName, MsgBase msgBase){
    if(msgListeners.ContainsKey(msgName)){
        msgListeners[msgName](msgBase);
    }
}
```

下面的代码演示了监听函数的调用方法。程序通过 NetManager.AddMsgListener 添加 MsgMove 的监听函数 OnMsgMove，当程序收到 MsgMove 协议后（下一节实现）会分发消息，调用 OnMsgMove 方法。OnMsgMove 的参数为协议基类 MsgBase 类型的对象，程序通过"MsgMove msg = (MsgMove)msgBase"将它转换成 MsgMove 类型，然后获取它的成员。

```
NetManager.AddMsgListener("MsgMove", OnMsgMove);

//收到 MsgMove 协议
public void OnMsgMove (MsgBase msgBase) {
    MsgMove msg = (MsgMove)msgBase;
    //消息处理
    Debug.Log("OnMsgMove msg.x = " + msg.x);
    Debug.Log("OnMsgMove msg.y = " + msg.y);
    Debug.Log("OnMsgMove msg.z = " + msg.z);
}
```

## 6.8 接收数据

接收数据的过程与第 3 章使用消息队列接收消息的过程类似。回调函数 ReceiveCallback 会将消息存放到消息列表 msgList 中，主线程 Update 会读取消息列表，再一条一条处理。但是第 3 章的网络模块只是个简易版本，本节会做下面几点改进。

1）每次 Update 处理多条数据。Unity 每一帧执行一次 Update，一般每秒会执行 30 到 60 帧，也就是说第 3 章的网络模块每秒最多只能处理 60 条消息。如果游戏场景比较复杂，会增大渲染时间，说不定每秒只能处理 30 条消息。对于某些实时性要求高的游戏，客户端与服务端之间的通信频率可能很高，超过网络模块的处理能力。本章的程序会给 NetManager 定义只读变量 MAX_MESSAGE_FIRE，指示每一帧处理多少条消息，如图 6-22 所示。

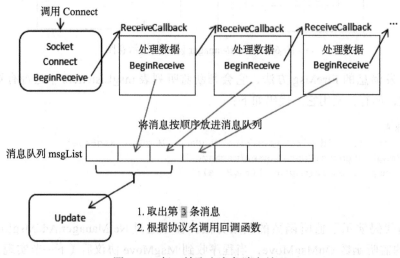

图 6-22　每一帧取出多条消息处理

2）添加粘包半包、大小端判断等处理。这部分内容第 4 章和第 5 章已经有详细的描述，本节会给出完整的代码。

3）使用了 Json 协议，使得后续开发游戏功能时，无须关心协议的格式。

### 6.8.1 新的成员

如下面的代码所示，给 NetManager 添加 List<MsgBase> 类型的消息列表 msgList，它会存放协议对象，再添加变量 msgCount 指示消息列表的长度。虽然也可以使用 msgList.Length 获取消息长度，但由于主线程（Update）和其他线程（ReceiveCallback）可能在同一时间操作 msgList，为避免操作 msgList 引发的冲突，可定义 msgCount 来减少对 msgList 的操作次数。再定义 MAX_MESSAGE_FIRE 代表每一帧最多处理多少条消息。重新连接时，需要在 InitState 中重置 msgList 和 msgCount。

```csharp
//消息列表
static List<MsgBase> msgList = new List<MsgBase>();
//消息列表长度
static int msgCount = 0;
//每一次 Update 处理的消息量
readonly static int MAX_MESSAGE_FIRE = 10;

//初始化状态
private static void InitState(){
    ……
    //消息列表
    msgList = new List<MsgBase>();
    //消息列表长度
    msgCount = 0;
}
```

### 6.8.2 ConnectCallback

在 6.3 节编写的连接回调函数 ConnectCallback 中添加开始接收数据的方法 BeginReceive，它会将网络数据读取到读缓冲区 readBuff 中。

代码如下：

```csharp
//Connect 回调
private static void ConnectCallback(IAsyncResult ar){
    try{
        ……
        //开始接收
        socket.BeginReceive( readBuff.bytes, readBuff.writeIdx,
                readBuff.remain, 0, ReceiveCallback, socket);
    }
    catch (SocketException ex){
        ……
    }
}
```

### 6.8.3　ReceiveCallback

BeginReceive 的回调函数 ReceiveCallback 会判断是否成功接收到数据。如果收到 FIN 信号（count==0），断开连接；如果收到正常的数据，它会更新缓冲区的 writeIdx，再调用 OnReceiveData 处理消息。OnReceiveData 会解析协议，并把协议对象放置到消息列表 msgList 中。在 ReceiveCallback 的最后，它再次调用 BeginReceive，开启下一轮的数据接收。

代码如下：

```
//Receive 回调
    public static void ReceiveCallback(IAsyncResult ar){
        try {
            Socket socket = (Socket) ar.AsyncState;
            // 获取接收数据长度
            int count = socket.EndReceive(ar);
            if(count == 0){
                Close();
                return;
            }
            readBuff.writeIdx+=count;
            // 处理二进制消息
            OnReceiveData();
            // 继续接收数据
            if(readBuff.remain < 8){
                readBuff.MoveBytes();
                readBuff.ReSize(readBuff.length*2);
            }
            socket.BeginReceive( readBuff.bytes, readBuff.writeIdx,
                    readBuff.remain, 0, ReceiveCallback, socket);
        }
        catch (SocketException ex){
            Debug.Log("Socket Receive fail" + ex.ToString());
        }
    }
```

### 6.8.4　OnReceiveData

OnReceiveData 有两个功能。其一是根据协议的前两个字节判断是否接收到一条完整的协议。如果接收到完整协议，便解析它；如果没有接收完整协议，则退出等待下一波消息。其二是解析协议，下面的代码会按照 6.5 节的协议格式，解析出协议对象，然后通过"msgList.Add(msgBase)"将协议对象添加到协议列表中。添加到协议列表之前，程序使用"lock(msgList)"锁住了消息列表，这是因为 OnReceiveData 在子线程将数据写入消息队列（如图 6-23 所示），而 Update 在主线程读取消息队列，为了避免线程冲突，对 msgList 的操作都需要加锁。

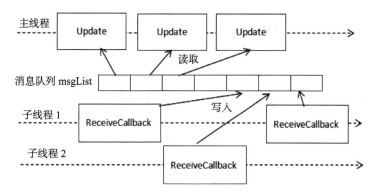

图 6-23　Update 和 ReceiveCallback 处于不同的线程

代码如下：

```
// 数据处理
    public static void OnReceiveData(){
        // 消息长度
        if(readBuff.length <= 2) {
            return;
        }
        // 获取消息体长度
        int readIdx = readBuff.readIdx;
        byte[] bytes =readBuff.bytes;
        Int16 bodyLength = (Int16)((bytes[readIdx+1] << 8 )| bytes[readIdx]);
        if(readBuff.length < bodyLength+2)
            return;
        readBuff.readIdx+=2;
        // 解析协议名
        int nameCount = 0;
        string protoName = MsgBase.DecodeName(readBuff.bytes,
                                    readBuff.readIdx, out nameCount);
        if(protoName == ""){
            Debug.Log("OnReceiveData MsgBase.DecodeName fail");
            return;
        }
        readBuff.readIdx += nameCount;
        // 解析协议体
        int bodyCount = bodyLength - nameCount;
        MsgBase msgBase = MsgBase.Decode(protoName,
                            readBuff.bytes, readBuff.readIdx, bodyCount);
        readBuff.readIdx += bodyCount;
        readBuff.CheckAndMoveBytes();
        // 添加到消息队列
        lock(msgList){
            msgList.Add(msgBase);
        }
        msgCount++;
```

```
            //继续读取消息
            if(readBuff.length > 2){
                OnReceiveData();
            }
        }
```

图 6-24 描述了上述代码中解析协议相关变量的含义。

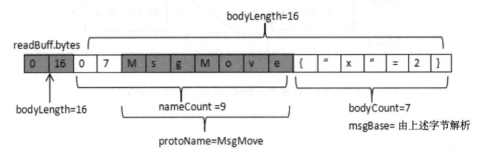

图 6-24　OnReceiveData 中负责解析协议的变量示意图

### 6.8.5　Update

NetManager.Update 需要实现每帧处理 MAX_MESSAGE_FIRE（例如 10）条消息的功能。它做如下的处理。

1）先根据 msgCount 是否为 0 判断需不需要处理消息。如果 msgCount 为 0，说明消息列表很可能为空，就不需要往下执行，提高程序运行的效率。为什么这里说"消息列表很可能为空"而不是确切为空呢？是因为 msgCount 可能受到线程冲突的影响。比如在某一帧中，msgCount 为 0，但当程序刚好执行到"if(msgCount == 0)"时，子线程的 ReceiveCallback 很可能刚好执行完"msgList.Add(msgBase)"但还没有执行"msgCount++"，实际上消息队列不为空。这种情况会导致消息延迟一帧处理，但影响不大。另一种做法是使用"lock(msgList){ if(msgList.Length==0) }"去判断消息列表是否有数据，但因为引入了锁，可能导致主线程等待。若不是万不得已，一般不要轻易在主线程上用锁，不正确的运用会降低程序运行效率。

2）程序会使用"for(int i = 0; i< MAX_MESSAGE_FIRE; i++)"做循环，读取多条消息并处理。每一次循环中，程序都会锁住 msgList，然后取出它的第一条数据，最后调用 FireMsg 分发消息。如果必须在主线程用锁，切记要尽量让 lock 的作用范围很小，以免让子线程阻塞太久。所以，此处锁的作用域中只有 5 行代码。代码如下：

```
//Update
    public static void Update(){
        MsgUpdate();
    }
```

```csharp
//更新消息
public static void MsgUpdate(){
    //初步判断,提升效率
    if(msgCount == 0){
        return;
    }
    //重复处理消息
    for(int i = 0; i< MAX_MESSAGE_FIRE; i++){
        //获取第一条消息
        MsgBase msgBase = null;
        lock(msgList){
            if(msgList.Count > 0){
                msgBase = msgList[0];
                msgList.RemoveAt(0);
                msgCount--;
            }
        }
        //分发消息
        if(msgBase != null){
            FireMsg(msgBase.protoName, msgBase);
        }
        //没有消息了
        else{
            break;
        }
    }
}
```

## 6.8.6 测试

最后在 6.6.3 节测试程序的基础上,编写接收消息的测试程序吧!在程序中使用 "NetManager.AddMsgListener" 添加 "MsgMove" 协议的监听。当程序收到 "MsgMove" 协议后,理应调用 OnMsgMove 方法。代码如下:

```csharp
//开始
void Start(){
    NetManager.AddEventListener(NetManager.NetEvent.ConnectSucc, OnConnectSucc);
    NetManager.AddEventListener(NetManager.NetEvent.ConnectFail, OnConnectFail);
    NetManager.AddEventListener(NetManager.NetEvent.Close, OnConnectClose);
    NetManager.AddMsgListener("MsgMove", OnMsgMove);
}

//收到 MsgMove 协议
public void OnMsgMove (MsgBase msgBase) {
    MsgMove msg = (MsgMove)msgBase;
    //消息处理
    Debug.Log("OnMsgMove msg.x = " + msg.x);
    Debug.Log("OnMsgMove msg.y = " + msg.y);
    Debug.Log("OnMsgMove msg.z = " + msg.z);
```

```
            }

        //Update
        public void Update(){
            NetManager.Update();
        }
```

开启转发消息的服务端,在客户端上点击"移动"按钮,消息经过服务端转发后回到客户端。网络模块会接收消息,然后把消息解析出来存入到消息队列,等待主线程的 Update 去处理它。

## 6.9 心跳机制

5.6 节说到,如果玩家拿着手机进入没有信号的山区,或者有人拿剪刀剪断网线,都会导致链路不通。但 TCP 本身的心跳机制太"鸡肋",要经过 2 个小时的时间才能主动释放资源,游戏程序一般都会自行实现心跳机制。具体来说就是,客户端会定时(如 30 秒)给服务端发送 PING 协议,服务端收到后会回应 PONG 协议。正常情况下,客户端每隔一段时间(如 30 秒)必然会收到服务端的 PONG 协议(就算网络不通畅,最慢 120 秒也总该收到了吧)。如果客户端很长时间(如 120 秒)没有收到 PONG 协议,很大概率是网络不通畅或服务端挂掉,客户端程序可以释放 Socket 资源。其实对于客户端来说,释放不释放关系不大,毕竟只有一个 Socket。但对服务端来说却很重要,因为服务端可能保持着数以万计的连接,当游戏在线人数很多时,只有及时释放资源,才能让玩家正常玩游戏(不然,内存爆满服务器挂掉大家都玩不了)。心跳机制如图 6-25 所示。

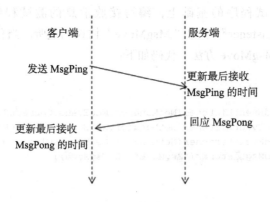

图 6-25 心跳机制示意图

### 6.9.1 PING 和 PONG 协议

心跳机制会涉及 PING 和 PONG 两条协议,需要先定义它们。根据 Json 协议类的编写方式，在客户端 Script/proto 下添加文件 SysMsg.cs，如图 6-26 所示。这里 Sys 是 System 的缩写，代表系统协议。

在 SysMsg 中定义 PING 协议 MsgPing 和 PONG 协议 MsgPong，代码如下：

```
public class MsgPing:MsgBase {
    public MsgPing() {protoName = "MsgPing";}
}

public class MsgPong:MsgBase {
    public MsgPong() {protoName = "MsgPong";}
}
```

图 6-26　添加协议文件

### 6.9.2　成员变量

客户端需要控制发送 MsgPing 协议的时间，以及判断多长时间没有收到 MsgPong 协议就断开连接。在 NetManager 中定义下面这几个成员处理相关事务。其中 isUsePing 代表是否启用心跳机制，因为心跳机制会增加游戏所需的网络流量，也增加消息量，需要根据游戏类型判断是否要启用它。pingInterval 代表发送 MsgPing 协议的时间间隔，默认为 30 秒。lastPingTime 会记录上一次发送 MsgPing 协议的时间，程序可以根据"if(Time.time - lastPingTime > pingInterval)"判断是否需要发送 MsgPing 协议。lastPongTime 会记录上一次收到 MsgPong 协议的时间，如果太长时间没有收到，判断语句"if(Time.time - lastPongTime > pingInterval*4)"成立，则关闭连接。代码如下：

```
//是否启用心跳
public static bool isUsePing = true;
//心跳间隔时间
public static int pingInterval = 30;
//上一次发送 PING 的时间
static float lastPingTime = 0;
//上一次收到 PONG 的时间
static float lastPongTime = 0;


//初始化状态
private static void InitState(){
    ......
    //上一次发送 PING 的时间
    lastPingTime = Time.time;
    //上一次收到 PONG 的时间
    lastPongTime = Time.time;
}
```

### 6.9.3 发送 PING 协议

在 NetManager 中编写发送 MsgPing 协议的 PingUpdate 方法，并在 Update 中调用它。PingUpdate 会实现以下三种功能。

1）根据 isUsePing 判断是否启用心跳机制，如果没有开启，直接跳过。

2）判断当前时间与上一次发送 MsgPing 协议的时间（lastPingTime）间隔，如果超过指定时间（pingInterval），调用 Send(msgPing) 向服务端发送 MsgPing 协议。

3）判断当前时间与上一次接收 MsgPong 协议的时间（lastPongTime）间隔，如果超过指定时间（pingInterval*4），调用 Close 关闭连接。

发送 PING 协议代码如下：

```
// 发送 PING 协议
private static void PingUpdate(){
    // 是否启用
    if(!isUsePing){
        return;
    }
    // 发送 PING
    if(Time.time - lastPingTime > pingInterval){
        MsgPing msgPing = new MsgPing();
        Send(msgPing);
        lastPingTime = Time.time;
    }
    // 检测 PONG 时间
    if(Time.time - lastPongTime > pingInterval*4){
        Close();
    }
}

//Update
public static void Update(){
    MsgUpdate();
    PingUpdate();
}
```

### 6.9.4 监听 PONG 协议

在 NetManager 中监听 MsgPong 协议，如果收到该协议，回调 OnMsgPong 方法。考虑到客户端可能与服务端断线重连，InitState 可能被多次调用，但 MsgPong 协议无须多次监听，因此代码中会判断监听列表中是否已经存在 MsgPong 协议的监听，不会重复添加。代码如下：

```
// 初始化状态
private static void InitState(){
    ……
```

```
// 监听 PONG 协议
if(!msgListeners.ContainsKey("MsgPong")){
    AddMsgListener("MsgPong", OnMsgPong);
}
}
```

编写消息处理方法 OnMsgPong，它负责更新 lastPongTime：

```
// 监听 PONG 协议
private static void OnMsgPong(MsgBase msgBase){
    lastPongTime = Time.time;
}
```

### 6.9.5 测试

开启转发消息的服务端，打开客户端。可以看到服务端每隔一段时间就会收到客户端发来的 MsgPing 协议。由于服务端没有回应 MsgPong 协议（下一章实现），因此在等待一段时间后，客户端就会主动关闭连接，如图 6-27 所示。

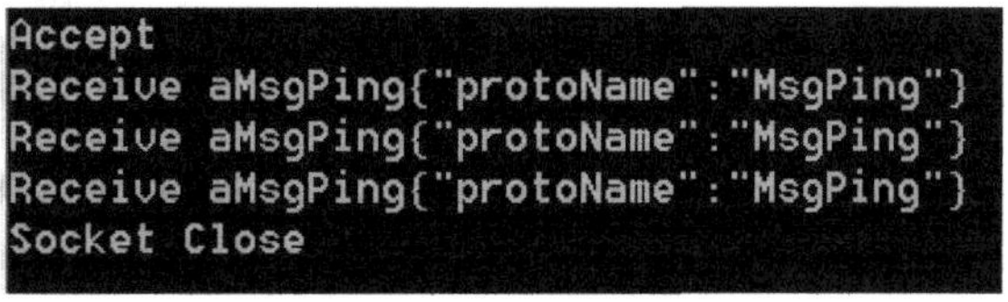

图 6-27　服务端的输出

## 6.10　Protobuf 协议

### 6.10.1　什么是 Protobuf

正如 6.5 节的 Json 协议，我们规定网络数据采用形如"{"protoName"="MsgMove","x"=10, y="20"}"的方式传输，并且编写了将协议对象（如 msgMove）编码成字节流，以及由字节流解码成协议对象的方法。Protobuf 是谷歌发布的一套协议格式，它规定了一系列的编码和解码方法。比如对于数字，它要求根据数字的大小选择存储空间，小于 15 的数字只用 1 个字节表示，大于 16 的数字用 2 个字节表示，以此类推，尽可能地节省空间。目前，网上已经有不少实现 Protobuf 编码解码的库，可以直接使用。Protobuf 协议的一大特点是编码后的数据量较小，可以节省网络带宽。

若以图 6-28 表示 Json 协议的编码流程，开发者需要先编写协议类，再通过编码方法将协议对象转换成 byte 数组。

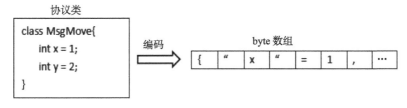

图 6-28　Json 协议的编码方式

图 6-29 则表示 Protobuf 协议的使用流程，开发者需要编写描述文件。描述文件有其特定的格式。由于网上资料很多，这里假设读者对它有一定的了解。开发者可以网上下载一些第三方工具，这些工具可以根据描述文件自动生成协议类，协议类里面除了成员属性外，还会包含编码解码所需的一些信息。最后开发者可以调用第三方库，将协议对象编码成 byte 数组。

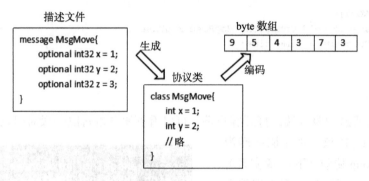

图 6-29　Protobuf 协议的编码方式

### 6.10.2　编写 proto 文件

使用 Protobuf 的第一步是编写描述文件（即 .proto 文件）。新建两个文件 BattleMsg.proto 和 SysMsg.proto，以前面 Json 协议的内容为例，两个描述文件分别如下：

❑ BattleMsg.proto

```
message MsgMove{
    optional int32 x = 1;
    optional int32 y = 2;
    optional int32 z = 3;
}

message MsgAttack{
    optional string desc = 1;
}
```

❑ SysMsg.proto

```
message MsgPing{

}

message MsgPong{

}
```

## 6.10.3 生成协议类

Protobuf-net 是一套开源的第三方库，它不仅提供了将 Protobuf 描述文件转换成协议类的工具，还实现了协议对象编码解码的方法，不少 Unity 游戏使用 Protobuf-net 处理 Protobuf 协议。

使用 Protobuf-net 生成协议类的方法如下。

### 1. 下载 protobuf-net

方法 1：读者可以在下列地址下载 protobuf-net，然后编译它。但由于搭建编译环境需要花费一些时间精力，因此更推荐第二种方法。

https://github.com/mgravell/protobuf-net

https://code.google.com/p/protobuf-net/

方法 2：本书附带的资源中，提供了编译好的 protobuf-net，直接拿来用就好。读者也可以在网上找到编译好的软件。

### 2. 设置目录

打开编译好的 protobuf-net 目录（如图 6-30 所示），会看到里面有两个文件夹。proto 文件夹是存放 proto 文件的地方，需将前面写好的 proto 文件放进去。cs 文件夹为生成出的协议类存放目录。run.bat 是一个批处理文件，可以用记事本打开，里面记录需要生成的文件和路径，设置正确的文件和目录才能生成协议类。run.bat 的内容如下：

```
protogen.exe -i:proto\BattleMsg.proto -o:cs\BattleMsg.cs
protogen.exe -i:proto\SysMsg.proto -o:cs\SysMsg.cs
pause
```

图 6-30　编译好的 protobuf-net 目录

### 3. 生成协议类

将 proto 文件存放到 proto 目录下，修改 run.bat 之后，双击 run.bat 运行它，如图 6-31 所示。程序会生成协议类文件，并存放到 cs 目录下，如图 6-32 所示。

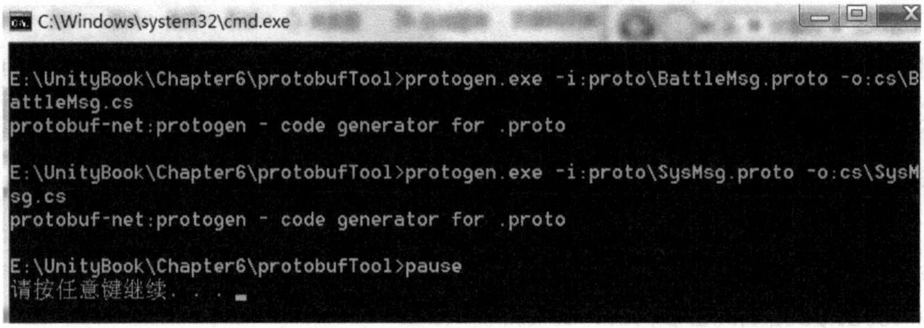

图 6-31 运行 run.bat 的结果

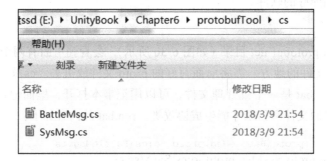

图 6-32 生成的协议类文件

打开 BattleMsg.cs，能够看到如下的协议类（以 MsgAttack 为例）。除了成员 desc 外，协议类还附带了编码解码所需要的一些信息。MsgAttack 继承自 global::ProtoBuf.IExtensible，使用 Protobuf 协议，可将 global::ProtoBuf.IExtensible 当作协议基类。

```
[global::System.Serializable, global::ProtoBuf.ProtoContract(Name=@"MsgAttack")]
public partial class MsgAttack : global::ProtoBuf.IExtensible
{
    public MsgAttack() {}

    private string _desc = "";
    [global::ProtoBuf.ProtoMember(1, IsRequired = false, Name=@"desc", DataFormat = global::ProtoBuf.DataFormat.Default)]
    [global::System.ComponentModel.DefaultValue("")]
    public string desc
    {
      get { return _desc; }
      set { _desc = value; }
    }
    private global::ProtoBuf.IExtension extensionObject;
```

```
            global::ProtoBuf.IExtension global::ProtoBuf.IExtensible.
GetExtensionObject(bool createIfMissing)
            { return global::ProtoBuf.Extensible.GetExtensionObject(ref
extensionObject, createIfMissing); }
    }
```

**4. 将协议文件复制到游戏工程**

将生成出来的 BattleMsg.cs 和 SysMsg.cs 放入游戏工程 Script/proto 目录下，放入后游戏不能运行，会有一些报错。这是因为生成的文件引用了 ProtoBuf.ProtoMember 和 ProtoBuf.Extensible 等类型，它在 protobuf-net 的库文件中定义，需要把 protobuf-net 的库文件引入到游戏项目中。

### 6.10.4 导入 protobuf-net.dll

protobuf-net.dll 是 protobuf-net 的库文件，可以在编译好的目录中找到它，将它复制到游戏工程的任一目录中，如图 6-33 所示。

图 6-33 导入 protobuf-net.dll

### 6.10.5 编码解码

在前面实现 Json 协议解析的代码中，协议类都继承自 MsgBase 类，改用 Protobuf 协议后，协议基类改为 global::ProtoBuf.IExtensible，需修改 NetManager.Send、FireMsg 方法的接口。使用 Protobuf 协议，核心在于编写它的编码和解码方法，本节会给出编码解码方法和测试程序，读者只需将它替换 MsgBase 中的编码解码程序，即可让 NetManager 支持 Protobuf 协议。

**1. 编码方法**

编码方法 Encode 如下所示。它接受 ProtoBuf.IExtensible 类型的协议基类，然后调用 ProtoBuf.Serializer.Serialize 将协议对象转化成字节流。下面的代码还展示了 Encode 的调用方法，它的调用方法和 6.5 节编写的 Encode 完全一样。

```
using System.Collections;
using System.Collections.Generic;
```

```csharp
using UnityEngine;
using proto.BattleMsg;

public class testProto : MonoBehaviour {

    //将protobuf对象序列化为Byte数组
    public static byte[] Encode(ProtoBuf.IExtensible msgBase)
    {
        using (var memory = new System.IO.MemoryStream())
        {
            ProtoBuf.Serializer.Serialize(memory, msgBase);
            return memory.ToArray();
        }
    }

    // Use this for initialization
    void Start () {
        //Protobuf测试
        MsgMove msgMove = new MsgMove();
        msgMove.x = 214;
        byte[] bs = Encode(msgMove);
        Debug.Log(System.BitConverter.ToString(bs));

    }
}
```

上述程序运行结果如图6-34所示，只用了3字节就能编码协议对象msgMove，可见Protobuf的紧凑性。

图6-34　测试程序运行结果

### 2. 获取协议名字

由于协议类中已经包含了编码解码所需的一些数据，只需通过ToString方法即可获取协议名。在如下的程序中，获取到的协议名是"proto.BattleMsg.MsgMove"（如图6-35所示），读者可以使用一些字符串解析的方法，将"MsgMove"解析出来。

```csharp
MsgMove msgMove = new MsgMove();
Debug.Log(msgMove.ToString());
```

图6-35　获取协议名字示例

### 3. 解码

解码方法 Decode 如下所示。它和 6.5 节 Json 协议的解码方法形式上基本一样。第一个参数 protoName 代表协议名称，如"proto.BattleMsg.MsgMove"。第二个参数代表要解码的 byte 数组，第三和第四个参数代表协议体数据所在的起始位置和长度。程序使用"ProtoBuf.Serializer.NonGeneric.Deserialize"解码 Protobuf 数据，并将它转换成基于 Protobuf 协议基类 ProtoBuf.IExtensible 的对象返回。

```
//解码
public static ProtoBuf.IExtensible Decode(string protoName,
                                  byte[] bytes, int offset, int count){
    using (var memory = new System.IO.MemoryStream(bytes, offset, count))
    {
        System.Type t = System.Type.GetType(protoName);
        return (ProtoBuf.IExtensible)ProtoBuf.Serializer.NonGeneric.Deserialize(t, memory);
    }
}
```

编写如下的测试程序，先定义协议对象，然后对它编码和解码。如果最终打印出来的属性正确，说明解码成功。

```
//编码
MsgMove msgMove = new MsgMove();
msgMove.x = 214;
byte[] bs = Encode(msgMove);
Debug.Log(System.BitConverter.ToString(bs));
//解码
ProtoBuf.IExtensible m = Decode("proto.BattleMsg.MsgMove", bs, 0, bs.Length);
MsgMove m2 = (MsgMove)m;
Debug.Log(m2.x);
```

考虑到使用 Protobuf 协议会多出编写 proto 文件和生成协议类的步骤，还需要读者对 proto 文件有一定的了解。本书后续章节会使用直观的 Json 协议，但 Json 协议和 Protobuf 协议的编码解码接口形式基本一样，读者可以自行替换。

完成客户端网络模块，还需编写一套服务端程序。只有客户端和服务端相互配合，方能实现游戏功能。

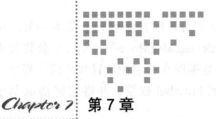

Chapter 7 第 7 章

# 通用服务端框架

网络游戏涉及客户端和服务端,服务端程序需要记录玩家数据,处理客户端发来的协议。本章将会介绍一套通用服务端框架的实现。该框架基于 Select 多路复用处理网络消息,具有粘包半包处理、心跳机制等功能,还使用 MySQL 数据库存储玩家数据,是一套功能较为完备的 C# 服务端程序。一般来说,单个服务端进程可以承载数百名玩家;若游戏大火,读者可以将它改成分布式结构,支撑更多玩家。

本章除了实现服务端的底层功能,还会结合在线记事本实例(如图 7-1 所示),讲解这套框架的具体调用方式。在线记事本是最基本的"网络游戏",它包含了用户注册、登录、客户端服务端通信、数据保存等功能,是测试网络框架的法宝。

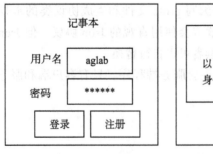

图 7-1 在线记事本

## 7.1 服务端架构

### 7.1.1 总体架构

服务端程序的两大核心是处理客户端的消息和存储玩家数据。图 7-2 展示的是最基础的单进程服务端结构，客户端与服务端通过 TCP 连接，使两者可以传递数据；服务端还连接着 MySQL 数据库，可将玩家数据保存到数据库中。

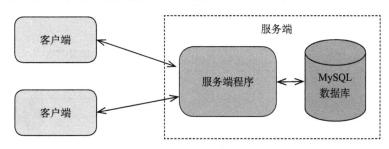

图 7-2 单进程服务端程序

### 7.1.2 模块划分

图 7-3 展示了服务端程序的内部结构，大部分模块可以与第 3 章的服务端程序对应。"网络底层"是指处理网络连接的底层模块，它有处理粘包半包、协议解析等功能。消息处理模块属于游戏的逻辑层，比如当收到客户端的 MsgMove 协议时，服务端会在消息处理模块中记录玩家坐标，然后将 MsgMove 协议广播给所有客户端。在服务端中，事件处理指的是玩家上线和下线。当玩家上线，可能需要做些初始化的操作；当玩家下线，可能也需要做些数据记录，这些逻辑便在事件处理模块中执行。数据库底层模块提供了保存玩家数据、读取玩家数据、注册、检验用户名密码是否正确等的功能，是服务端和数据库交互的一层封装。存储结构指定哪些数据需要保存，比如在线记事本中需要保存文本信息，对于大部分游戏需要存储玩家的金币、经验、等级等信息。

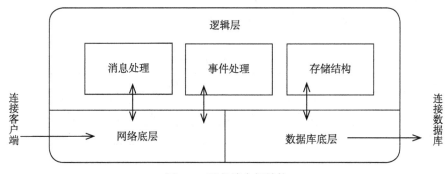

图 7-3 服务端内部结构

## 7.1.3 游戏流程

从服务端的角度看，一个玩家会经历连接、登录、获取数据、操作交互、保存数据和退出六个阶段，如图 7-4 所示。

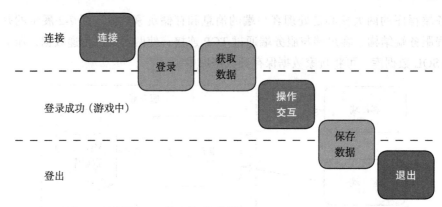

图 7-4 游戏流程

- **连接阶段**：客户端调用 Connect 连接服务端即为连接阶段。连接后双端即可通信，但服务端还不知道玩家控制的是哪个角色。于是客户端需要发送一条登录协议，协议中包含用户名、密码等信息，待检验通过后服务端会将网络连接与游戏角色对应起来，从数据库去获取该角色的数据，才算登录成功。
- **交互阶段**：双端互通协议，第 3 章的 MsgMove、MsgAttack，本章记事本程序的保存文本功能，都发生在这一阶段。
- **登出阶段**：玩家下线，服务端把玩家的数据保存到数据库中。对于保存玩家数据的时机，不同的服务端会有不同实现。有些服务端采用定时存储的方式，每隔几分钟把在线玩家的数据写回数据库；有些服务端采用下线时存储的方式，只有在玩家下线时才保存数据。不同方式各有优缺点，定时存储相对于下线时存储安全，在服务端突然挂掉的情况下，能够挽回一部分在线玩家数据，但也因为要频繁写数据库，性能较差。本章采用玩家下线时才保存数据的方式。

对应于上述几个步骤，一个连接会有"连接但未登录"和"登录成功"两种状态，如表 7-1 所示。

表 7-1 连接状态

| 状态 | 说明 |
| --- | --- |
| 连接但未登录 | 客户端连接（Connect）服务端，服务端还不知道该客户端对应哪个游戏角色。玩家需要输入用户名、密码，服务端验证后从数据库读取角色数据，把连接和角色关联起来 |
| 登录成功 | 连接和角色关联后，玩家可以操作游戏角色，比如打副本、吃药水 |

## 7.2 Json 编码解码

服务端程序会有两处功能涉及类的序列化。其一是与客户端交互需要编码和解码 Json 协议，这部分已在上一章中有详细描述，服务端只需要仿照客户端网络模块处理协议的方法，便能够与客户端通信。其二是玩家数据存储，我们会定义名为 PlayerData 的类，里面包含需要存储的信息，如金币、等级等。然后把 PlayerData 对象序列化为 Json 字符串存入数据库。当需要增加玩家数据时，只需要修改 PlayerData 类，不用修改数据库结构。

上一章"客户端网络模块"中，使用了 Unity 提供 Json 辅助类 JsonUtility 来序列化 Json 协议，但服务端程序和 Unity 无关，无法使用 JsonUtility，会改用 System.Web 提供的方法实现。

### 7.2.1 添加协议文件

除了使用不同的 Json 解析方法，服务端和客户端的协议处理模块基本相同，本节将会把客户端协议部分移植到服务端。新建一个控制台程序，建立如图 7-5 所示的目录。其中 script 代表脚本，所有的程序文件会放在里面。script 里面包含 net 和 proto 两个目录。net 代表网络，会存放服务端程序的网络模块；proto 代表协议，会存放协议文件，它与客户端程序中的 proto 目录完全相同。将客户端中的协议文件 BattleMsg.cs 和 SysMsg.cs 复制到 proto 目录下，将缓冲区类 ByteArray.cs 和协议基类 MsgBase.cs 复制到 net 目录下。

由于服务端程序不依赖 Unity，程序会出现找不到 UnityEngine 等错误，因此需将"using UnityEngine"删去，然后处理 JsonUtility 相关的报错。

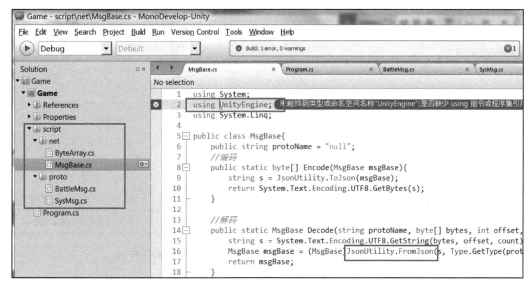

图 7-5　服务端协议文件

## 7.2.2 引用 System.web.Extensions

.net 提供了多种编码解码 Json 的方法,最常用的是"JavaScriptJsonSerializer",但默认的程序并不包含它,需要手动引用 System.web.Extensions。这一步的操作称为"添加引用",可以让程序使用一些系统安装好的类库,后续章节中使用 MySQL 数据库也需要添加 MySQL 相关的引用。具体做法如下。

1)右击程序列表的 References 文件夹,选择 Edit References,如图 7-6 所示。

2)在弹出的"Edit References"窗口中,点击".Net Assembly"选项卡,再点击下方的"Browse"按钮,如图 7-7 所示。在弹出的'选择文件'窗口中,选择本书附带资源中的"System.Web.Extensions.dll"(或者在 C 盘中搜索该文件)。

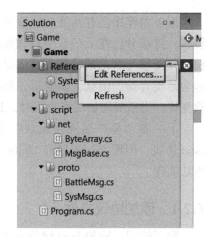

图 7-6 击程序列表的 References 文件夹,选择 Edit References

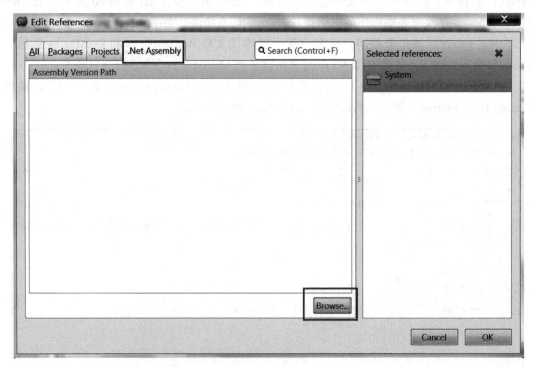

图 7-7 点击".Net Assembly"选项卡中的"Browse"按钮

3)添加后,可在程序中的 References 目录看到 System.web.Extensions,表示引用成功,如图 7-8 所示。

图 7-8　添加引用成功

### 7.2.3　修改 MsgBase 类

添加引用后，即可修改协议基类 MsgBase 中有关 Json 编码解码的方法，避免报错。"JavaScriptSerializer"的调用方法与 JsonUtility 略有不同。首先，JavaScriptSerializer 位于 System.Web.Script.Serialization 命名空间中，需要引用（using）它。其次，JavaScript-Serializer 不是静态类，需要先定义一个 JavaScriptSerializer 对象（此处命名为 Js），再使用 Js.Serialize 和 Js.Deserialize 编码解码，编码解码方法的参数与 JsonUtility 大同小异。

修改后的 MsgBase 类代码如下：

```
using System;
using System.Linq;
using System.Web.Script.Serialization;
public class MsgBase{
    public string protoName = "null";

    //编码器
    static JavaScriptSerializer Js = new JavaScriptSerializer();

    //编码
    public static byte[] Encode(MsgBase msgBase){
        string s = Js.Serialize(msgBase);
        return System.Text.Encoding.UTF8.GetBytes(s);
    }
```

```csharp
//解码
public static MsgBase Decode(string protoName, 
                              byte[] bytes, int offset, int count){
    string s = System.Text.Encoding.UTF8.GetString(bytes, offset, count);
    MsgBase msgBase = (MsgBase)Js.Deserialize(s, Type.GetType(protoName));
    return msgBase;
}

//编码协议名（2字节长度+字符串）
public static byte[] EncodeName(MsgBase msgBase){
    //……（与客户端程序一样）
}

//解码协议名（2字节长度+字符串）
public static string DecodeName(byte[] bytes, int offset, out int count){
    //……（与客户端程序一样）
}
}
```

## 7.2.4 测试

### 1. 编码

编写程序测试 MsgBase 能否正常工作。在如下的程序中，先定义 MsgMove 类型的协议对象 msgMove，给它赋值。再使用 MsgBase.Encode 编码，打印编码后的字符串。

```csharp
using System;

namespace Game
{
    class MainClass
    {
        public static void Main (string[] args)
        {
            MsgMove msgMove = new MsgMove();
            msgMove.x = 100;
            msgMove.y = -20;
            // 相当于取得要发送的字符串
            byte[] bytes = MsgBase.Encode(msgMove);
            // 当作接收后解码
            string s = System.Text.Encoding.UTF8.GetString(bytes);
            Console.WriteLine(s);

            Console.WriteLine ("Hello World!");
        }
    }
}
```

程序运行结果如图 7-9 所示，MsgBase 将协议编码成字符串 "{"x":100,"y":-20,"z":0,"pro toName":"MsgMove"}"，符合 Json 格式。

图 7-9　编码测试程序的运行结果

### 2. 解码

编写如下程序测试 MsgBase 能否正确解码。定义符合 Json 格式的字符串 s，然后将它转换成 byte 数组，调用 MsgBase.Decode 解码，看看打印出来的属性是否正确。运行结果如图 7-10 所示。

图 7-10　解码测试程序的运行结果

```
string s = "{\"protoName\":\"MsgMove\",\"x\":100,\"y\":-20,\"z\":0}";
//相当于收到的数据
byte[] bytes = System.Text.Encoding.UTF8.GetBytes(s);
//解码
MsgMove m = (MsgMove)MsgBase.Decode("MsgMove", bytes, 0, bytes.Length);
Console.WriteLine(m.x);
Console.WriteLine(m.y);
Console.WriteLine(m.z);
```

## 7.3　网络模块

### 7.3.1　整体结构

本章的服务端程序与第 3 章的服务端程序在结构上基本相似，是在第 3 章程序的基础上，添加粘包半包处理、协议解析、数据库存储等功能。除了协议解析相关，网络模块还分为 4 个部分：一是处理 select 多路复用的网络管理器 NetManager，它是服务端网络模块的核心部件；二是定义客户端信息的 ClientState 类，第 3 章的 ClientState 类相对简单，本章会继续完善它；三是处理网络消息的 MsgHandler 类，第 3 章中所有的消息处理都写在同一个文件里，但对于大型游戏来说，一个几十万行的文件不太容易编辑，本章会根据消息的类型，将 MsgHandler 分拆到多个文件中（如 BattleMsgHanler.cs 专门处理战斗相关的协议，SysMsgHandler.cs 专门处理 MsgPing、MsgPong 等系统协议）；四是事件处理类 EventHandler。

图 7-11 展示了服务端网络模块的整体结构，与第 3 章不同的是，程序引入了玩家列表，玩家登录后 clientState 会与 player 对象关联。通过判断 clientState 是否持有 player 对象即可判断客户端是处于"连接但未登录"状态，还是处于"登录成功"状态。

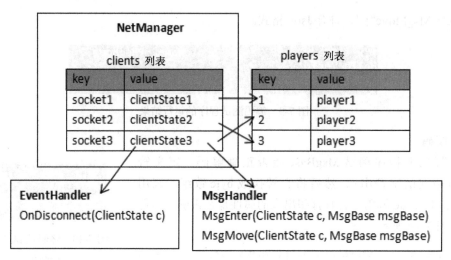

图 7-11 服务端网络模块结构

在服务端程序中添加 logic 文件夹，代表游戏逻辑部分，添加 BattleMsgHandler.cs、EventHandler.cs 和 SysMsgHandler.cs 三个空文件；在 net 文件夹下添加 ClientState.cs 和 NetManager.cs 两个空文件，如图 7-12 所示。

### 7.3.2　ClientState

ClientState 即客户端信息，每一个客户端连接会对应一个 ClientState 对象。ClientState 含有与客户端连接的套接字 socket 和读缓冲区 readBuff。为了突出重点，服务端程序不会实现"完整发送数据""写入队列"等功能，读者可以自行实现。在 ClientState.cs 中编写存放客户端信息的 ClientState 类。代码如下：

```
using System.Net.Sockets;

public class ClientState
{
    public Socket socket;
    public ByteArray readBuff = new ByteArray();
    //玩家数据后面添加
}
```

图 7-12　网络模块相关的文件

当前的 ClientState 只是初步的版本，后续还会向里面添加更多内容。

### 7.3.3　开启监听和多路复用

服务端的网络管理器 NetManager 功能与客户端的 NetManager 相似，都有处理连接、分发消息和网络事件的能力。不同的是，服务端是监听方，客户端是连接方，服务端需要按照 Socket → Listen → Accept 的步骤与客户端交互；为了管理多个连接，服务端采用了多路复用技术。

与第 3 章的服务端程序类似，NetManager 至少包含下面几个成员：一个是用于监听的套接字 listenfd，一个管理客户端状态的列表 clients 和一个用于 Select 多路复用的列表 checkRead。NetManager 的代码如下：

```
using System;
using System.Net;
using System.Net.Sockets;
using System.Collections.Generic;
using System.Reflection;
using System.Linq;

class NetManager
{
    //监听 Socket
    public static Socket listenfd;
    //客户端 Socket 及状态信息
    public static Dictionary<Socket,ClientState> clients = new Dictionary<Socket,
                                                        ClientState>();
    //Select 的检查列表
    static List<Socket> checkRead = new List<Socket>();

}
```

编写开启服务端监听的方法 StartLoop，它接受一个参数 listenPort，代表监听的端口。StartLoop 的程序结构与第 2 章的多路复用程序很相似，如图 7-13 所示。

经过 Socket → Bind → Listen 三个步骤后，服务端开启了端口监听，然后进入循环。在循环中，程序先调用 ResetCheckRead 重置需要传入 Select 的 Socket 列表，包括监听套接字 listenfd 以及每个已连接的客户端套接字。针对 Select 返回的列表，程序会遍历它，判断是有新的客户端连接还是某个客户端发来消息，然后分别调用处理函数 ReadListenfd 和 ReadClientfd。代码中 Socket.Select 的第三个填写了 1000，代表设置 1 秒的超时时间。当程序执行到 Socket.Select 时，它会阻塞等待可读的连接。当 1 秒内没有可读消息时，它会停止阻塞，返回空的 checkRead 列表，程序继续执行。所以，程序在 Select 有可读事件和超时都会调用 Timer 方法，空闲

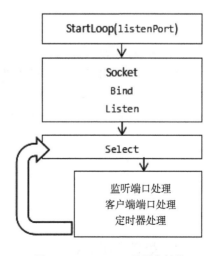

图 7-13　StartLoop 的程序结构

状态下每秒调用一次。

StartLoop 的代码如下：

```
public static void StartLoop(int listenPort)
{
    //Socket
    listenfd = new Socket(AddressFamily.InterNetwork,
        SocketType.Stream, ProtocolType.Tcp);
    //Bind
    IPAddress ipAdr = IPAddress.Parse("0.0.0.0");
    IPEndPoint ipEp = new IPEndPoint(ipAdr, listenPort);
    listenfd.Bind(ipEp);
    //Listen
    listenfd.Listen(0);
    Console.WriteLine("[服务器]启动成功");
    //循环
    while(true){
        ResetCheckRead();   //重置 checkRead
        Socket.Select(checkRead, null, null, 1000);
        //检查可读对象
        for(int i = checkRead.Count-1; i>=0; i--){
            Socket s = checkRead[i];
            if(s == listenfd){
                ReadListenfd(s);
            }
            else{
                ReadClientfd(s);
            }
        }
        //超时
        Timer();
    }
}
```

ResetCheckRead 代码如下，它会重置 checkRead 列表。至于 ReadListenfd、ReadClientfd 和 Timer 方法的具体实现，会在后面详细介绍。

```
//填充 checkRead 列表
public static void ResetCheckRead(){
    checkRead.Clear();
    checkRead.Add(listenfd);
    foreach (ClientState s in clients.Values){
        checkRead.Add(s.socket);
    }
}
```

### 7.3.4 处理监听消息

ReadListenfd 是处理监听事件的方法，它会调用 Accept 接受客户端连接，然后新建一个客户端信息对象 state，把它存入客户端信息列表 clients。由于在访问套接字时出错、Socket 已经关闭等情形下调用 Accept 方法会抛出异常，因此程序代码会放到 try-catch 结构中，以便捕获异常。

```
//读取 Listenfd
public static void ReadListenfd(Socket listenfd){
    try{
        Socket clientfd = listenfd.Accept();
        Console.WriteLine("Accept " + clientfd.RemoteEndPoint.ToString());
        ClientState state = new ClientState();
        state.socket = clientfd;
        clients.Add(clientfd, state);
    }catch(SocketException ex){
        Console.WriteLine("Accept fail" + ex.ToString());
    }
}
```

### 7.3.5 处理客户端消息

处理客户端消息的 ReadClientfd 程序结构如图 7-14 所示。它先会调用 clientfd.Receive 接收数据，将数据保存在缓冲区（readBuff.bytes）中，为了提高程序的运行效率，需要手动设置缓冲区 readBuff 的 readIdx 和 writeIdx，以及手动调用移动缓冲区数据的 CheckAndMoveBytes 方法。

**clientfd.Receive**：clientfd.Receive 的第一个参数 readBuff.bytes 代表缓冲区的 byte 数组，第二个参数 readBuff.readIdx 代表从 readIdx 处开始写入接收到的数据，第三个参数 readBuff.remain 代表最多接收 remain 个字节的数据，避免缓冲区溢出。由于 clientfd.Receive 可能引发异常，因此要将它们放到 try-catch 结构中，以便捕获异常。如果发生了异常，说明该连接失效，调用 Close 方法（后面章节实现）关闭连接。

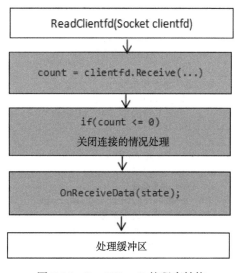

图 7-14　ReadClientfd 的程序结构

**if(count <= 0)**：当客户端主动断开连接时，服务端会收到长度为 0 的数据。当收到长度为 0 的数据时，调用 Close 方法（后面章节实现）关闭连接。

**OnReceiveData**：OnReceiveData（后面章节实现）会处理粘包分包问题，并解析出协议对象。

代码如下:

```
//读取Clientfd
public static void ReadClientfd(Socket clientfd){
    ClientState state = clients[clientfd];
    ByteArray readBuff = state.readBuff;
    //接收
    int count = 0;
    //缓冲区不够，清除，若依旧不够，只能返回
    //缓冲区长度只有1024，单条协议超过缓冲区长度时会发生错误，根据需要调整长度
    if(readBuff.remain <=0){
        OnReceiveData(state);
        readBuff.MoveBytes();
    };
    if(readBuff.remain <=0){
        Console.WriteLine("Receive fail , maybe msg length > buff capacity");
        Close(state);
        return;
    }

    try{
        count = clientfd.Receive(readBuff.bytes,
                            readBuff.writeIdx, readBuff.remain, 0);
    }catch(SocketException ex){
        Console.WriteLine("Receive SocketException " + ex.ToString());
        Close(state);
        return;
    }
    //客户端关闭
    if(count <= 0){
        Console.WriteLine("Socket Close " +
                            clientfd.RemoteEndPoint.ToString());
        Close(state);
        return;
    }
    //消息处理
    readBuff.writeIdx+=count;
    //处理二进制消息
    OnReceiveData(state);
    //移动缓冲区
    readBuff.CheckAndMoveBytes();
}
```

### 7.3.6 关闭连接

关闭连接的 Close 方法会处理三件事情：其一是分发 OnDisconnect 事件，让程序可以在玩家掉线时做些处理；其二是调用 socket.Close 关闭连接；其三是将客户端状态 state 移出 clients 列表。

代码如下：

```
//关闭连接
public static void Close(ClientState state){
    //事件分发
    MethodInfo mei =  typeof(EventHandler).GetMethod("OnDisconnect");
    object[] ob = {state};
    mei.Invoke(null, ob);
    //关闭
    state.socket.Close();
    clients.Remove(state.socket);
}
```

## 7.3.7 处理协议

处理协议的方法 OnReceiveData 与客户端网络模块的同名方法相似。它会先判断读缓冲区的数据是否足够长，如果条件满足，它会调用 MsgBase.DecodeName 和 MsgBase.Decode 解析出协议名和协议体。最后做消息分发，即调用 MsgHandler 类名为 protoName（例如：MsgHandler::MsgMove、MsgHandler::MsgPing）的方法。它会传入两个参数，第一个参数 state 代表该消息来自哪个客户端，第二个参数 msgBase 代表协议对象。图 7-15 展示了 OnReceiveData 的程序结构。出于对程序运行效率的考虑，OnReceiveData 也需手动设置缓冲区的 readIdx 等属性。

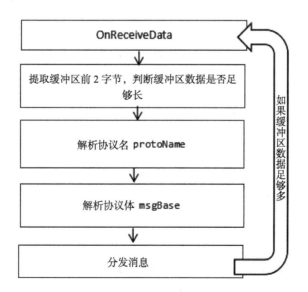

图 7-15  OnReceiveData 的程序结构

OnReceiveData 代码如下：

```
//数据处理
public static void OnReceiveData(ClientState state){
    ByteArray readBuff = state.readBuff;
    byte[] bytes = readBuff.bytes;
    //消息长度
    if(readBuff.length + 2) {
        return;
    }
    Int16 bodyLength = (Int16)((bytes[readIdx+1] << 8 )| bytes[readIdx]);
    //消息体
    if(readBuff.length < bodyLength){
        return;
    }
    readBuff.readIdx+=2;
    //解析协议名
    int nameCount = 0;
    string protoName = MsgBase.DecodeName(readBuff.bytes, 
                                readBuff.readIdx, out nameCount);
    if(protoName == ""){
        Console.WriteLine("OnReceiveData MsgBase.DecodeName fail");
        Close(state);
    }
    readBuff.readIdx += nameCount;
    //解析协议体
    int bodyCount = bodyLength - nameCount;
    MsgBase msgBase = MsgBase.Decode(protoName, 
                            readBuff.bytes, readBuff.readIdx, bodyCount);
    readBuff.readIdx += bodyCount;
    readBuff.CheckAndMoveBytes();
    //分发消息
    MethodInfo mi = typeof(MsgHandler).GetMethod(protoName);
    object[] o = {state, msgBase};
    Console.WriteLine("Receive " + protoName);
    if(mi != null){
        mi.Invoke(null, o);
    }
    else{
        Console.WriteLine("OnReceiveData Invoke fail " + protoName);
    }
    //继续读取消息
    if(readBuff.length > 2){
        OnReceiveData(state);
    }
}
```

由于 OnReceiveData 与客户端网络模块的代码相似，这段代码的解析也可参考 6.8.4 节。

## 7.3.8 Timer

定时器 Timer 方法如下所示，它会调用 EventHandler 的 OnTimer 方法。这一步的目的是将游戏逻辑与网络模块分开，使开发者只需在 EventHandler、MsgHandler 等几个类中编写逻辑，让 NetManager 可以通用。

```
//定时器
static void Timer(){
    //消息分发
    MethodInfo mei = typeof(EventHandler).GetMethod("OnTimer");
    object[] ob = {};
    mei.Invoke(null, ob);
}
```

### 7.3.9 发送协议

在 NetManager 中编写发送协议的方法 Send，它接受两个参数：第一个参数是客户端信息对象 cs，代表要将协议发送给哪个客户端；第二个参数 msg 代表要发送的协议对象。Send 方法会先做一系列的状态判断，确保客户端连接有效，然后将 msg 编码成 6.5 节描述的 Json 协议格式，最后调用 cs.socket.Send 将字节流发送给客户端。

```
//发送
public static void Send(ClientState cs, MsgBase msg){
    //状态判断
    if(cs == null){
        return;
    }
    if(!cs.socket.Connected){
        return;
    }
    //数据编码
    byte[] nameBytes = MsgBase.EncodeName(msg);
    byte[] bodyBytes = MsgBase.Encode(msg);
    int len = nameBytes.Length + bodyBytes.Length;
    byte[] sendBytes = new byte[2+len];
    //组装长度
    sendBytes[0] = (byte)(len%256);
    sendBytes[1] = (byte)(len/256);
    //组装名字
    Array.Copy(nameBytes, 0, sendBytes, 2, nameBytes.Length);
    //组装消息体
    Array.Copy(bodyBytes, 0, sendBytes, 2+nameBytes.Length, bodyBytes.Length);
    //为简化代码，不设置回调
    try{
        cs.socket.BeginSend(sendBytes,0, sendBytes.Length, 0, null, null);
    }catch(SocketException ex){
        Console.WriteLine("Socket Close on BeginSend" + ex.ToString());
    }
}
```

由于 Send 方法与客户端网络模块的代码相似，这段代码的解析也可参考 6.6.1 节。

## 7.3.10 测试

### 1. 协议处理

为了测试网络模块是否能正常工作,这里以第 6 章编写的客户端程序作为测试客户端,如图 7-16 所示。它可以连接服务端,然后发送 MsgMove 协议。

在 BattleMsgHandler.cs 中定义 MsgHandler 类,添加处理 MsgMove 协议的方法。它会解析出 msgMove 协议,打印出 x 坐标,再将 x 坐标加 1,发回给客户端 0。代码如下:

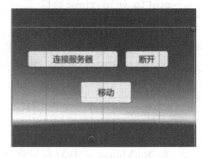

图 7-16　第 6 章制作的客户端程序

```
using System;

public partial class MsgHandler {
    public static void MsgMove(ClientState c, MsgBase msgBase){
        MsgMove msgMove = (MsgMove)msgBase;
        Console.WriteLine(msgMove.x);
        msgMove.x++;
        NetManager.Send(c, msgMove);
    }
}
```

注意到程序中使用 partial 修饰 MsgHandler 类。Partial 表明类是局部类型,它允许我们将一个类、结构或接口分成几个部分,分别实现在几个不同的 .cs 文件中。考虑到游戏中有成百上千条协议,很难全部放到一个 cs 文件中,因此必要时可以根据功能模块将逻辑代码分到多个文件,例如把 MsgPing 协议的处理函数放置到 SysMsgHandler.cs 中,如下所示:

```
using System;

public partial class MsgHandler {
    public static void MsgPing(ClientState c, MsgBase msgBase){
        Console.WriteLine("MsgPing");
    }
}
```

### 2. 事件处理

在 EventHandler.cs 中编写处理玩家下线的事件 OnDisconnect、定时器事件 OnTimer 的处理函数。目前,它们没有实质的逻辑功能,只是个空函数。代码如下:

```
using System;

public partial class EventHandler
{
    public static void OnDisconnect(ClientState c){
```

```
            Console.WriteLine("Close");
        }

        public static void OnTimer(){
        }
    }
}
```

**3. 启动网络监听**

在程序入口（Program.cs）调用 NetManager.StartLoop 即可开启服务端监听，此处监听 8888 端口。代码如下：

```
using System;

namespace Game
{
    class MainClass
    {
        public static void Main (string[] args)
        {
            NetManager.StartLoop(8888);
        }
    }
}
```

**4. 开始测试**

开启服务端程序和第 6 章编写的客户端程序，点击客户端程序的"移动"按钮，看看服务端是否能够收到并且正确解析协议。在图 7-17 和图 7-18 的示例中，客户端发送了 x 坐标为 120 的 MsgMove 协议，服务端收到后将 120 打印出来，再将 x 坐标修改为 121 回应给客户端。

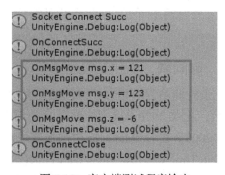

图 7-17　服务端测试程序输出　　　　图 7-18　客户端测试程序输出

作为完整的测试流程，读者还需测试单个客户端上线、下线，多个客户端上线、下线的过程，确保服务端程序正常工作。

## 7.4 心跳机制

### 7.4.1 lastPingTime

按照 6.9 节介绍的心跳机制，客户端会定时向服务端发送 MsgPing 协议，服务端收到后需要回应 MsgPong 协议，并记录当前时间。由于"最后收到 MsgPing 协议的时间"和各个客户端状态息息相关，因此在 ClientState 中定义 long 类型的 lastPingTime，用以记录时间。服务端程序和客户端程序不同：游戏客户端的运行时间最多只有几个小时，Unity 提供的 Time.time 可以记录程序开启到现在的时间差，但服务端程序可能连续运行数年，这里使用 long 类型以保存更大的数值。代码如下：

```
public class ClientState
{
    public Socket socket;
    public ByteArray readBuff = new ByteArray();
    //玩家数据后面添加
    public long lastPingTime = 0;
}
```

服务端需要判断客户端是否太久没有发送 MsgPing 协议，在 NetManager 中定义 static 成员 pingInterval，代表客户端发送 MsgPing 的时间间隔，该值最好与客户端程序中的数值一样，这里设置为 30 秒。代码如下：

```
class NetManager
{
    // 监听 Socket……
    // 客户端 Socket 及状态信息……
    //Select 的检查列表……
    //ping 间隔
    public static long pingInterval = 30;
    ……
```

### 7.4.2 时间戳

记录时间的方法很多，时间戳是其中一种。时间戳是指 1970 年 1 月 1 日零点到现在的秒数，比如 1970 年 1 月 1 日 1 时的时间戳是 3600，2019 年 1 月 1 日零点的时间戳是 1546272000。在 NetManager 中添加获取时间戳的方法 GetTimeStamp，代码如下所示。它通过 DateTime.UtcNow - new DateTime(1970, 1, 1, 0, 0, 0, 0) 获取现今距离 1970 年 1 月 1 日零点的时间，把这个时间的总秒数转换成 long 类型数据。

```
//获取时间戳
public static long GetTimeStamp() {
```

```
        TimeSpan ts = DateTime.UtcNow - new DateTime(1970, 1, 1, 0, 0, 0, 0);
        return Convert.ToInt64(ts.TotalSeconds);
    }
}
```

### 7.4.3 回应 MsgPing 协议

当服务端收到 MsgPing 协议时，它需要更新 lastPingTime，并且回应 MsgPong 协议。在 SysMsgHandler 中改写 MsgPing 协议的处理方法。代码如下：

```
using System;

public partial class MsgHandler {
    public static void MsgPing(ClientState c, MsgBase msgBase){
        Console.WriteLine("MsgPing");
        c.lastPingTime = NetManager.GetTimeStamp();
        MsgPong msgPong = new MsgPong();
        NetManager.Send(c, msgPong);
    }
}
```

服务端处理 MsgPing 协议流程如图 7-19 所示。

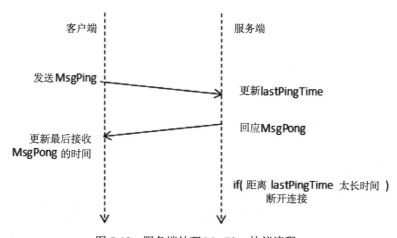

图 7-19　服务端处理 MsgPing 协议流程

### 7.4.4 超时处理

当服务端很久没有收到 MsgPing 时，可以认为连接已经断开。在服务端的定时事件中（EventHandler 的 OnTimer 方法）编写心跳机制的处理函数。CheckPing 方法会遍历所有的客户端信息，然后判断连接是否超时（if(timeNow - s.lastPingTime > NetManager.pingInterval*4)），由于网络可能存在延迟，服务端使用了较为宽松的条件判断，默认 120（30*4）秒没有收到 MsgPing 协议才调用 NetManager.Close 断开连接。

注意到下面代码在调用 NetManager.Close 后返回，这是因为 NetManager.Close 会删除客户端信息列表 clients 的元素，而这一段程序位于对 clients 的遍历之中。如果继续遍历，有可能会出错。因此，每一次 CheckPing 最多断开一个客户端连接。

```
public static void OnTimer(){
    CheckPing();
}

//Ping 检查
public static void CheckPing(){
    //现在的时间戳
    long timeNow = NetManager.GetTimeStamp();
    //遍历，删除
    foreach(ClientState s in NetManager.clients.Values){
        if(timeNow - s.lastPingTime > NetManager.pingInterval*4){
            Console.WriteLine("Ping Close " +
                                s.socket.RemoteEndPoint.ToString());
            NetManager.Close(s);
            return;
        }
    }
}
```

### 7.4.5 测试程序

若调节服务端的 pingInterval 为很小的值，比如设置为 2。让客户端的 pingInterval 保持比较大的值，如 30。当服务端连接后，等待 8 秒，服务端会断开连接。

## 7.5 玩家的数据结构

### 7.5.1 完整的 ClientState

当客户端连接服务端时，它还只是一个连接，只需要处理网络信息收发和心跳。当玩家输入用户名和密码，点击登录按钮后，客户端会和某个游戏角色关联起来。为了达成这个目的，游戏服务端会设计图 7-20 所示的客户端信息结构。它包含了一个 player 对象，当客户端处于"连接但还没有登录"的状态时，player 对象为空，如图 7-21 所示。

当玩家成功登录后，程序会给 player 对象赋值，player 对象包含 id（账号）等信息，代表一个游戏角色。游戏角色的某些数据需要保存到数据库，某些数据则不需要。比如在第 3 章的大乱斗游戏中，角色在战场中的坐标不需要保存到数据库，因为当玩家下线，他只能重新进入战斗，重新随机出生点。另外一些角色数据比如金币、经验需要保存到数据库，无论多少次上线下线，金币都不会重置。因此给 player 对象定义一个 PlayerData 类型（后续实现）的 data 对象（图 7-20），它包含了所有需要保存到数据库的信息。后续的程序会自动序列化 clientState.player.data，保存数据。当玩家重新登录后，程序会从数据库中读取 data，恢复角色的数值。而 player 的成员（如坐标 x，y，z）为临时对象，每一次上线都会重置。

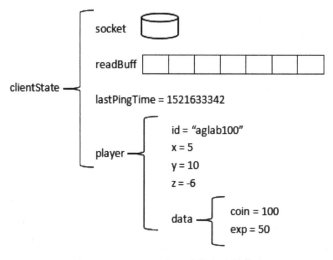

图 7-20　player 不为空时的客户端信息

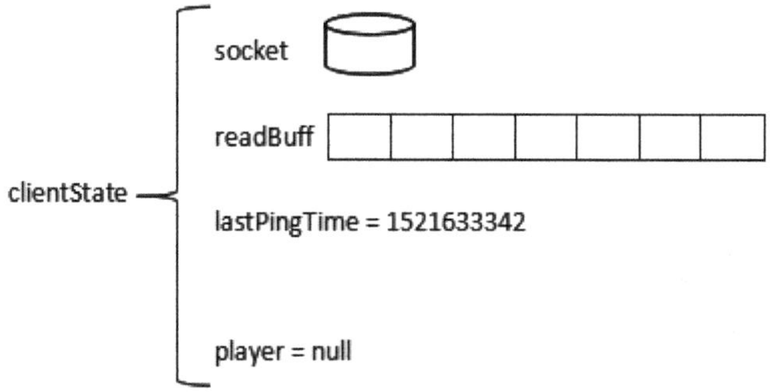

图 7-21　player 为空时的客户端信息

给 ClientState 添加 Player 类型（后面章节实现）的 player 对象，如下所示，默认为空。

```
using System.Net.Sockets;

public class ClientState
{
    public Socket socket;
    public ByteArray readBuff = new ByteArray();
    //Ping
    public long lastPingTime = 0;
    //玩家
    public Player player;
}
```

## 7.5.2 PlayerData

给服务端程序添加 Player.cs 和 PlayerData.cs 两个文件，分别用于定义 Player 类和 PlayerData 类，如图 7-22 所示。

暂时给 PlayerData 添加 coin 和 text 两个需要保存的数据，用于测试服务端。后续会根据游戏的具体功能给 PlayerData 添加所需的数据。

图 7-22 给服务端程序添加 Player.cs 和 PlayerData.cs 两个文件

```
public class PlayerData{
    //金币
    public int coin = 0;
    //记事本
    public string text = "new text";
}
```

## 7.5.3 Player

编写代表游戏角色的 Player 类，依照图 7-20，Player 类包含了 id、x、y、z 等不需要保存到数据库的数据。id 即是玩家在登录时输入的账号，可以在登录时获取，它作为玩家数据的键值，不需要存入数据库。代码如下：

```
using System;

public class Player {
    //id
    public string id = "";
    // 指向 ClientState
    public ClientState state;
    //临时数据，如：坐标
    public int x;
    public int y;
    public int z;
    // 数据库数据
    public PlayerData data;

    //构造函数
    public Player(ClientState state){
        this.state = state;
    }
    //发送信息
    public void Send(MsgBase msgBase){
        NetManager.Send(state, msgBase);
    }
}
```

上述代码还定义了指向客户端信息的 state，它需在构造函数中赋值，用于指向持有 player 对象的 clientState，如图 7-23 所示。添加 state 成员是为了方便实现某些逻辑功能，比如在处理玩家 A 发送的"玩家 A 攻击了玩家 B，玩家 B 受到 100 点伤害"的协议时，程序需要根据玩家 B 的 id 找到对应的 clientState，给它发送通知。程序只需要找到玩家 B 的 player 对象（7.5.4 节会详细介绍），再调用 NetManager.Send（player.state, msg）。

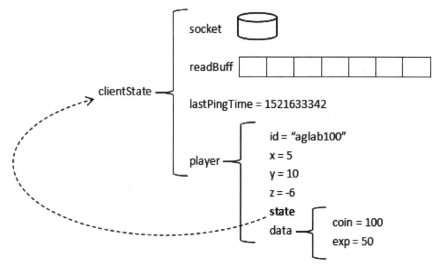

图 7-23　Player 的 state 成员

上述程序还定义了 Send 方法，它的目的只是为了简化"NetManager.Send（player.state, msg）"，当获取到 player 对象后，只需调用 player.send(msg) 便可以给它关联的客户端发送协议，这比调用 NetManager.Send 要简洁许多。

### 7.5.4　PlayerManager

回想第 3 章的 Hit 协议，其形式如图 7-24 左图，使用客户端的 IP 和端口，如 127.0.0.1:4664 来表示游戏中的角色。这种表示方法并不实用，因为当对方重新登录，IP 和端口可能发生变化。试想假如游戏里有好友系统，程序一定不会以 IP 和端口作为好友的标识，而会以玩家的 id 作为标识。一般游戏会使用玩家 id 作为标识，真实的 Hit 协议可能会是图 7-24 右图的形式，表示攻击了名为 lily 的角色。

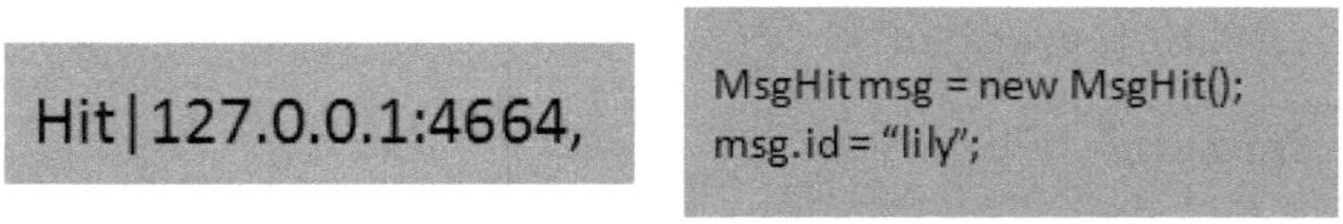

图 7-24　表示游戏角色的两种方式

当服务端收到 MsgHit 时,它能够直接获取的只有被攻击方的 id。假如要扣除 lily 的 player 对象的血量(假设在 Player 类中添加了 hp 成员),程序只能遍历客户端信息列表 clients,寻找 state.player.id == "lily" 的对象。假如有几千个玩家同时在线,遍历几千个对象会耗费较长的时间。

为了解决这个问题,我们定义 PlayerManager 类,给它定义 GetPlayer 方法,通过 id 快速地获取 player 对象。PlayerManager 类的核心是一个名为 players 的字典(为统一描述,下面会将它称为角色列表),它和 NetManager 的客户端信息列表 clients 相似,通过 id 获取 player 对象。

现在开始编写 PlayerManager 类,新增名为 PlayerManager.cs 的文件,如图 7-25 所示。

PlayerManager 包含 Dictionary<string, Player> 类型的角色列表 players,用于索引 player 对象。PlayerManager 所包含的各个方法归根结底都是对 players 列表的操作:AddPlayer 为添加玩家;RemovePlayer 为删除玩家;GetPlayer 为获取玩家对象;IsOnline 判断某个玩家是否在列表中,即玩家是否在线。

图 7-25　新增名为 PlayerManager.cs 的文件

当玩家登录游戏,程序会调用 AddPlayer 方法将玩家对象添加到 players 列表;当玩家下线,程序会调用 RemovePlayer 方法将玩家对象从列表中删除。后续的登录注册部分将会实现这些功能。

PlayerManager 代码如下:

```
using System;
using System.Collections.Generic;

public class PlayerManager
{
    //玩家列表
    static Dictionary<string, Player> players = new Dictionary<string, Player>();
    //玩家是否在线
    public static bool IsOnline(string id){
        return players.ContainsKey(id);
    }
    //获取玩家
    public static Player GetPlayer(string id){
        if(players.ContainsKey(id)){
            return players[id];
        }
        return null;
    }
    //添加玩家
    public static void AddPlayer(string id, Player player){
        players.Add(id, player);
```

```
    }
    //删除玩家
    public static void RemovePlayer(string id){
        players.Remove(id);
    }
}
```

图 7-26 展示的是从管理器（Manager）的角度来看的程序结构。NetManager.clients 保存着所有的客户端信息（clientState），PlayerManager 保存着所有的玩家对象（player）。客户端信息通过 clientState.player 引用玩家对象，玩家对象通过 player.state 引用客户端信息，两者相互引用，相互配合。

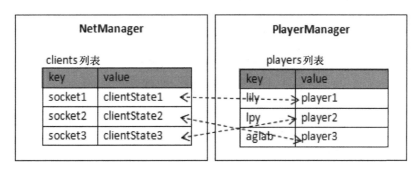

图 7-26 clientState 和 player 相互引用

## 7.6 配置 MySQL 数据库

游戏需要保存两种信息：一种是账号信息，即玩家的账号和密码；另一种是玩家信息，包括玩家身上的金币、经验。这些数据通常会保存在数据库中，MySQL 是游戏开发中最常用的数据库。

从服务端的角度看，MySQL 数据库是个服务端程序，服务端与 MySQL 通过 TCP 连接交互数据，如图 7-27 所示。当服务端需要获取数据时，会以特定的形式发送形如"查询账号为 "aglab" 的玩家数据"的消息，MySQL 收到消息后，回应查询到的数据。配置 MySQL 数据库包括两个部分：首先是安装和启动 MySQL 服务器，让它监听某个端口；其次是使用第三方库来编码和解码 MySQL 特定形式的协议。

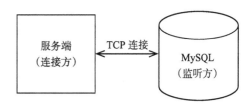

图 7-27 服务端与 MySQL 通过 TCP 连接

### 7.6.1 安装并启动 MySQL 数据库

第一种安装 MySQL 的方法是登录 https://dev.mysql.com/downloads/mysql/ 下载 MySQL

安装包,安装后配置数据库用户和密码。由于过程比较烦琐,推荐第二种方法,安装别人已经配置好的集成环境(如 xampp)。

这里以 xampp 为例介绍第二种方法。以管理员身份打开 xampp 安装包,如图 7-28 所示,一直点击下一步,在弹出的选择组件窗口中(如图 7-29 所示),可以只选择 MySQL 和一些不能取消的项目。

图 7-28　以管理员身份打开 xampp 安装包

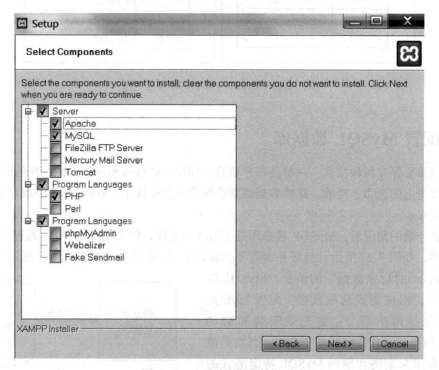

图 7-29　xampp 选择组件窗口

安装完成,打开 xampp-control.exe,点击 MySQL 后方的 Start 按钮(如果没有开启 MySQL,开启 MySQL 服务,如图 7-30 所示)。默认情况下,xampp 的数据库端口为 3306,用户名是 root,密码为空。

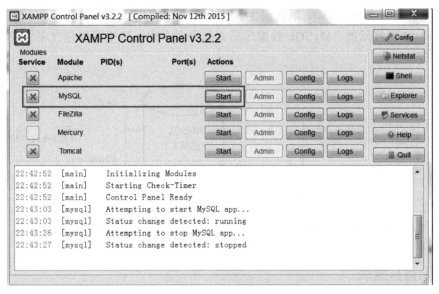

图 7-30　启动 MySQL

## 7.6.2　安装 Navicat for MySQL

Navicat for MySQL 是一套专为 MySQL 数据库服务的管理工具。我们将使用 Navicat 建立数据库并查看数据表的内容。这一步并非是必须的，但使用管理工具要比使用 MySQL 的命令行语句方便得多。

安装后，点击 Navicat 的连接按钮，新建一个连接，填入 MySQL 数据库的 IP、端口用户名和密码，登录数据库，如图 7-31 所示。

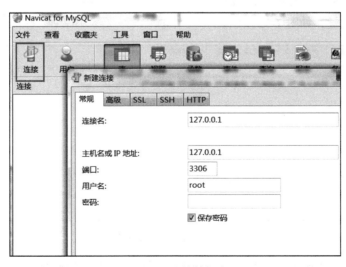

图 7-31　连接数据库

登录后，可以看到 MySQL 默认包含了图 7-32 所示的几个数据库。

如图 7-33 所展示的，MySQL 数据库里面包含多个库，库中可能包含多个表，每个表也会包含多个栏位。

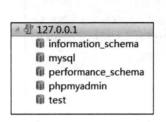

图 7-32　MySQL 默认包含的数据库

图 7-33　MySQL 的层次结构

### 7.6.3　配置数据表

服务端的数据都保存到 game 库（需要新建）里。game 库包含 account 和 player 两个表：account 代表账号信息，拥有 id（账号）和 pw（密码）两个栏位；player 表包含 id（账号）和 data（数据）两个栏位，data 将存储玩家身上的金币、经验等信息。

新建名为 game 的数据库，在里面创建 account 和 player 两个数据表，如图 7-34 所示。

account 表拥有 id（账号）和 pw（密码）两个栏位，两者都是 text 类型的数据，id 为键长度为 20 的主键，如图 7-35 所示。

图 7-34　game 数据库

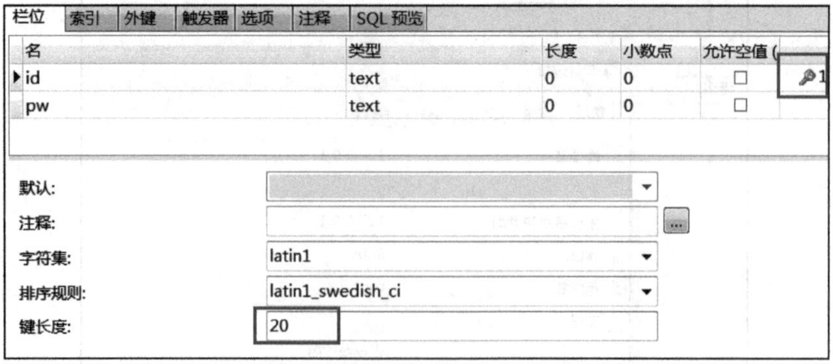

图 7-35　account 数据表

player 表包含 id 和 data 两个栏位，两者也都是 text 类型的数据，且 id 为主键，如图

7-36 所示。

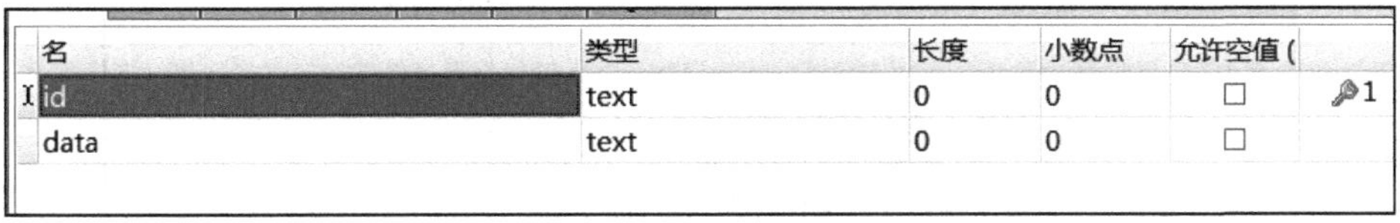

| 名 | 类型 | 长度 | 小数点 | 允许空值( |
|---|---|---|---|---|
| id | text | 0 | 0 | □ |
| data | text | 0 | 0 | □ |

图 7-36　player 数据表

至于为什么不把 account 和 player 合成一个表，是因为在商业游戏中，账号信息和游戏信息往往是分开的，一个账号可能对应多个游戏。例如在 4399.com 上面注册了个账号，玩家可以使用这个账号玩 4399 上面的所有游戏。

### 7.6.4　安装 connector

为解析 MySQL 的网络数据，可以使用 MySQL 官方提供的连接文件。第一种方法是登录 http://dev.mysql.com/downloads/connector/net/6.6.html#downloads 下载（如图 7-37 所示）并安装。由于比较烦琐，推荐使用第二种方法，即直接使用本书资源提供的文件。connector 是一个第三方库，需要引用它。

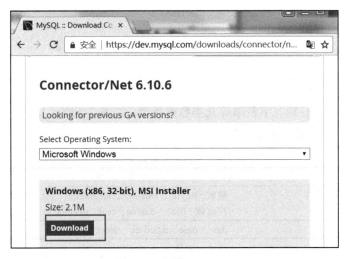

图 7-37　下载 connector

右击服务端工程的 References，选择"Edit References"，如图 7-38 所示。

在弹出的窗口中选择 MySql.Data.dll，如果没有找到，可以手动浏览 Connector 的安装目录（如图 7-39 所示，或浏览本书附带的资源）。除了 MySql.Data.dll，还需要引用 System.Data.dll。

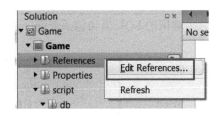

图 7-38　右击 References

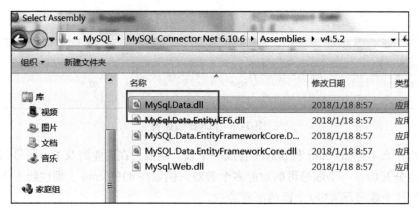

图 7-39　引用 MySql.Data.dll

完成后，应当能看到图 7-40 所示的引用状态。

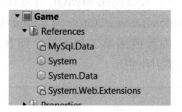

图 7-40　引用了 MySql.Data.dll 和 System.Data.dll

## 7.6.5　MySQL 基础知识

MySQL 有数字、日期、字符串等几类数据类型（如表 7-2 所示），每一类又划分了许多子类，服务端程序只会使用文本类型。

表 7-2　MySQL 的数据类型

| 类　型 | 子　类 |
| --- | --- |
| 数字类型 | 整数：tinyint、smallint、mediumint、int、bigint<br>浮点数：float、double、real、decimal |
| 日期和时间 | date、time、datetime、timestamp、year |
| 字符串 | char、varchar |
| 文本 | tinytext、text、mediumtext、longtext |
| 二进制 | tinyblob、blob、mediumblob、longblob |

常用的 SQL 语句包括查询、插入、更新和删除四种，如表 7-3 所示。

表 7-3　常用的 SQL 语句

| 语　句 | 说　明 |
| --- | --- |
| select | 查询表中的数据<br>select 列名称 from 表名称 [ 查询条件 ];<br>Selcet * from msg where name = " 小明 "; |

(续)

| 语 句 | 说 明 |
|---|---|
| insert | 将数据插到数据库表中，基本的使用形式为：<br>insert [into] 表名 [( 列名 1, 列名 2, 列名 3, ...)] values ( 值 1, 值 2, 值 3, ...);<br>insert into msg values(1, " 小明 ", " 你好 ");<br>insert into students ("name", "msg") values(" 小红 ", "Love LPY"); |
| update | 可用来修改表中的数据，基本的使用形式为：<br>update 表名称 set 列名称 = 新值 where 更新条件；<br>update msg set msg="ha ha" where id = 123; |
| delete | 语句用于删除表中的数据，基本用法为：<br>delete from 表名称 where 删除条件；<br>delete from msg where id = 123; |

操作 MySQL 的流程如图 7-41 所示，需要经历连接、执行 SQL 语句等几个步骤。

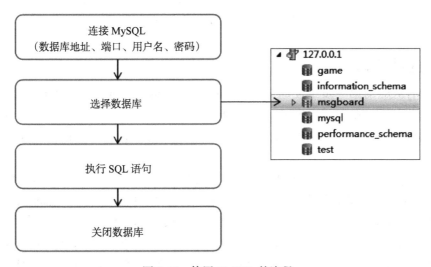

图 7-41　使用 MySQL 的流程

本章假设读者对 MySQL 数据库有初步的了解，如果尚有疑惑，网上查找 MySQL 的入门资料即可。

## 7.7　数据库模块

在服务端程序中添加名为 DbManager.cs 的文件，用于处理数据库相关事务。它会提供从数据库读取玩家数据、将玩家数据保存到数据库、注册、检测密码是否正确等功能。

在后续的测试程序中，如果提示找不到 Mysql.

图 7-42　添加数据库模块

Data 的引用，可以选择不同的 Target framework 版本（见图 7-43），使服务端程序与 connector 的框架相同。

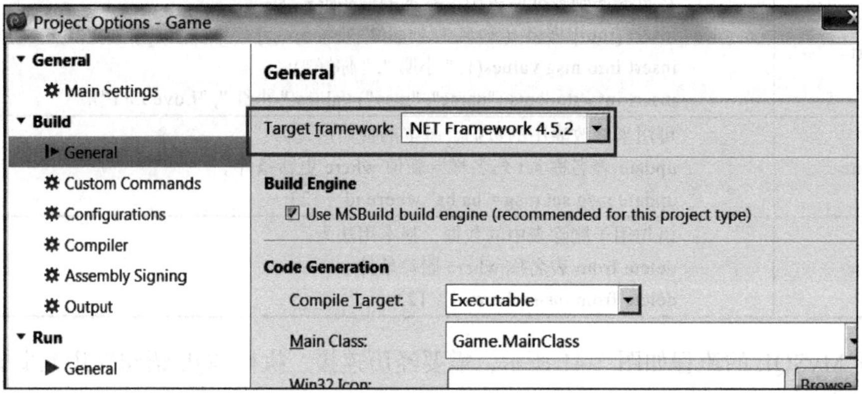

图 7-43　选择 Target framework

## 7.7.1　连接数据库

连接 MySQL 的第一步是发起对数据库的网络连接。connector 已经封装了所有与数据库交互的方法，在引用"MySql.Data.MySqlClient"后，新建一个 MySQL 连接对象（new MySqlConnection()），设置数据库、用户名和密码等信息后，调用 mysql.Open 即可发起连接。

DbManager 定义了一个静态的数据库连接对象 mysql，它和客户端网络模块的 socket 相似，是一个连接对象。静态方法 Connect 的参数包含了数据库名（如 game），数据库 IP 地址（如 127.0.0.1），数据库端口号（如 3306）以及用户名（如 root）和密码等信息。程序会把这些信息组装成 mysql.ConnectionString 所需的格式，再调用 mysql.Open 发起连接。mysql.Open 包含在 try-catch 结构中，如果连接失败（如数据库没有启动），程序会进入到 catch 部分，提示连接失败。

DbManager 代码如下：

```csharp
using System;
using MySql.Data.MySqlClient;


public class DbManager {
    public static MySqlConnection mysql;

    // 连接mysql数据库
    public static bool Connect(string db,
                    string ip, int port, string user, string pw) {
        // 创建MySqlConnection对象
        mysql = new MySqlConnection();
```

```
        //连接参数
        string s = string.Format("Database={0};
Data Source={1}; port={2};User Id={3}; Password={4}",
                         db, ip, port, user, pw);
        mysql.ConnectionString = s;
        //连接
        try {
            mysql.Open();
            Console.WriteLine("[数据库]connect succ ");
            return true;
        }
        catch (Exception e) {
            Console.WriteLine("[数据库]connect fail, " + e.Message);
            return false;
        }
    }
}
```

在服务端程序开启时，先连接数据库，再开启网络监听。如果连接数据库失败，说明服务端启动失败，无须往下执行。测试代码如下：

```
using System;

namespace Game
{
    class MainClass
    {
        public static void Main (string[] args)
        {
            if(!DbManager.Connect("game", "127.0.0.1", 3306, "root", "")){
                return;
            }
            NetManager.StartLoop(8888);
        }
    }
}
```

运行服务端，应当能够看到图 7-44 所示的成功信息或图 7-45 所示的失败信息。

图 7-44　成功连接数据库

图 7-45　连接数据库失败

## 7.7.2 防止 SQL 注入

所谓 SQL 注入，就是通过输入请求，把 SQL 命令插入到 SQL 语句中，以达到欺骗服务器执行恶意 SQL 命令的目的。假设服务端要获取玩家数据，可能使用这样的 SQL 语句：

```
string sql = "Select * form player where id =" + id;
```

正常情况下该语句能够完成读取数据的工作。但如果一名恶意玩家注册了类似"xiaoming;delete * form player;"的名字，这条 SQL 语句将变成下面两条语句。

```
Select * form player where id = xiaoming ;delete * form player;
```

执行这样的 SQL 语句后，player 表的数据将被删除，后果不堪设想。如果把含有逗号、分号等特殊字符的字符串判定为不安全字符串，在拼装 SQL 语句前，对用户输入的字符串进行安全性检测，便能够有效地防止 SQL 注入。使用正确表达式编写判定安全字符串的方法 IsSafeString，它把含有"-;,\/()[]{%@*!'"这些特殊符号的字符串判定为不安全字符串。在 DbManager 中引用"System.Text.RegularExpressions"，然后编写如下的 IsSafeString 方法。

```csharp
using System.Text.RegularExpressions;

//判定安全字符串
private static bool IsSafeString(string str) {
    return !Regex.IsMatch(str, @"[-|;|,|\/|\(|\)|\[|\]|\}|\{|%|@|\*|!|\']");
}
```

## 7.7.3 IsAccountExist

当玩家注册账号时，程序需要判断账号是否已经存在，如果存在，就返回错误信息。DbManager 的 IsAccountExist 方法通过 select * from user where id=XXX 查询数据库，如果有记录，说明数据库中已存在该用户，不能再次注册。MySqlDataReader 提供遍历数据集的方法，HasRows 指明数据集是否包含数据。在数据库模块中，所有由玩家输入的字符串（如这里的 id）都需要做安全检测，以免被恶意玩家黑掉。

```csharp
//是否存在该用户
    public static bool IsAccountExist(string id)
    {
        //防 SQL 注入
        if (!DbManager.IsSafeString(id)){
            return false;
        }
        //SQL 语句
        string s = string.Format("select * from account where id='{0}';", id);
        //查询
        try {
```

```csharp
            MySqlCommand cmd = new MySqlCommand (s, mysql);
            MySqlDataReader dataReader = cmd.ExecuteReader ();
            bool hasRows = dataReader.HasRows;
            dataReader.Close();
            return !hasRows;
        }
        catch(Exception e) {
            Console.WriteLine("[数据库] IsSafeString err, " + e.Message);
            return false;
        }
    }
```

## 7.7.4 Register

玩家注册账号时,程序会调用 DbManager.Register 方法完成注册流程。它会先做一系列判断,然后通过 insert into user set id =XXX, pw =XXX 向 account 表插入数据。在磁盘空间已满、SQL 语句写错等情况下,插入数据会失败,程序抛出异常。因此,我们把 ExecuteNonQuery 放入到 try-catch 结构中。

```csharp
//注册
public static bool Register(string id, string pw) {
    //防 SQL 注入
    if(!DbManager.IsSafeString(id)){
        Console.WriteLine("[数据库] Register fail, id not safe");
        return false;
    }
    if(!DbManager.IsSafeString(pw)){
        Console.WriteLine("[数据库] Register fail, pw not safe");
        return false;
    }
    //能否注册
    if (!IsAccountExist(id)) {
        Console.WriteLine("[数据库] Register fail, id exist");
        return false;
    }
    //写入数据库 User 表
    string sql = string.Format("insert into account set id ='{0}' ,
                                                    pw ='{1}';", id, pw);
    try{
        MySqlCommand cmd = new MySqlCommand(sql, mysql);
        cmd.ExecuteNonQuery();
        return true;
    }
    catch(Exception e){
        Console.WriteLine("[数据库] Register fail " + e.Message);
        return false;
    }
}
```

一般来说，服务端不会把明文的密码存入数据库，而是会先做加密。当数据库被盗时，黑客很难从加密的密码获取用户的信息。读者可以自行给密码加上 md5 加密。

可以编写如下的程序测试 Register 方法是否有效，在连接数据库后，调用 DbManager.Register，注册名为"lpy"、密码为"123456"的账号。注册成功后（如图 7-46 所示），读者可以在数据库的 account 表中看到新增的账号数据。

```
using System;

namespace Game
{
    class MainClass
    {
        public static void Main (string[] args)
        {
            if(!DbManager.Connect("game", "127.0.0.1", 3306, "root", "")){
                return;
            }
            //测试
            if(DbManager.Register("lpy", "123456")){
                Console.WriteLine(" 注册成功 ");
            }

            NetManager.StartLoop(8888);
        }
    }
}
```

图 7-46　注册成功

第二次运行程序，由于账号"lpy"已经存在，程序会提示注册失败，如图 7-47 所示。

图 7-47　注册失败

## 7.7.5 CreatePlayer

Register 方法只是将用户名和密码写入 account 表，服务端中 account 和 player 是对应的，程序还需要将默认的角色数据写入 player 表。创建角色包含两个步骤，一是将默认的 PlayerData 对象序列化成 Json 数据，二是将数据保存到 player 表的 data 栏位中。

为了实现 Json 序列化，在 DbManager 中引用 "System.Web.Script.Serialization"，然后定义 JavaScriptSerializer 类型的对象 Js。这一步与 7.2 节中的说明相似。

```
using System.Web.Script.Serialization;

public class DbManager {
    public static MySqlConnection mysql;
    static JavaScriptSerializer Js = new JavaScriptSerializer();
    ……
}
```

下述的 CreatePlayer 方法使用 Js.Serialize 将 PlayerData 对象序列化成 Json 字符串，然后保存到 player 表中。

```
//创建角色
    public static bool CreatePlayer(string id) {
        //防 sql 注入
        if(!DbManager.IsSafeString(id)){
            Console.WriteLine("[数据库] CreatePlayer fail, id not safe");
            return false;
        }
        //序列化
        PlayerData playerData = new PlayerData ();
        string data = Js.Serialize(playerData);
        //写入数据库
        string sql = string.Format ("insert into player set id ='{0}', data ='{1}';", id, data);
        try {
            MySqlCommand cmd = new MySqlCommand (sql, mysql);
            cmd.ExecuteNonQuery ();
            return true;
        }
        catch (Exception e){
            Console.WriteLine("[数据库] CreatePlayer err, " + e.Message);
            return false;
        }
    }
```

测试 DbManager.CreatePlayer，如果调用成功，程序将会把默认的玩家数据写入到数据库，如图 7-48 所示。

```
//测试
if(DbManager.CreatePlayer("aglab")){
```

```
            Console.WriteLine("创建成功");
    }
```

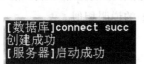

图 7-48　成功创建角色

### 7.7.6　CheckPassword

登录时，服务端程序需要检测玩家输入的用户名和密码是否正确。定义 CheckPassword 方法，它通过 select * from user where id=XXX and pw=XXX 查询数据库，如果有数据 (dataReader.HasRows == true)，说明用户名和密码正确。

```
//检测用户名密码
public static bool CheckPassword(string id, string pw){
    //防sql注入
    if(!DbManager.IsSafeString(id)){
        Console.WriteLine("[数据库] CheckPassword fail, id not safe");
        return false;
    }
    if(!DbManager.IsSafeString(pw)){
        Console.WriteLine("[数据库] CheckPassword fail, pw not safe");
        return false;
    }
    //查询
    string sql = string.Format("select * from 
                    account where id='{0}' and pw='{1}';", id, pw);
    try {
        MySqlCommand cmd = new MySqlCommand (sql, mysql);
        MySqlDataReader dataReader = cmd.ExecuteReader();
        bool hasRows = dataReader.HasRows;
        dataReader.Close();
        return hasRows;
    }
    catch(Exception e) {
        Console.WriteLine("[数据库] CheckPassword err, " + e.Message);
        return false;
    }
}
```

## 7.7.7 GetPlayerData

GetPlayerData 是读取玩家数据的方法，它通过角色账号（id）在 player 表中搜寻数据。player 表以 id 为 key（图 7-49），以字符串的形式存放着序列化后的 Json 数据。

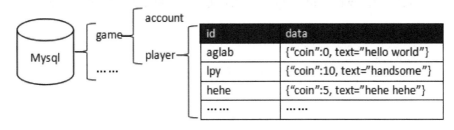

图 7-49　player 表的示例

GetPlayerData 通过 dataReader 在获取到对应账号的玩家数据后，使用 Js.Deserialize 将字符串反序列化成 PlayerData 对象，然后返回。

```
//获取玩家数据
public static PlayerData GetPlayerData(string id) {
    //防 SQL 注入
    if(!DbManager.IsSafeString(id)){
        Console.WriteLine("[数据库] GetPlayerData fail, id not safe");
        return null;
    }

    //SQL
    string sql = string.Format("select * from player where id ='{0}';", id);
    try {
        //查询
        MySqlCommand cmd = new MySqlCommand (sql, mysql);
        MySqlDataReader dataReader = cmd.ExecuteReader();
        if(!dataReader.HasRows) {
            dataReader.Close();
            return null;
        }
        //读取
        dataReader.Read();
        string data = dataReader.GetString("data");
        //反序列化
        PlayerData playerData = Js.Deserialize<PlayerData>(data);
        dataReader.Close();
        return playerData;
    }
    catch(Exception e) {
        Console.WriteLine("[数据库] GetPlayerData fail, " + e.Message);
        return null;
    }
}
```

### 7.7.8 UpdatePlayerData

按照图 7-4 所示的游戏流程，当玩家下线时，服务端需要更新玩家数据。程序会将玩家数据 playerData 序列化成字符串（Js.Serialize(playerData)），然后使用形如 "update player set data="{"coin":100}" where id = "lpy"; " 的 SQL 语句更新数据库中的数据。

```
//保存角色
    public static bool UpdatePlayerData(string id, PlayerData playerData){
        //序列化
        string data = Js.Serialize(playerData);
        //sql
        string sql = string.Format("update player
                        set data='{0}' where id ='{1}';", data, id);
        //更新
        try {
            MySqlCommand cmd = new MySqlCommand (sql, mysql);
            cmd.ExecuteNonQuery ();
            return true;
        }
        catch (Exception e) {
            Console.WriteLine("[数据库] UpdatePlayerData err, " + e.Message);
            return false;
        }
    }
```

我们已经完成了注册、创建角色、密码校验、获取数据和保存数据五项基本功能的数据库模块，接下来可以编写程序检测数据模块能否正常工作。例如下面的程序先调用 DbManager.CreatePlayer，在 player 表中插入名为 aglab 的账号。由于新插入的是玩家默认数据，data 栏位中的 coin 应为 0。随后使用 DbManager.GetPlayerData 获取角色数据，给它的属性赋值，最后调用 DbManager.UpdatePlayerData 更新数据。运行后，应能看到 player 表对应账号的 coin 属性被更改，如图 7-50 所示。

图 7-50　更新玩家数据

```
//测试
DbManager.CreatePlayer("aglab");
PlayerData pd = DbManager.GetPlayerData("aglab");
pd.coin = 256;
DbManager.UpdatePlayerData("aglab", pd);
```

至此，我们已经完成了服务端的所有基础模块。

## 7.8 登录注册功能

到目前为止，已经完成服务端框架的底层功能。本节将通过一个在线记事本（如图 7-1

所示）的例子跑通游戏流程，特别是完成通用的登录和注册功能，这两个功能在所有游戏中都会出现。

从客户端的角度看，在线记事本至少需要 4 条协议。MsgRegister 和 MsgLogin 是注册和登录协议。登录后，客户端需要显示已保存的文本信息，它通过 MsgGetText 获取文本。编辑文本后，玩家点击保存按钮，客户端发送 MsgSaveText 协议，更新文本信息。协议发送的流程如图 7-51 所示。

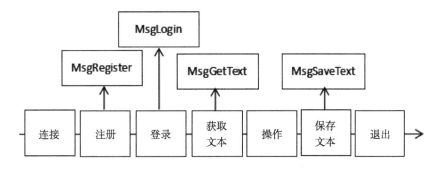

图 7-51　客户端需要发送的协议

## 7.8.1　注册登录协议

在服务端程序中为 proto 文件夹中添加 LoginMsg.cs 和 NotepadMsg.cs 两个文件，用于定义登录和记事本相关的协议，如图 7-52 所示。

LoginMsg 中包含了注册、登录和踢出三条协议。MsgRegister 即注册协议，客户端需要发送 id 和 pw 字段，指定要注册的用户名和密码。服务端处理消息后，也会给客户端回应 MsgRegister 协议，如果服务端回应的 result 为 0，代表注册成功，如果为 1，代表注册失败，如图 7-53 所示。

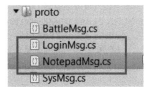

图 7-52　添加 LoginMsg.cs 和 Notepad-Msg.cs 两个文件

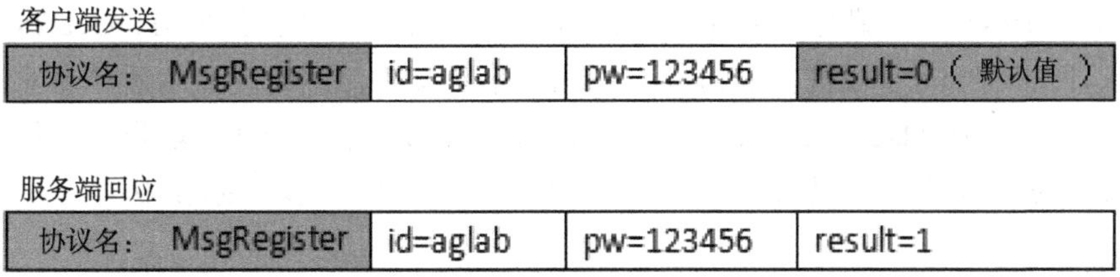

图 7-53　MsgRegister 协议

MsgLogin 即登录协议，客户端也需要发送 id 和 pw 字段，指定要登录的用户名及其密码。服务端收到消息后，会判断密码是否正确，然后加载玩家数据，回应客户端。如果服务端回应的 result 为 0，代表登录成功，如果为 1，代表登录失败。

MsgKick 是由服务端推送的"强制下线"协议。游戏中常有多个客户端同时登录同一个账号的情况，后登录的客户端会把早前登录客户端踢下线。服务端会给早前登录的客户端推送 MsgKick 协议，指明被踢下线的原因。

协议代码如下：

```
//注册
public class MsgRegister:MsgBase {
    public MsgRegister() {protoName = "MsgRegister";}
    //客户端发
    public string id = "";
    public string pw = "";
    //服务端回（0-成功，1-失败）
    public int result = 0;
}

//登录
public class MsgLogin:MsgBase {
    public MsgLogin() {protoName = "MsgLogin";}
    //客户端发
    public string id = "";
    public string pw = "";
    //服务端回（0-成功，1-失败）
    public int result = 0;
}

//踢下线（服务端推送）
public class MsgKick:MsgBase {
    public MsgKick() {protoName = "MsgKick";}
    //原因（0-其他人登录同一账号）
    public int reason = 0;
}
```

## 7.8.2 记事本协议

在 NotepadMsg.cs 中编写读取和保存记事本的协议，客户端发送 MsgGetText 协议后，服务端会返回带有 test 字段的同名协议，返回记事本文本。编辑完文本后，玩家点击保存按钮，客户端会发送 MsgSaveText 协议，并将修改后的文本以 text 字段发送给服务端。服务端收到后，更新文本，并返回同名协议。如果 result 为 0，代表保存成功。

```
//获取记事本内容
public class MsgGetText:MsgBase {
    public MsgGetText() {protoName = "MsgGetText";}
    //服务端回
    public string text = "";
}
```

```
//保存记事本内容
public class MsgSaveText:MsgBase {
    public MsgSaveText() {protoName = "MsgSaveText";}
    //客户端发
    public string text = "";
    //服务端回(0-成功 1-文字太长)
    public int result = 0;
}
```

### 7.8.3 注册功能

在服务端程序中添加 LoginMsgHandle.cs 和 NotepadMsgHandle.cs 两个文件，用于处理登录注册和记事本的协议，如图 7-54 所示。

在 LoginMsgHandle 中编写 MsgHandler 类（partial class MsgHandler），添加处理注册协议的方法 MsgRegister。MsgRegister 会调用 DbManager.Register 向 account 表写入账号信息，再使用 DbManager.CreatePlayer 向 game 表写入默认的角色信息。最后调用 NetManager.Send 返回协议给客户端。

图 7-54　添加 LoginMsgHandle.cs 和 NotepadMsgHandle.cs 两个文件

```
//注册协议处理
public static void MsgRegister(ClientState c, MsgBase msgBase){
    MsgRegister msg = (MsgRegister)msgBase;
    //注册
    if(DbManager.Register(msg.id, msg.pw)){
        DbManager.CreatePlayer(msg.id);
        msg.result = 0;
    }
    else{
        msg.result = 1;
    }
    NetManager.Send(c, msg);
}
```

### 7.8.4 登录功能

添加处理登录协议的方法 MsgLogin，它相对复杂，因为要处理下面几项任务。

1）验证密码：通过 DbManager.CheckPassword 验证用户名和密码，如果密码错误，返回 result=1 给客户端。

2）状态判断：如果该客户端已经登录，不能重复登录。

3）踢下线：通过 PlayerManager.IsOnline 判断该账户是否已经登录，如果已经登录，需要先把它踢下线。程序会通过 PlayerManager.GetPlayer(msg.id) 获取已登录的玩家对象，给它发送 MsgKick 协议，通知被踢下线的客户端。最后调用 NetManager.Close 关闭 Socket 连接。

4）读取数据：通过 DbManager.GetPlayerData 从数据库中读取玩家数据。

5）构建 Player：根据读取到的数据，构建 player 对象，并把它添加到 PlayerManager 的列表中，将客户端信息 clientState 和 player 对象关联起来。

```
//登录协议处理
public static void MsgLogin(ClientState c, MsgBase msgBase){
    MsgLogin msg = (MsgLogin)msgBase;
    //密码校验
    if(!DbManager.CheckPassword(msg.id, msg.pw)){
        msg.result = 1;
        NetManager.Send(c, msg);
        return;
    }
    //不允许再次登录
    if(c.player != null){
        msg.result = 1;
        NetManager.Send(c, msg);
        return;
    }
    //如果已经登录，踢下线
    if(PlayerManager.IsOnline(msg.id)){
        //发送踢下线协议
        Player other = PlayerManager.GetPlayer(msg.id);
        MsgKick msgKick = new MsgKick();
        msgKick.reason = 0;
        other.Send(msgKick);
        //断开连接
        NetManager.Close(other.state);
    }
    //获取玩家数据
    PlayerData playerData = DbManager.GetPlayerData(msg.id);
    if(playerData == null){
        msg.result = 1;
        NetManager.Send(c, msg);
        return;
    }
    //构建 Player
    Player player = new Player(c);
    player.id = msg.id;
    player.data = playerData;
    PlayerManager.AddPlayer(msg.id, player);
    c.player = player;
    //返回协议
    msg.result = 0;
    player.Send(msg);
}
```

## 7.8.5 退出功能

当玩家退出游戏时（下线），服务端需要保存玩家数据，以及维护 PlayerManager 中的玩家列表。在 EventHandler.OnDisconnect 中添加如下玩家下线的处理：

```
public static void OnDisconnect(ClientState c){
    Console.WriteLine("Close");
    //Player 下线
    if(c.player != null){
        //保存数据
        DbManager.UpdatePlayerData(c.player.id, c.player.data);
        //移除
        PlayerManager.RemovePlayer(c.player.id);
    }
}
```

## 7.8.6 获取文本功能

在 NotepadMsgHandle.cs 编写 MsgGetText 协议（获取记事本文本）的处理方法，它只是将玩家数据（player.data.text）发送给客户端。

```
using System;

public partial class MsgHandler {
    //获取记事本内容
    public static void MsgGetText(ClientState c, MsgBase msgBase){
        MsgGetText msg = (MsgGetText)msgBase;
        Player player = c.player;
        if(player == null) return;
        //获取 text
        msg.text = player.data.text;
        player.Send(msg);
    }
}
```

## 7.8.7 保存文本功能

编写 MsgSaveText 协议（保存记事本文本）的处理方法，它将客户端发来的数据（msg.text）赋予 PlayerData（player.data.text）。

```
//保存记事本内容
public static void MsgSaveText(ClientState c, MsgBase msgBase){
    MsgSaveText msg = (MsgSaveText)msgBase;
    Player player = c.player;
    if(player == null) return;
    //获取 text
    player.data.text = msg.text;
```

```
        player.Send(msg);
    }
```

### 7.8.8 客户端界面

为调试服务端的登录注册功能,需要编写一套简易的客户端程序。客户端使用第 6 章编写的网络模块,界面如图 7-55 所示。它有"连接服务器""断开""登录""注册""保存"五个按钮,以及"用户名输入框""密码输入框""记事本文本框"三个文本框。玩家需要依次点击"连接""登录"按钮,登录后"记事本文本框"会显示已保存的文本信息,玩家在更改文本信息后,需要点击"保存"按钮保存文本。

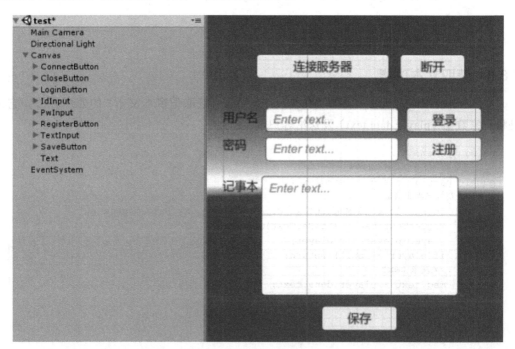

图 7-55  客户端界面

表 7-4 对客户端界面按钮进行了说明。

表 7-4  客户端界面说明

| 部 件 | 说 明 |
| --- | --- |
| ConnectButton | "连接服务器"按钮<br>连接服务器 |
| CloseButton | "断开"按钮<br>断开 |

（续）

| 部　件 | 说　明 |
|---|---|
| IdInput | 用户名输入框 |
| PwInput | 密码输入框 |
| LoginButton | "登录"按钮 |
| RegisterButton | "注册"按钮 |
| TextInput | 记事本文本框 |
| SaveButton | "保存"按钮 |

## 7.8.9　客户端监听

客户端和服务端需要用到一样的协议文件，可将之前定义的登录协议、记事本协议复制到客户端的协议目录（如图 7-56 所示）。

图 7-56　添加协议文件

客户端程序与第六章的测试程序相似，监听了各种网络事件和协议，并且做出相应处理。其中的 idInput、pwInput 和 textInput 分别对应"用户名输入框""密码输入框"和"记事本文本框"（如图 7-57 所示）。客户端程序连接和监听部分如下：

```csharp
using System.Collections;
using System.Collections.Generic;
using UnityEngine;
using UnityEngine.UI;

public class test : MonoBehaviour {
    public InputField idInput;
    public InputField pwInput;
    public InputField textInput;
    //开始
    void Start(){
        NetManager.AddEventListener(
                    NetManager.NetEvent.ConnectSucc, OnConnectSucc);
        NetManager.AddEventListener(
                    NetManager.NetEvent.ConnectFail, OnConnectFail);
        NetManager.AddEventListener(
                    NetManager.NetEvent.Close, OnConnectClose);

        NetManager.AddMsgListener("MsgRegister", OnMsgRegister);
        NetManager.AddMsgListener("MsgLogin", OnMsgLogin);
        NetManager.AddMsgListener("MsgKick", OnMsgKick);
        NetManager.AddMsgListener("MsgGetText", OnMsgGetText);
        NetManager.AddMsgListener("MsgSaveText", OnMsgSaveText);
    }

    //玩家点击连接按钮 OnConnectClick (略)
    //主动关闭 OnCloseClick (略)
    //连接成功回调 OnConnectSucc (略)
    //连接失败回调 OnConnectFail (略)
    //关闭连接 OnConnectClose (略)
    //Update (略)
}
```

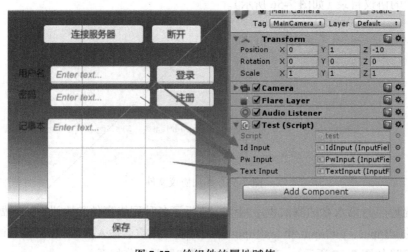

图 7-57　给组件的属性赋值

## 7.8.10 客户端注册功能

开始编写客户端注册功能。当玩家点击"注册"按钮,程序会调用 OnRegisterClick 方法(在按钮的属性界面中设置),发送 MsgRegister 协议。当客户端收到服务端发来的 MsgRegister 协议,会调用回调函数 OnMsgRegister,显示"注册成功"或"注册失败"。

```
//发送注册协议
public void OnRegisterClick () {
    MsgRegister msg = new MsgRegister();
    msg.id = idInput.text;
    msg.pw = pwInput.text;
    NetManager.Send(msg);
}

//收到注册协议
public void OnMsgRegister (MsgBase msgBase) {
    MsgRegister msg = (MsgRegister)msgBase;
    if(msg.result == 0){
        Debug.Log("注册成功");
    }
    else{
        Debug.Log("注册失败");
    }
}
```

完成后,读者可以测试注册功能是否有效。

## 7.8.11 客户端登录功能

当玩家点击登录按钮,程序会调用 OnLoginClick 方法发送 MsgLogin 协议。收到回应后,会调用 OnMsgLogin 显示登录成功或者失败的信息。如果登录成功,程序还会向服务端发送 MsgGetText 协议,请求文本信息。当收到服务端推送的 OnMsgKick,表示被顶下线,弹出提示信息。

```
//发送登录协议
    public void OnLoginClick () {
        MsgLogin msg = new MsgLogin();
        msg.id = idInput.text;
        msg.pw = pwInput.text;
        NetManager.Send(msg);
    }

    //收到登录协议
    public void OnMsgLogin (MsgBase msgBase) {
        MsgLogin msg = (MsgLogin)msgBase;
        if(msg.result == 0){
            Debug.Log("登录成功");
            //请求记事本文本
            MsgGetText msgGetText = new MsgGetText();
```

```csharp
            NetManager.Send(msgGetText);
        }
        else{
            Debug.Log("登录失败");
        }
}

//被踢下线
void OnMsgKick(MsgBase msgBase){
    Debug.Log("被踢下线");
}
```

### 7.8.12  客户端记事本功能

当收到服务端回应的 MsgGetText 协议，客户端会更新"记事本文本框"textInput。

```csharp
//收到记事本文本协议
    public void OnMsgGetText (MsgBase msgBase) {
        MsgGetText msg = (MsgGetText)msgBase;
        textInput.text = msg.text;
    }
```

当玩家点击"保存"按钮，客户端调用 OnSaveClick 方法，发送 MsgSaveText 协议。当收到服务端回应的 MsgSaveText 协议，客户端调用 OnMsgSaveText 方法，显示提示信息。

```csharp
//发送保存协议
public void OnSaveClick () {
    MsgSaveText msg = new MsgSaveText();
    msg.text = textInput.text;
    NetManager.Send(msg);
}

//收到保存协议
public void OnMsgSaveText (MsgBase msgBase) {
    MsgSaveText msg = (MsgSaveText)msgBase;
    if(msg.result == 0){
        Debug.Log("保存成功");
    }
    else{
        Debug.Log("保存失败");
    }
}
```

### 7.8.13  测试

**1. 注册**

完成在线记事本的客户端和服务端程序，需要对它做全方位的测试，确保注册登录模块能够正常运转。打开服务端和客户端程序，连接服务端，输入用户名和密码注册账号，如图 7-58 所示。如果客户端提示注册成功（见图 7-59），可以在数据库中看到默认的玩家数据，如图 7-60 和图 7-61 所示。

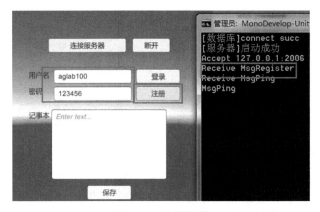

图 7-58　注册账号

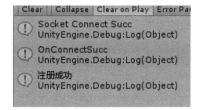

图 7-59　注册成功

图 7-60　account 表新增的数据

图 7-61　player 表新增的数据

### 2. 登录和保存

登录游戏后，玩家应能看到默认的记事本文本（见图 7-62），修改文本后保存（见图 7-63），下线。应能在数据库中看到更新的文本（见图 7-64）。

如果再次登录，或者将服务器重新开启后登录，客户端应能显示正确的数据。如果使用不同的账号登录，玩家数据应当是独立的。

### 3. 多端登录

开启多个客户端，登录同一账号，后登录的客户端应能把稍早登录的客户端顶下线，如图 7-65 所示。

图 7-62　登录游戏后，显示默认文本　　　　图 7-63　修改文本后保存

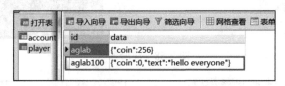

图 7-64　数据库保存着更新后的文本

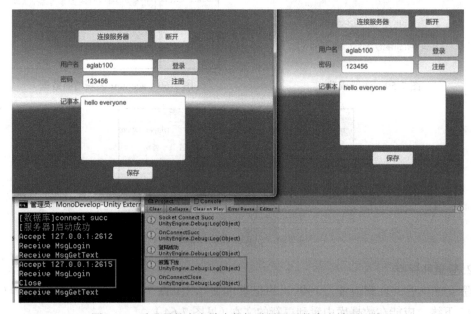

图 7-65　后登录的客户端应能把稍早登录的客户端顶下线

本章我们实现了一套通用 C# 服务端框架，该框架为单进程单线程架构，使用 Select 多路复用处理网络连接，用 MySQL 数据库保存玩家数据，具有粘包半包处理、心跳机制、消息分发等功能。一个单进程单线程服务器只能处理几百名玩家，大型服务器大多是分布式结构，协同工作，同时承载数十万玩家（参见 1.1 节）。

第 8 章 Chapter 8

# 完整大项目《坦克大战》

完成了通用的客户端网络模块和服务端框架，便能够使用它们制作各式各样的网络游戏。第 8 章到第 12 章是本书的第三部分"做游戏"，会通过一个 3D 坦克对战游戏说明网络模块的使用方法，以及网络游戏常规的类结构、游戏逻辑组织等内容。通读本书，读者应能具备独立开发网络游戏的能力。

本章会先介绍《坦克大战》是一款怎样的游戏，然后实现一些基础功能，包括导入坦克模型、设计游戏资源管理器、实现坦克的行走、相机跟随、开炮、受击等功能。

## 8.1 《坦克大战》游戏功能

坦克游戏会有以下的功能。

### 8.1.1 登录注册

打开客户端，会看到如图 8-1 所示的登录面板。玩家可以输入用户名和密码登入游戏，或者点击注册按钮注册一个新账号，如图 8-2 所示。

图 8-1 坦克大战登录面板

图 8-2 注册面板

## 8.1.2 房间系统

登录游戏后，会弹出图 8-3 所示的房间列表面板，显示游戏中所有房间的状态。玩家可以选择一个房间加入，也可以自己新建房间。房间列表面板还会显示玩家的战绩，显示赢了多少场、输了多少场。

图 8-3 房间列表

加入某个房间后，会弹出图 8-4 所示的房间面板，展示房间内的玩家信息。程序会随机把玩家分成两个阵营，当房主点击"开战"按钮，开启一场战斗。

图 8-4 进入房间

## 8.1.3 战斗系统

进入战场后，不同阵营的玩家处于地图两侧（见图 8-5），相互攻击（见图 8-6），直到歼灭敌方。玩家可以通过键盘操控坦克，使坦克移动、旋转炮塔和开炮。

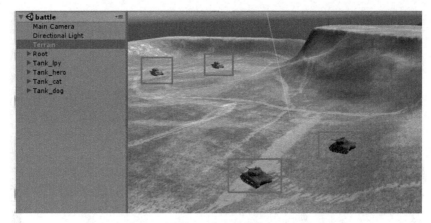

图 8-5 出生点位置

图 8-6 攻击敌人

## 8.2 坦克模型

### 8.2.1 导入模型

既然是坦克游戏,少不了 3D 坦克模型,读者可以从网上下载漂亮的坦克模型,也可以使用本书提供的资源。如果使用本书提供的资源,可以导入 tank.unitypackage 包(右击 Import Package → Custom Package),如图 8-7 所示。

导入后的坦克预设(tankPrefab)如图 8-8 所示,这是整理好结构的坦克模型。

图 8-7 导入 tank.unitypackage

图 8-8 坦克预设

## 8.2.2 模型结构

坦克模型分为四大部分,如图 8-9 所示:Body 代表车身,是坦克的主体结构;Track

代表履带；Turret 代表炮塔；Wheels 代表轮子。

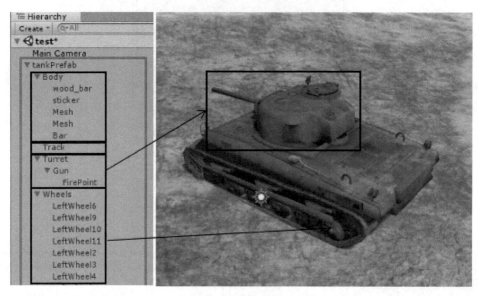

图 8-9　坦克模型层级

炮塔（Turret）以炮台中心为中心点，旋转炮塔时，会形成图 8-10 所示的样式，与真实坦克一样。炮管（Gun）固定在炮塔上，会跟着炮塔旋转。炮管下面还有名为 FirePoint 的点，发射炮弹时，炮弹会以 FirePoint 的位置和方向作为起始的位置和方向。

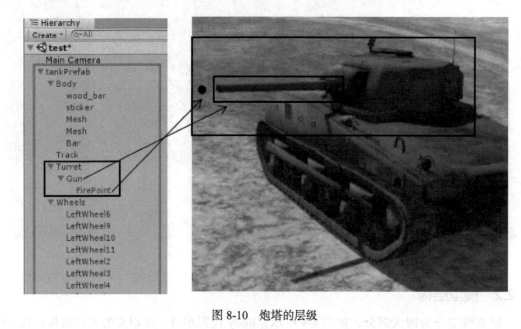

图 8-10　炮塔的层级

## 8.3 资源管理器

导入坦克模型后，要怎样管理它们呢？

### 8.3.1 设计构想

代码与资源分离是游戏程序设计的核心思想之一，被广大游戏公司所采用。相比于乱成一团的编码方式，它有以下几点优势。

1）游戏公司里，美术人员负责模型的设计和制作，程序人员负责实现功能。代码分离有利于美术人员和程序人员的分工合作，两者既相互配合，又互不干扰。

2）有利于代码的重复使用。功能相同但外观不同实体（如坦克）只需一套代码。

3）为游戏的热更新提供可能性。若游戏需要更新模型，只需要下载新的模型资源。

当游戏中需要使用坦克模型时，可以使用动态加载的方式，即通过代码把坦克模型加载到场景中，而不是在编辑场景的时候直接把坦克模型拉进去。

Unity 工程的 Assets/Resources 目录是个特殊的目录，它和 Resources 类相关联。当使用形如 Resources.Load&lt;GameObject&gt;("tankPrefab") 的语句去加载资源时，Unity 会把 Assets/Resources/tankPrefab.prefab 加载到内存。

### 8.3.2 代码实现

我们实现一套基于 Resources.Load 的资源管理器 ResManager，在 Script/framework 中添加名为 ResManager.cs 的代码文件，如图 8-11 所示。

图 8-11 添加 ResManager.cs

然后编写资源管理器，它只是对 Resources.Load 的一层封装。之所以不直接使用 Resources.Load，主要是考虑到后续如果实现热更新等功能，会有不同的处理，届时，只需要修改 LoadPrefab 的具体实现，不需要更改逻辑代码。

```
using UnityEngine;

public class ResManager : MonoBehaviour {

    //加载预设
    public static GameObject LoadPrefab(string path){
```

```
            return Resources.Load<GameObject>(path);
        }
    }
```

### 8.3.3 测试

将坦克预设 tankPrefab 放到 Resources 目录下，如图 8-12 所示，然后执行下面两句代码，即可让坦克模型出现在场景上。其中的 ResManager.LoadPrefab 会把坦克预设加载到内存，而 Instantiate 语句会把坦克预设实例化到场景里面。这里使用 skin 代表坦克模型，含义是"皮肤"。美术资源就像一层皮肤，不同样式的资源只像是换个皮，核心代码没有改变。

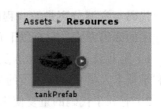

图 8-12　将坦克预设 tankPrefab 放到 Resources 目录下

测试代码如下：

```
GameObject skinRes = ResManager.LoadPrefab("tankPrefab");
GameObject skin = (GameObject)Instantiate(skinRes);
```

执行以上代码，读者应能在场景中看到坦克。

## 8.4　坦克类

本节将探讨坦克类的设计。

### 8.4.1　设计构想

与第 3 章的角色（Human）类相似，设计如图 8-13 所示的坦克类结构。BaseTank 是坦克基类，它包含坦克的一些通用功能，比如开炮、皮肤设置等。CtrlTank 为玩家控制的坦克，它会包含行走控制等功能。SyncTank 是同步坦克，它会根据网络数据移动坦克、控制开炮。

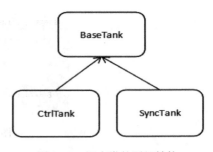

图 8-13　坦克类的层级结构

### 8.4.2　代码实现

现在实现最基础的坦克基类，后面再慢慢完善它。如下的坦克基类包含一个成员 skin，代指坦克模型资源。目前它只有一个 Init 方法，根据参数 skinPath 去加载模型，再让它显示到场景中。BaseTank 或其继承类（CtrlTank、SyncTank）会挂载在一个空物体上，然后通过 BaseTank 的 Init 方法给这个空物体添加子物体，即把坦克模型资源作为子物体添加到挂载 BaseTank（或其继承类）的空物体上。使用 virtual 修饰 Init 方法，主要是考虑到后面的 CtrlTank 和 SyncTank 有可能需要重写 Init 方法，所以设置为虚方法。

```csharp
using System.Collections;
using System.Collections.Generic;
using UnityEngine;

public class BaseTank : MonoBehaviour {
    //坦克模型
    private GameObject skin;

    // Use this for initialization
    void Start () {
    }

    //初始化
    public virtual void Init(string skinPath){
        GameObject skinRes = ResManager.LoadPrefab(skinPath);
        skin = (GameObject)Instantiate(skinRes);
        skin.transform.parent = this.transform;
        skin.transform.localPosition = Vector3.zero;
        skin.transform.localEulerAngles = Vector3.zero;
    }

    // Update is called once per frame
    void Update () {
    }
}
```

### 8.4.3 测试

编写如下的测试代码测试 BaseTank，程序会先创建一个名为 myTank 的空物体 tankObj，再通过 AddComponent 给它挂上 BaseTank 组件，最后调用 BaseTank 组件的 Init 方法。

```csharp
using System.Collections;
using System.Collections.Generic;
using UnityEngine;

public class testTank : MonoBehaviour {

    // Use this for initialization
    public void Start () {
        GameObject tankObj = new GameObject("myTank");
        BaseTank baseTank = tankObj.AddComponent<BaseTank>();
        baseTank.Init("tankPrefab");
```

```
        }
    }
```

运行程序后，当能看到程序在场景中创建了一辆坦克（如图 8-14 所示），坦克组件 BaseTank 挂载在空物体 myTank 上，坦克模型资源（坦克预设，tankPrefab(Clone)）作为皮肤成为 myTank 的子物体，并被 baseTank.skin 所引用。

图 8-14　场景中的坦克

## 8.5　行走控制

玩家应当能够通过键盘控制坦克移动。只有玩家控制的坦克能够接收键盘事件，由网络驱动的坦克不能接收键盘事件。定义 BaseTank 的子类 CtrlTank，代表玩家控制的坦克（如图 8-15 所示），然后开始编写控制坦克行走的代码。

图 8-15　定义 BaseTank 的子类 CtrlTank

## 8.5.1 速度参数

坦克移动的速度和转向速度是坦克自身的属性，无论是玩家控制的坦克还是网络驱动的坦克，它们都应包含这两个速度值。在 BaseTank 中添加两个成员变量 steer 和 speed，其中 steer 代表转向速度，speed 代表移动速度。

```
public class BaseTank : MonoBehaviour {
    //坦克模型
    private GameObject skin;

    //转向速度
    public float steer = 20;
    //移动速度
    public float speed = 3f;
    ......
}
```

## 8.5.2 移动控制

开始编写控制坦克类 CtrlTank，它继承自 BaseTank，而且在 Update 中调用了移动控制的核心方法 MoveUpdate。

```
using System.Collections;
using System.Collections.Generic;
using UnityEngine;

public class CtrlTank : BaseTank {

    new void Update(){
        base.Update();
        //移动控制
        MoveUpdate();
    }

    //移动控制
    public void MoveUpdate(){
        //旋转
        float x = Input.GetAxis("Horizontal");
        transform.Rotate(0, x * steer * Time.deltaTime, 0);
        //前进后退
        float y = Input.GetAxis("Vertical");
        Vector3 s = y*transform.forward * speed * Time.deltaTime;
        transform.position += s;
    }
}
```

上述代码涉及三个知识点。

- **获取轴向**：Input.GetAxis("Horizontal") 为获取横轴轴向的方法，也就是说按下"左"键时，该方法返回 –1，按下"右"键时该方法返回 1。Input.GetAxis("Vertical") 为获取纵轴轴向的方法，按下"上"键时，该方法返回 1，按下"下"键时该方法返回 –1。
- **Time.deltaTime**：Time.deltaTime 指的是两次执行 Update 的时间间隔。因为"距离 = 速度 * 时间"，所以坦克在 Update 每次中的移动距离应为"距离 = 速度 *Time.deltaTime"。

**速度的方向**：transform 的 right、up 和 forward 代表物体自身坐标系 x,y,z 三个轴的方向，其中 forward 代表 z 轴，即坦克前进的方向。由于速度是矢量，因此"速度 = transform.forward * speed"指定是在坦克前进的方向上，每秒移动 speed 的距离。图 8-16 展示了坦克自身的坐标系。

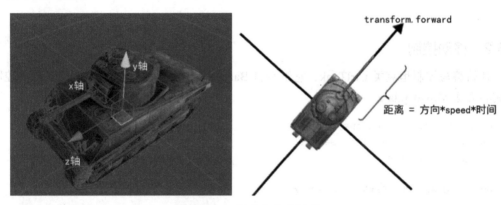

图 8-16 坦克自身坐标系

### 8.5.3 测试

编写如下的测试程序，产生一辆挂载 CtrlTank 组件的坦克。

```
public class testTank : MonoBehaviour {
    // Use this for initialization
    void Start () {
        GameObject tankObj = new GameObject("myTank");
        CtrlTank ctrlTank = tankObj.AddComponent<CtrlTank>();
        ctrlTank.Init("tankPrefab");
    }
}
```

运行游戏，玩家便可以通过左右键控制坦克方向，上下键控制前进或者后退，如图 8-17 所示。

图 8-17　控制坦克旋转和前进后退

## 8.5.4　走在地形上

Unity3D 内置一套强大的山体系统（也翻译成地形系统），点击 GameObject-3DObject-Terrain 便能创建一块地形。假设读者已经初步掌握了地形的绘制方法，能够绘制图 8-18 所示的简单地形。

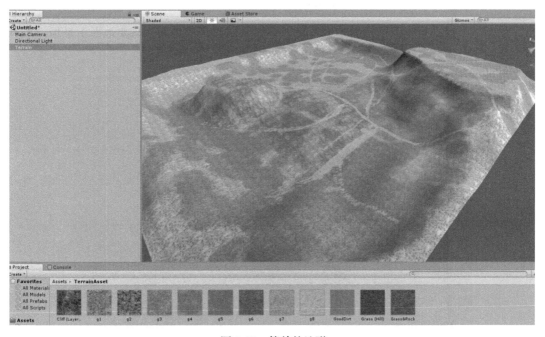

图 8-18　简单的地形

调整地形的位置，让世界坐标（0,0）点位于地形中心，完成后再执行控制坦克的程序，可以看到坦克能够在地形上行走，更加真实，如图 8-19 所示。

图 8-19　坦克在地形上行走

然而，当前的坦克只能沿着地面行走，不能紧贴起伏的地面，只要地面不平坦，坦克就会穿插在山体里或悬浮在空中，如图 8-20 所示。

图 8-20　坦克穿插在山体里

## 8.6 坦克爬坡

本节会继续完善坦克移动功能，让坦克可以爬坡。

### 8.6.1 Unity 的物理系统

Unity 内置了强大了物理系统，只要给物体添加 Rigidbody 和 Collider 组件，这个物体就会拥有物理特性。比如当遇到障碍物时，它便不会穿插进去。

Rigidbody（刚体）是物体的基本物理属性设置，碰撞发生后，带有 Rigidbody 的物体将会产生物理效果。Collider（碰撞器）产生触发物理的条件，例如碰撞检测。除了重力外，没有 Collider 的物理系统几乎没有意义，所以 Rigidbody 和 Collider 会被配合使用。如图 8-21 所示，让一个带有 Collider 和 Rigidbody 的物体从高空落下，因为受到力的作用，在物体碰到地面后会倒下。

图 8-21　将带有 Rigidbody 组件和一定初始角度的胶囊体放到场景中，它会自动掉落

### 8.6.2 添加物理组件

物理属性是坦克的自有属性，可以把添加物理组件的功能放置到坦克基类 BaseTank 里。在 BaseTank 添加一个 Rigidbody 类型的成员 rigidBody，用它指向新添加的 Rigidbody 组件。然后在 Init 方法里，通过两句 AddComponent 给坦克添加 Rigidbody 和 BoxCollider 组件，再调整 BoxCollider 的大小和中心位置。代码如下：

```
public class BaseTank : MonoBehaviour {
    //坦克模型、转向速度、移动速度
    ……

    //物理
```

```csharp
protected Rigidbody rigidBody;

//初始化
public void Init(string skinPath){
    //皮肤
    GameObject skinRes = ResManager.LoadPrefab(skinPath);
    skin = (GameObject)Instantiate(skinRes);
    skin.transform.parent = this.transform;
    skin.transform.localPosition = Vector3.zero;
    // 物理
    rigidBody = gameObject.AddComponent<Rigidbody>();
    BoxCollider boxCollider = gameObject.AddComponent<BoxCollider>();
    boxCollider.center = new Vector3(0, 2.5f, 1.47f);
    boxCollider.size = new Vector3(7, 5, 12);
}
......
}
```

BoxCollider 的中心位置（center）和大小（size）是根据坦克模型的大小而定，BoxCollider 大致覆盖了坦克车身（如图 8-22 所示），读者可以根据模型大小给它调整到合适的数值。

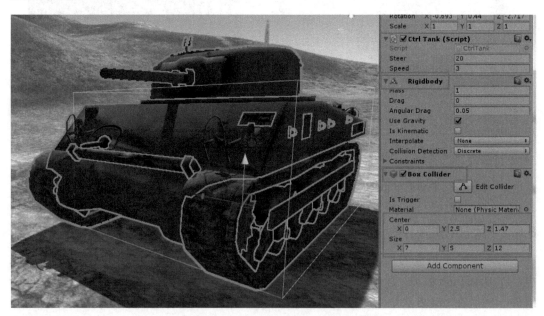

图 8-22　BoxCollider 的中心位置和大小

### 8.6.3　测试

运行游戏，控制坦克行进，履带紧贴起伏的地表，达到良好的驾驶体验，如图 8-23 所示。

图 8-23　坦克行驶在陡坡上

## 8.7　相机跟随

### 8.7.1　功能需求

相机是场景中不可缺少的元素，它就像是人的眼睛。在坦克游戏中，视角应紧跟在坦克身后。但是如果相机完完全全紧跟着坦克，玩家只能看到坦克背后，没法欣赏坦克模型，本节将实现如下的跟随模式。

1）坦克移动时，相机原则上紧跟着坦克移动，最终会形成盯着坦克身后的视角。

2）相机有自己的移动速度，坦克移动时，相机会以自己的速度跟上坦克。

这种相机跟随模式既照顾了多角度观察坦克模型的需求，还可以模拟坦克高速移动时视野变大的效果。

### 8.7.2　数学原理

相机跟随功能的核心是确定相机的位置。在图 8-24 中，transform.forward、transform.up 和 transform.right 分别代表坦克自身坐标系的三条轴，其中 transform.forward 代表坦克向前的方向。假设相机跟随在坦克后面，xy 平面上的距离为 distance.z，距离坦克中心的高度为 distance.y。那么相机的坐标（目标位置 targetPos）可以用下面代码表示：

```
targetPos = pos + forward*distance.z;    //pos 代表坦克的坐标，forward 代表向前方向
targetPos.y += distance.y;
```

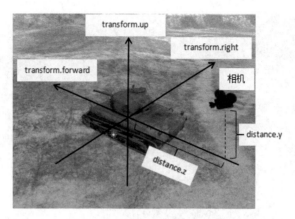

图 8-24　坦克与相机的相对位置

坦克模型的中心一般在坦克底部，如果相机盯着坦克底部，视觉效果一般不太好，如图 8-25 左图所示。游戏中会设置一个 offset 值，调整相机"盯着"的位置，如图 8-25 右图、图 8-26 所示。具体的代码是：

```
Camera.main.transform.LookAt(pos + offset)
```

 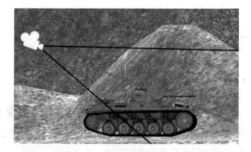

图 8-25　相机对准不同的中心点

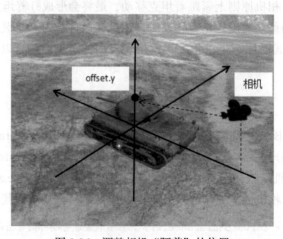

图 8-26　调整相机"盯着"的位置

要实现"相机有自己的移动速度,坦克移动时,相机会以自己的速度跟上坦克",我们会定义一个变量 speed,让相机不断向目标位置移动,如图 8-27 所示。

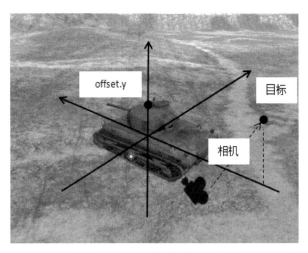

图 8-27 相机向目标位置移动

### 8.7.3 编写代码

在客户端工程中新建名为 CameraFollow 的组件(图 8-28),开始编写相机跟随功能代码。CameraFollow 会被挂载到坦克身上,控制相机的位置。

代码如下所示。定义 Vector3 类型的变量 distance 代表相机目标点的位置,其中 distance.z 代表目标位置距离坦克原点在 xy 平面上的距离,distance.y 代表目标位置距离坦克原点的高度差。变量 camera 代表场景中的相机,在 Start 方法中会给它赋默认值(camera = Camera.main),代表主相机。变量 offset 代表相机"盯着"的坐标偏移值,speed 代表相机移动的速度。

图 8-28 新建名为 Camera-Follow 的组件

```
using System.Collections;
using System.Collections.Generic;
using UnityEngine;

public class CameraFollow : MonoBehaviour {
    //距离矢量
    public Vector3 distance = new Vector3(0, 8, -18);
    //相机
    public Camera camera;
    //偏移值
    public Vector3 offset = new Vector3(0, 5f, 0);
    //相机移动速度
    public float speed = 3f;
```

```csharp
// Use this for initialization
void Start () {
    //默认为主相机
    camera = Camera.main;
    //相机初始位置
    Vector3 pos = transform.position;
    Vector3 forward = transform.forward;
    Vector3 initPos = pos - 30*forward + Vector3.up*10;
    camera.transform.position = initPos;
}

// 所有组件 update 之后发生
void LateUpdate () {
    //坦克位置
    Vector3 pos = transform.position;
    //坦克方向
    Vector3 forward = transform.forward;
    //相机目标位置
    Vector3 targetPos = pos;
    targetPos = pos + forward*distance.z;
    targetPos.y += distance.y;
    //相机位置
    Vector3 cameraPos = camera.transform.position;
    cameraPos = Vector3.MoveTowards(cameraPos, targetPos,Time.deltaTime*speed);
    camera.transform.position = cameraPos;
    //对准坦克
    camera.transform.LookAt(pos + offset);
}
```

在 LateUpdate 中，程序先计算相机目标点的位置（targetPos），然后使用 Vector3.MoveTowards 计算坦克在下一帧的坐标。如图 8-29 所示，Vector3.MoveTowards 的第一个参数 cameraPos 代表相机当前的位置，第二个参数 targetPos 代表目标位置，第三个参数 Time.deltaTime*speed 代表移动的最大距离，Vector3.MoveTowards 会根据这些参数计算出新坐标。最后程序调用 camera.transform.LookAt 让相机"盯着"坦克。

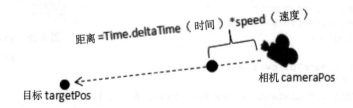

图 8-29　Vector3.MoveTowards 示意图

### 8.7.4　测试

完成相机组件，要测试它能否正常工作。在创建坦克的基础上，给它添加 Camera-

Follow 组件，即可让相机跟着坦克移动，如图 8-30、图 8-31 所示。

测试代码如下：

```
//坦克
GameObject tankObj = new GameObject("myTank");
CtrlTank ctrlTank = tankObj.AddComponent<CtrlTank>();
ctrlTank.Init("tankPrefab");
// 相机
tankObj.AddComponent<CameraFollow>();
```

图 8-30 相机慢慢移动向坦克后方

图 8-31 相机紧跟着爬坡中的坦克

## 8.8 旋转炮塔

发现敌人，坦克旋转炮塔转向敌军，然后开炮。为了瞄准目标，坦克的炮塔可以左右旋转。

### 8.8.1 炮塔元素

为完成旋转炮塔和开炮功能，在 BaseTank 中定义如下几个变量：turretSpeed 代表炮塔的旋转速度，turret 指向炮塔，gun 指向炮管，firePoint 指向发射点，如图 8-32 所示。

图 8-32 炮塔元素示意图

具体代码如下：

```
public class BaseTank : MonoBehaviour {
    //坦克模型
    private GameObject skin;

    //转向速度
    public float steer = 20;
    //移动速度
    public float speed = 3f;
    //炮塔旋转速度
    public float turretSpeed = 30f;
    //炮塔
    public Transform turret;
    //炮管
    public Transform gun;
    //发射点
    public Transform firePoint;
```

根据坦克模型的层次结构（如图8-33所示），在BaseTank的初始化方法Init中给以上变量赋值。

具体代码如下：

```csharp
//初始化
public void Init(string skinPath){
    //皮肤……
    //物理……
    //炮塔炮管
    turret = skin.transform.Find("Turret");
    gun = turret.transform.Find("Gun");
    firePoint = gun.transform.Find("FirePoint");
}
```

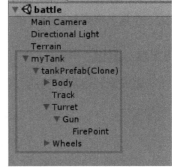

图 8-33　坦克的层级结构

### 8.8.2　旋转控制

只有由玩家控制的坦克可以使用键盘控制炮塔。在CtrlTank中新增TurretUpdate方法，它会判断玩家是否按下了Q键或者E键，如果按下，让炮塔旋转。由于炮塔架在车身上，我们会使用本地角度turret.localEulerAngles的y轴控制旋转。代码如下：

```csharp
public class CtrlTank : BaseTank {
    ……
    new void Update(){
        base.Update();
        //移动控制
        MoveUpdate();
        //炮塔控制
        TurretUpdate();
    }

    //炮塔控制
    public void TurretUpdate(){
        //或者轴向
        float axis = 0;
        if(Input.GetKey(KeyCode.Q)){
            axis = -1;
        }
        else if(Input.GetKey(KeyCode.E)){
            axis = 1;
        }
        //旋转角度
        Vector3 le = turret.localEulerAngles;
        le.y += axis*Time.deltaTime*turretSpeed;
        turret.localEulerAngles = le;
    }
}
```

上述程序定义了变量 axis，如果玩家按下 Q 键，该值被设为 −1，如果玩家按下 E 键盘，该值被设为 1。然后程序获取炮塔的本地角度 le，再根据"角度增量 = 方向 * 时间 * 速度"计算出炮塔的旋转角度。

### 8.8.3 测试

完成旋转炮塔的功能，玩家应能控制炮塔，使它瞄准"敌人"，如图 8-34 所示。

图 8-34　转动炮塔，瞄准"敌人"

## 8.9　发射炮弹

坦克瞄准目标，发射炮弹，敌军被摧毁，燃起熊熊大火。我们把坦克发射炮弹、炮弹向前飞行并击中目标这一过程称为发射炮弹的全过程，它涉及炮弹的制作、爆炸效果制作、炮弹的飞行逻辑以及发射炮弹的条件。

### 8.9.1　制作炮弹预设

炮弹飞行速度极快，难以看清它的形状，制作拉伸的球体来代表炮弹即可。给炮弹添加碰撞体，碰撞体尺寸可以稍大一些，以方便击中目标。将炮弹拖拉到项目面板中做成预设（prefab），如图 8-35 所示。

图 8-35　制作炮弹预设

## 8.9.2　制作爆炸效果

读者可以在 AssetStore 中找到烟雾、气流、火焰等各种效果。本书提供的资源中有一个名为 Particles.unitypackage 的资源包，它包含了 Unity 自带的两种爆炸粒子特效，可以将它导入到游戏工程中，如图 8-36 所示。

图 8-36　导入 Particles.unitypackage 资源包

资源包里包含 fire（开火特效）和 explosion（爆炸特效）两个预设，读者可以调整它们的参数，然后把它们复制到 Resources 文件夹下，以便动态加载，如图 8-37 和图 8-38 所示。

图 8-37　复制粒子特效到 Resources 文件夹下，以便动态加载

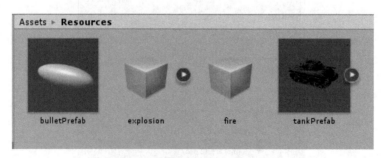

图 8-38　当前的 Resources 文件夹

## 8.9.3　炮弹组件

炮弹有它自身的属性，我们会定义一个炮弹组件，把它挂载到炮弹上，用以控制炮弹

的飞行轨迹和爆炸效果。在游戏工程中新建名为 Bullet 的组件（如图 8-39 所示），开始编写炮弹组件。

图 8-39　在游戏工程中新建名为 Bullet 的组件

炮弹组件的部分代码如下。其中：speed 代表炮弹的移动速度；tank 指向发射炮弹的坦克，用于防止炮弹打到自己，以及后续的分数计算；skin 指向炮弹的皮肤，炮弹和坦克一样，也会由代码动态加载模型资源；rigidBody 指向炮弹的 rigidBody 组件。在炮弹组件的 Init 方法中，程序会先加载皮肤，然后把它添加到场景，这一过程和产生坦克的过程完全一样。最后程序还会给炮弹添加 rigidBody 组件。

```csharp
using System.Collections;
using System.Collections.Generic;
using UnityEngine;

public class Bullet : MonoBehaviour {
    //移动速度
    public float speed = 100f;
    //发射者
    public BaseTank tank;
    //炮弹模型
    private GameObject skin;
    //物理
    Rigidbody rigidBody;

    //初始化
    public void Init(){
        //皮肤
        GameObject skinRes = ResManager.LoadPrefab("bulletPrefab");
        skin = (GameObject)Instantiate(skinRes);
        skin.transform.parent = this.transform;
        skin.transform.localPosition = Vector3.zero;
        skin.transform.localEulerAngles = Vector3.zero;
        //物理
        rigidBody = gameObject.AddComponent<Rigidbody>();
```

```csharp
        rigidBody.useGravity = false;
    }
}
```

在Update方法中更新炮弹的坐标，让炮弹向前飞行，代码如下：

```csharp
// Update is called once per frame
void Update () {
    //向前移动
    transform.position += transform.forward * speed * Time.deltaTime;
}
```

当坦克碰撞到障碍物和敌人，它的OnCollisionEnter方法会被调用。程序会先判断坦克打到的对象是不是自己（发射炮弹的坦克），避免乌龙。然后显示爆炸效果，最后调用Destroy摧毁自身。

```csharp
//碰撞
void OnCollisionEnter(Collision collisionInfo) {
    //打到的坦克
    GameObject collObj = collisionInfo.gameObject;
    BaseTank hitTank = collObj.GetComponent<BaseTank>();
    //不能打自己
    if(hitTank == tank){
        return;
    }
    //显示爆炸效果
    GameObject explode = ResManager.LoadPrefab("fire");
    Instantiate(explode, transform.position, transform.rotation);
    //摧毁自身
    Destroy(gameObject);
}
```

## 8.9.4  坦克开炮

要使坦克开炮，只需在开火点（FirePoint）位置生成一颗炮弹。坦克开炮会有一个cd时间，即发射两颗炮弹的最小时间间隔，它是坦克自身的属性。在BaseTank中定义代表炮弹cd时间的变量fireCd，默认值是0.5秒。再定义记录上一次开炮时间的变量lastFireTime。

```csharp
public class BaseTank : MonoBehaviour {
    //……

    //炮弹Cd时间
    public float fireCd = 0.5f;
    //上一次发射炮弹的时间
    public float lastFireTime = 0;
```

无论是玩家控制的坦克还是由网络驱动的坦克，都会发出炮弹。不同的是：对于玩家控制的坦克，当玩家按下空格键时，坦克发射炮弹；对于网络驱动的坦克，当收到发射炮弹协议时，坦克发射炮弹。在 BaseTank 中添加发射炮弹的方法 Fire，它会先新建一个名为 bullet 的空物体，给它挂上 Bullet 组件，并做些初始化工作。然后根据开火点（firePoint）的位置和方向，设置炮弹的初始位置和方向，再更新代表最近一次开火时间的 lastFireTime。Fire 方法不会判断开炮的 cd 时间，转而交给 CtrlTank 去处理。

BaseTank 的 Fire 方法代码如下：

```
//发射炮弹
public Bullet Fire(){
    //已经死亡
    if(IsDie()){
        return null;
    }
    //产生炮弹
    GameObject bulletObj = new GameObject("bullet");
    Bullet bullet = bulletObj.AddComponent<Bullet>();
    bullet.Init();
    bullet.tank = this;
    //位置
    bullet.transform.position = firePoint.position;
    bullet.transform.rotation = firePoint.rotation;
    //更新时间
    lastFireTime = Time.time;
    return bullet;
}
```

图 8-40 展示了开炮一瞬间开火点与炮弹间的位置关系。

图 8-40　开火点与炮弹

在 CtrlTank 中编写当玩家按下空格键时，坦克开炮的功能。添加 FireUpdate 方法，它会先判断玩家是否按下空格键，再判断是否过了 cd 时间，最后调用 BaseTank 的 Fire 方法发射一颗炮弹。

CtrlTank 相关代码如下：

```
// 开炮
public void FireUpdate(){
    // 按键判断
    if(!Input.GetKey(KeyCode.Space)){
        return;
    }
    //cd 是否判断
    if(Time.time - lastFireTime < fireCd){
        return;
    }
    // 发射
    Fire();
}



new void Update(){
    //……
    // 开炮
    FireUpdate();
}
```

### 8.9.5 测试

完成开炮功能，测试游戏。玩家按下空格键，坦克发射炮弹，当炮弹与山体相撞时爆炸，然后消失，如图 8-41 和图 8-42 所示。

图 8-41　坦克开炮

图 8-42　坦克连续发射两颗炮弹

## 8.10　摧毁敌人

### 8.10.1　坦克的生命值

一般来说坦克不会脆弱到一击毙命，因此给坦克添加生命值，每当坦克被炮弹击中，生命值减少。在 BaseTank 中定义变量 hp，代表生命值。再定义方法 IsDie，它会通过判断生命值是否小于等于 0 来判断玩家是否已经死亡。

BaseTank 修改代码如下：

```
//生命值
public float hp = 100;

//是否死亡
public bool IsDie(){
    return hp <= 0;
}
```

如果坦克被摧毁，它将不能够开炮，也不能够移动。我们会在 BaseTank 和 CtrlTank 中添加判断坦克是否死亡的功能。代码如下。

BaseTank：

```
// 发射炮弹
public void Fire(){
    // 已经死亡
    if(IsDie()){
```

```
        return;
    }
    //产生炮弹
    ......
```

**CtrlTank：**

```
//移动控制
public void MoveUpdate(){
    //已经死亡
    if(IsDie()){
        return;
    }
    //......
}

//炮塔控制
public void TurretUpdate(){
    //已经死亡
    if(IsDie()){
        return;
    }
    //......
}

//开炮
public void FireUpdate(){
    //已经死亡
    if(IsDie()){
        return;
    }
    //......
}
```

## 8.10.2 焚烧特效

坦克被摧毁后，会在它身上播放火焰焚烧的特效，从视觉上区分该坦克是"活"还是"死"。这里会使用Particles.unitypackage资源包的explosion特效，当坦克死亡，在坦克所在的位置具象化explosion。参考代码如下，效果如图8-43所示。

```
if(IsDie()){
    //显示焚烧效果
    GameObject explode = ResManager.LoadPrefab("explosion");
    Instantiate(explode, transform.position, transform.rotation);
}
```

图 8-43　焚烧特效

### 8.10.3　坦克被击中处理

在 BaseTank 中添加一个名为 Attacked 的方法，用它来处理坦克受到攻击后的反应。它接受一个参数 att，代表炮弹的威力，即坦克受到的伤害值。读者还可以尝试给坦克添加防御属性，根据防御值来减少受到的伤害。Attacked 方法会扣除坦克生命值，然后判断坦克是否被打死，如果被打死会显示焚烧特效。这里将焚烧特效作为坦克的子物体，主要是考虑到后续若需要删除坦克，只要 Destroy 坦克，焚烧特效就会一起消失。代码如下：

```
//被攻击
public void Attacked(float att){
    //已经死亡
    if(IsDie()){
        return;
    }
    //扣血
    hp -= att;
    //死亡
    if(IsDie()){
        //显示焚烧效果
        GameObject obj = ResManager.LoadPrefab("explosion");
        GameObject explosion = Instantiate(obj,
                        transform.position, transform.rotation);
        explosion.transform.SetParent(transform);
    }
}
```

读者可以尝试调用 Attacked 让坦克死亡，测试焚烧效果是否有效。

### 8.10.4 炮弹的攻击处理

坦克是由炮弹击毁的，Attacked 方法应当由炮弹调用。在 Bullet 类中添加炮弹攻击的处理，当炮弹攻击到坦克，调用被攻击坦克的 Attacked 方法。这里默认的攻击力是 35，读者还可以编写各种计算攻击力的方法，比如距离越近攻击力越大。

Bullet 类修改代码如下：

```
//碰撞
void OnCollisionEnter(Collision collisionInfo) {
    //打到的坦克
    GameObject collObj = collisionInfo.gameObject;
    BaseTank hitTank = collObj.GetComponent<BaseTank>();
    //不能打自己
    if(hitTank == tank){
        return;
    }
    //打到其他坦克
    if(hitTank != null){
        hitTank.Attacked(35);
    }
    //显示爆炸效果
    GameObject explode = ResManager.LoadPrefab("fire");
    Instantiate(explode, transform.position, transform.rotation);
    //摧毁自身
    Destroy(gameObject);
}
```

### 8.10.5 测试

测试坦克打坦克的功能吧。在场景中添加玩家控制的坦克、相机以及另外一辆敌方坦克（enemyTank），代码如下：

```
public class testTank : MonoBehaviour {

    // Use this for initialization
    void Start () {
        //坦克
        GameObject tankObj = new GameObject("myTank");
        CtrlTank ctrlTank = tankObj.AddComponent<CtrlTank>();
        ctrlTank.Init("tankPrefab");
        //相机
        tankObj.AddComponent<CameraFollow>();
        //被打的坦克
        GameObject tankObj2 = new GameObject("enemyTank");
        BaseTank baseTank = tankObj2.AddComponent<BaseTank>();
        baseTank.Init("tankPrefab");
        baseTank.transform.position = new Vector3(0, 10, 30);
    }
    ......
```

控制坦克击打敌方,如图 8-44 所示。敌方坦克中弹三次,会被摧毁,如图 8-45 所示。

图 8-44　控制坦克击打敌方

图 8-45　敌方坦克被摧毁

通过这一章的学习,不仅能够令坦克正常行驶,还能开炮攻击敌人。本书第一版对坦克的控制有着更详细的描述,会使用 WheelCollider(轮子碰撞器)让坦克爬坡,还有鼠标移动镜头、鼠标控制准心的功能,还可以实现 AI 坦克的人工智能。第二版为了突出重点,在坦克控制方面有所精简,如果读者想要制作更完善的控制系统,可以参考第一版。

# 第 9 章

# UI 界面模块

界面系统在游戏中占据重要地位。游戏界面是否友好，很大程度上决定了玩家的体验；界面开发是否便利，也影响着游戏的开发进度。Unity 内置的 UGUI 系统，使用户可以"可视化地"开发界面。本章将会实现一套简单的界面模块，然后为坦克游戏添加登录面板、注册面板。

## 9.1 界面模块的设计

### 9.1.1 简单的界面调用

UGUI 系统包含 Canvas（画布）、EventSystem（事件系统）、Text（文本）、Image（图像）、Button（按钮）、Panel（面板）等多种组件。点击 GameObject → UI，弹出的菜单列出 UGUI 的常用组件。读者可以依次添加它们，了解各个组件的用途。Canvas（画布）是 UI 组件的容器，所有 UI 组件都必须是画布的子物体。

下面的例子说明最简单的界面调用方法。假设有这样的需求：游戏中有两个面板，每个面板各有一个按钮。点击面板 1 的按钮后弹出面板 2，点击面板 2 的按钮将会关闭该面板。

新建一个游戏工程，添加如图 9-1 所示的两个面板，并分别命名为 Panel1 和 Panel2。

最简单的实现代码如下。其中 OnPanel1BtnClick 是界面 1 的按钮事件，OnPanel2BtnClick 是界面 2 的按钮事件。在场景中新建一个空物体，添加上述 PanelManager 组件，然后设置它的属性。让 panel1 指向面板 1，panel2 指向面板 2。设置按钮的 OnClick() 属性，添加对应的事件，即可完成简单的界面管理。

图 9-1　面板示意图

```
using UnityEngine;
using System.Collections;

public class PanelManager : MonoBehaviour {
    public GameObject panel1;
    public GameObject panel2;

    //界面 1 按钮
    public void OnPanel1BtnClick() {
        panel1.gameObject.SetActive(false);
        panel2.gameObject.SetActive(true);
    }

    //界面 2 按钮
    public void OnPanel2BtnClick() {
        panel2.gameObject.SetActive(false);
    }
}
```

虽然实现了功能，但这样的界面管理器存在几个问题。其一是所有面板的逻辑都在一个文件中处理，如果游戏包含几十个面板，那这个文件可能有数万行之长。其二是需要手动设置面板和按钮的点击事件，如果面板很多，会很烦琐。

### 9.1.2　通用界面模块

开发商业游戏，需要处理好 9.1.1 节提到的两个问题。首先，每一个面板对应一个类，在这个类里面编写面板的功能。再定义一个界面管理器，通过它来控制界面的显示和关闭。界面管理器有两个基本方法，分别是 Open 和 Close。形如：

```
PanelManager.Open<XXXPanel>();
PanelManager.Close<XXXPanel>();
```

只要程序调用"PanelManager.Open<LoginPanel>();"，游戏就会显示出登录面板（对应

LoginPanel 类）；只要调用 "PanelManager.Open<Tip>(" 作者很帅 ");" 就会弹出显示 "作者很帅" 的提示框。图 9-2 展示了界面管理器的基本结构，除了 Open 和 Close 两个方法，它一般还包含一个列表（这里取名为 panels），索引着所有已经打开的界面，避免重复打开。

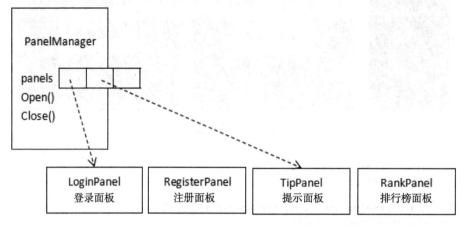

图 9-2　界面管理器示意图

×××Panel 是继承自面板基类（这里命名为 BasePanel）的类，它指代具体的面板，包含该面板的功能逻辑。×××Panel 的形式大体如下：

```
public class LoginPanel : BasePanel {
    //账号输入框
    private InputField idInput;

    //初始化
    public override void OnInit() {
        skinPath = "LoginPanel";
        layer = PanelManager.Layer.Panel;
    }

    //显示
    public override void OnShow(params object[] args) {
        //寻找组件
        idInput = skin.transform.Find("IdInput").GetComponent<InputField>();
    }

    //关闭
    public override void OnClose() {

    }
}
```

×××Panel 有 OnInit、OnShow 和 OnClose 三个固定的方法。当调用 PanelManager.Open 时，界面管理器会依次调用 OnInit 和 OnShow，开发者可以在这两个函数里编写一些初始化方法，包括添加按钮事件监听、网络消息监听等。在调用 PanelManager.Close 时，界面管理器会调用面板类的 OnClose 方法，开发者可以在里面编写一些释放资源的功能（例如取消网络监听）。在上述程序中，程序在 OnInit 方法中设置了 skinPath 和 layer，这两个属性都在 BasePanel 中定义，skinPath 代表皮肤，程序会像动态加载坦克模型和子弹模型一样，动态地加载界面资源。layer 代表层级，可以想象有一些面板总会显示在最上层，比如提示面板会显示在其他功能面板之上，开发者便可以通过 layer 属性设置哪些面板在上面、哪些在下面。界面系统的类结构如图 9-3 所示。

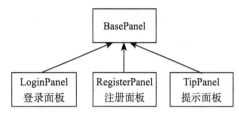

图 9-3　界面系统的类结构

## 9.2　场景结构

在 Unity 的界面系统中，所有面板组件都应放置在画布下。考虑到不同面板间会有层级关系，我们在 Unity 场景中添加名为 Root 的空物体，Root 将永久保留在场景上。如图 9-4 所示，Root 下面有一个名为 Canvas 的子物体，是一个画布。再下面有名为 Panel 和 Tip 的空物体，代表不同的层级。

图 9-5 展示了面板的层级关系，诸如登录面板、注册面板会放置在 Panel 层，提示面板会放置在 Tip 层，提示面板永远在其他面板的上面。

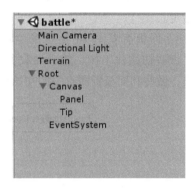

图 9-4　Root 层级

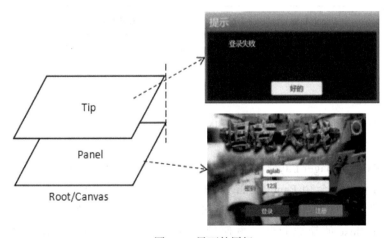

图 9-5　界面的层级

## 9.3 面板基类 BasePanel

### 9.3.1 设计要点

这套界面系统由面板基类（BasePanel）、界面管理器（PanelManager）和多个具体的面板组件（如 LoginPanel、RegisterPanel）组成。所有面板都继承自 BasePanel，而 PanelManager 提供打开某个面板、关闭某个面板的方法。BasePanel 是面板基类，所有的面板类都要继承它。BasePanel 的一些设计要点如下。

1）面板的资源称为皮肤（skin，为 GameObject 类型），皮肤的路径称为 skinPath。界面管理器将会根据 skinPath 去实例化 skin。

2）由于某些面板有层级关系，比如提示框总要覆盖普通面板。在 PanelManager 中会定义名为 Layer 的枚举，指定面板的层级。

3）某些面板需要通过参数来确定它的表现形式。比如提示框显示的内容由调用它的语句指定。

4）面板有着图 9-6 所示的生命周期。在打开面板后，管理器会调用面板的 OnInit 方法，做些初始化工作。随后加载资源，将面板预设添加到场景上。再调用面板的 OnShow 方法，做些和面板资源有关的初始化工作。当关闭面板时，会调用面板的 OnClose 方法。

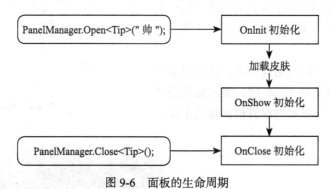

图 9-6　面板的生命周期

### 9.3.2 代码实现

在游戏工程中添加 BasePanel 和 PanelManager 两个文件，如图 9-7 所示，开始编写 BasePanel 类。

代码中的 PanelManager.Layer 枚举将在下一节的 PanelManager 中实现，指示面板的层级；在 Init 方法中（会由 PanelManager 调用），程序会通过 ResManager 加载 skinPath 设定的资源，然后加载和实例化，并通过 skin 成员引用实例化的对象；Close 方法只是对 PanelManager.Close 的简单封装，方便编写程序，其中的 name 代表类名，例如对于 LoginPanel 类，name 将会是字符串"LoginPanel"；OnInit、OnShow 和 OnClose 是虚方法，由具体的面板类去实现，OnShow 方法的参数是 "params object[] para"，代表可变参数。

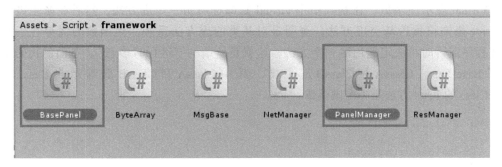

图 9-7　添加 BasePanel 和 PanelManager 两个文件

```
using UnityEngine;
using System.Collections;

public class BasePanel : MonoBehaviour {
    //皮肤路径
    public string skinPath;
    //皮肤
    public GameObject skin;
    //层级
    public PanelManager.Layer layer = PanelManager.Layer.Panel;
    //初始化
    public void Init(){
        //皮肤
        GameObject skinPrefab = ResManager.LoadPrefab(skinPath);
        skin = (GameObject)Instantiate(skinPrefab);
    }
    //关闭
    public void Close(){
        string name = this.GetType().ToString();
        PanelManager.Close(name);
    }

    //初始化时
    public virtual void OnInit(){
    }
    //显示时
    public virtual void OnShow(params object[] para){
    }
    //关闭时
    public virtual void OnClose(){
    }
}
```

### 9.3.3　知识点

9.3.2 节中涉及下面两个知识点。

❑ Virtual：

Virtual 表示虚函数，在基类中用 virtual 修饰符声明一个虚方法，然后在派生类中用 override 修饰符覆盖基类虚方法，表明是对基类的虚方法重载。虚函数的优势在于它可以在程序运行时再决定调用哪一个方法，这就是所谓的"运行时多态"。下面的代码中定义了 BaseClass、ClassA 和 ClassB 三个类，其中 ClassA 和 ClassB 都继承自 BaseClass，BaseClass 的 Print 方法是一个虚函数。

```
public class BaseClass
{
    public virtual void Print()
    {
        Debug.Log("Print BaseClass");
    }
}

public class ClassA : BaseClass
{
    public override void Print()
    {
        Debug.Log("Print ClassA");
    }
}

public class ClassB : BaseClass
{
    public override void Print()
    {
        Debug.Log("Print ClassB");
    }
}
```

定义 BaseClass 类型的 c（实际是 ClassA），调用它的 Print 方法，会发现实际打印出来的是 ClassA 的 Print 方法。定义 BaseClass 类型的 c1（实际是 ClassB），调用它的 Print 方法，会发现实际打印出来的是 ClassB 的 Print 方法。代码如下，运行结果如图 9-8 所示。

```
void Start()
{
    BaseClass c = new ClassA();
    c.Print();

    BaseClass c1 = new ClassB();
    c1.Print();
}
```

图 9-8　类的多态运行结果

❑ params

params 是 C# 开发语言中的关键字，主要的用处是给函数传递不定长度的参数。例如，以"tipPanel.OnShow("呵呵")"调用面板类的 OnShow 方法，会得到 (string)args[0] ==

"呵呵"，以"tipPanel.OnShow("第一", 1234)"的形式调用，会得到 (string)args[0] == "第一"，(int)args[1] == 1234。

## 9.4 界面管理器 PanelManager

顾名思义，界面管理器的功能是管理界面，它有下列三项功能。
- 层级管理
- 打开面板
- 关闭面板

### 9.4.1 层级管理

既是层级管理，就需要定义有哪些层级。以下代码展示了界面管理器的整体结构，定义枚举类型 Layer，分别有 Layer.Panel 和 Layer.Tip 两项。layers、root 和 canvas 三个成员分别指向场景中的物体，Dictionary 类型的 layers 让 Layer 枚举和场景物体相对应，后续的代码会让 layers[Layer.Panel] 指向"Root/Canvas/Panel"，让 layers[Layer.Tip] 指向"Root/Canvas/Tip"，如图 9-9 所示。

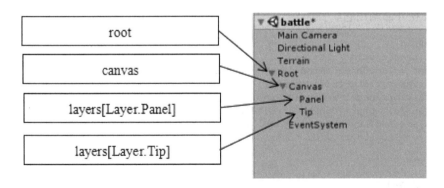

图 9-9　管理器的成员和场景的对应关系

panels 列表会保存所有已经打开的面板，以便阻止重复打开，方便实现关闭功能。

```
using UnityEngine;
using System.Collections;
using System.Collections.Generic;

public static class PanelManager{
    //Layer
    public enum Layer{
        Panel,
        Tip,
    }
```

```csharp
//层级列表
private static Dictionary<Layer, Transform> layers =
                                    new Dictionary<Layer, Transform>();
//面板列表
public static Dictionary<string, BasePanel> panels =
                                    new Dictionary<string, BasePanel>();
//结构
public static Transform root;
public static Transform canvas;
//初始化
public static void Init(){
    ……
}

//打开面板
public static void Open<T>(params object[] para) where T:BasePanel{
    ……
}

//关闭面板
public static void Close(string name){
    ……
}
}
```

界面管理器的 Init 方法如下。它给 root、canvas、layers 三个成员赋值。Init 是初始化方法，需要在外部调用它。

```csharp
//初始化
public static void Init(){
    root = GameObject.Find("Root").transform;
    canvas = root.Find("Canvas");
    Transform panel = canvas.Find("Panel");
    Transform tip = canvas.Find("Tip");
    layers.Add(Layer.Panel, panel);
    layers.Add(Layer.Tip, tip);
}
```

### 9.4.2 打开面板

Open<T> 是打开面板的方法，后续的程序只需调用它便能够完成面板的管理操作。它的要点如下：

1）PanelManager 使用泛型方法 Open<T> 打开面板，其中 T 表示要打开的面板类，比如登录面板（LoginPanel）和注册面板（RegisterPanel）就是两种不同的面板类（稍后会实现这两个面板）。"where T:BasePanel" 指明它们都必须继承自 BasePanel，如果指定的类不是面板类（继承自 BasePanel），程序编译会报错。

2）程序会判断该面板是否已经打开（panels 是否含有该界面），然后给 root 添加面板组件（例如登录面板类 LoginPanel，如图 9-10 所示）。实际上面板类挂载到哪个物体下并没有太大关系，当面板类挂载到场景上后，程序会调用面板类的 OnInit 和 Init 方法，OnInit 的功能由面板类实现，而 Init 在面板基类中实现，它会根据面板的 skinPath 将面板资源实例化到场景中。程序再通过 SetParent 方法将面板皮肤放到设定的层级之下。

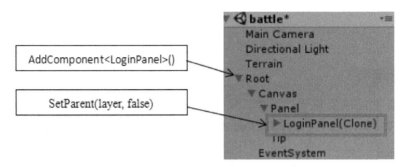

图 9-10　添加面板

3）最后将面板添加到 panels 列表中，方便管理。再调用 OnShow 方法，让面板类可以实现一些自定义的功能。

Open 方法代码如下：

```
//打开面板
public static void Open<T>(params object[] para) where T:BasePanel{
    //已经打开
    string name = typeof(T).ToString();
    if (panels.ContainsKey(name)){
        return;
    }
    //组件
    BasePanel panel = root.gameObject.AddComponent<T>();
    panel.OnInit();
    panel.Init();
    //父容器
    Transform layer = layers[panel.layer];
    panel.skin.transform.SetParent(layer, false);
    //列表
    panels.Add(name, panel);
    //OnShow
    panel.OnShow(para);
}
```

**相关知识点如下。**

**<T>**：泛型方法是使用类型参数声明的方法，相当于用类型作为参数。比如一个函数的定义为：

```
public void Get<T>()
{
    T a;
    a = a + 1;
}
```

那么如果使用 Get<int>()，整个函数相当于下面的代码，T 被 int 替代。

```
public void Get()
{
    int a;
    a = a + 1;
}
```

### 9.4.3　关闭面板

关闭面板功能的实现比较简单，只要销毁皮肤和面板组件，并适时调用面板类的 OnClose。在 PanelManager 类中添加 Close 方法，它的参数代表要关闭的面板名称，代码如下：

```
//关闭面板
public static void Close(string name){
    //没有打开
    if(!panels.ContainsKey(name)){
        return;
    }
    BasePanel panel = panels[name];
    //OnClose
    panel.OnClose();
    //列表
    panels.Remove(name);
    //销毁
    GameObject.Destroy(panel.skin);
    Component.Destroy(panel);
}
```

面板基类和界面管理器相辅相成，缺少任何一部分都无法完整演示。

接下来终于可以着手编写具体的面板类了，随后便能看到展现出来的界面。

## 9.5　登录面板 LoginPanel

虽然第 7 章的记事本程序已经实现了登录注册功能，但第 7 章的界面比较简陋。通常登录面板含有"用户名"和"密码"两个输入框，"登录"和"注册"两个按钮。玩家输入用户名密码后，点击"登录"按钮，客户端将向服务端发送 MsgLogin 协议，点击"注册"按钮将打开注册面板。

### 9.5.1　导入资源

本书附带的素材中包含了可用于界面系统的图片资源，如图 9-11 所示，可以直接使用。

读者还需将用于 UI 图片的 TextureType 设置成 Sprite（2D and UI）（如图 9-12 所示），Unity 内部会对不同的 TextureType 图片做不同的优化。

读者还可以设置部分图片（如 bg1、bg2 和 bg3）的九宫格（如图 9-13 所示），使图片不在拉伸中变形（还需将图片对象的 Image Type 设置成 Sliced）。

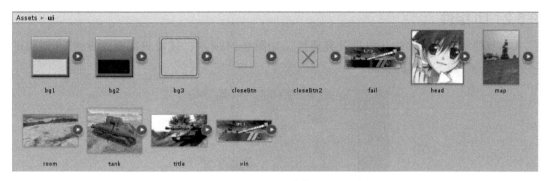

图 9-11 图片资源

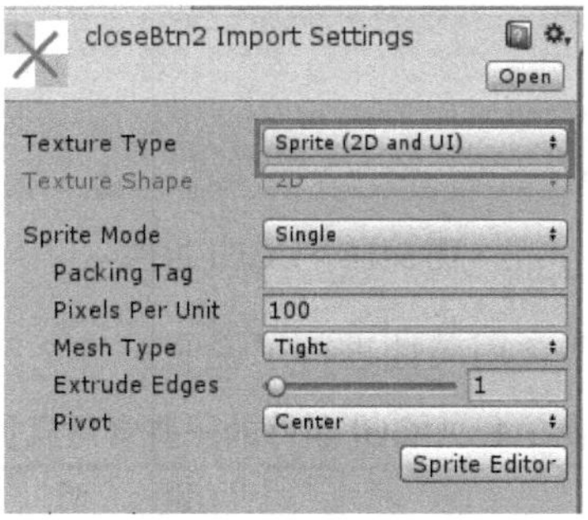

图 9-12 设置 TextureType

图 9-13 九宫格

## 9.5.2 UI 组件

本节列举常用的 UGUI 组件及其属性，如图 9-14 所示，读者只需随意设置 UI 对象的各种属性，便能了解它的功能。

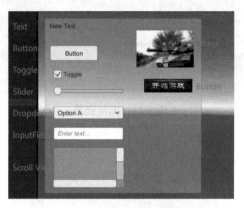

图 9-14　UGUI 组件

表 9-1 对 UGUI 组件的一些常用属性进行了说明。

表 9-1　UGUI 组件的一些常用属性

| 属　　性 | 说　　明 |
| --- | --- |
| Color | 颜色，下图展示两张不同颜色的图片 |
| Source Image | 源图片，下图展示不同的图片 |
| Text | 文本，下图展示显示不同文本的文本框 |

## 9.5.3 制作面板预设

登录面板含有"用户名"和"密码"两个输入框，"登录"和"注册"两个按钮。在 Unity 中制作如图 9-15 所示的面板。面板最顶层是名为 LoginPanel 的空物体，各个部件的介绍见表 9-2。

图 9-15 登录面板

表 9-2 登录面板部件说明

| 部 件 | 说 明 |
| --- | --- |
| IdInput | 用户名输入框 |
| PwInput | 密码输入框<br><br>如果有需要，读者还可以将密码框的 ContentType 设置为 Password，将会以 "*" 代替文本<br> |

(续)

| 部件 | 说明 |
|---|---|
| LoginBtn | 登录按钮 |
| RegisterBtn | 注册按钮 |
| BgImage | 背景图，仅为了美观 |
| IdText | 用户名文字标签，仅为了美观 |
| PwTest | 密码文字标签，仅为了美观 |

完成后将登录面板（LoginPanel）做成预设，存放到 Resources 文件夹下，以便让 PanelManager 加载它，如图 9-16 所示。

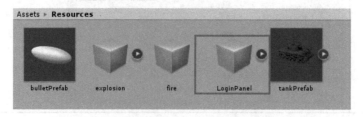

图 9-16　将登录面板（LoginPanel）做成预设

### 9.5.4 登录面板类

制作好面板资源，需要编写实现面板功能的类。新建名为 LoginPanel 的代码文件，如图 9-17 所示，编写面板功能。考虑到游戏会有很多功能，不同功能属于不同的模块，一般会将同一模块的代码放在一起，方便管理。这里将 LoginPanel 放置在 mudule/Login 的目录，Login 代表登录模块。

根据 9.1.2 节和 9.3 节的内容，LoginPanel 的基本代码如下。LoginPanel 继承自面板基类 BasePanel，代表它是个面板类；在 OnInit 方法中设置了皮肤地址 skinPath 和面板的层级 layer；OnShow 和 OnClose 方法留空，待后面实现。

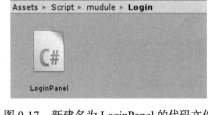

图 9-17　新建名为 LoginPanel 的代码文件

```
using System.Collections;
using System.Collections.Generic;
using UnityEngine;
using UnityEngine.UI;

public class LoginPanel : BasePanel {
    //初始化
    public override void OnInit() {
        skinPath = "LoginPanel";
        layer = PanelManager.Layer.Panel;
    }
    //显示
    public override void OnShow(params object[] args) {

    }
    //关闭
    public override void OnClose() {

    }
}
```

### 9.5.5 打开面板

在编写登录面板的功能之前，我们先尝试调用 PanelManager.Open<LoginPanel>() 打开它，测试面板管理器 PanelManager 能否正常工作。编写如下的程序，然后将它挂载到场景上。程序先调用 PanelManager.Init() 初始化界面管理器，再调用 PanelManager.Open 打开登录面板。

```
using System.Collections;
using System.Collections.Generic;
using UnityEngine;

public class testTank : MonoBehaviour {
```

```
    // Use this for initialization
    void Start () {
        //界面
        PanelManager.Init();
        PanelManager.Open<LoginPanel>();
        ……
```

运行程序,应能看到登录面板被实例化,并且显示在正确的层级和位置上,如图 9-18 所示。

图 9-18　由管理器打开的登录面板

### 9.5.6　引用 UI 组件

在面板类中,需要定义一些成员来引用面板中的按钮和输入框。在 LoginPanel 类中定义 idInput 指向账号输入框,定义 pwInput 指向密码输入框,定义 loginBtn 指向登录按钮,定义 regBtn 指向注册按钮。程序还通过按钮的 onClick.AddListener 给按钮添加监听事件,当玩家按下登录按钮时,会调用 OnLoginClick 方法(尚未实现),当玩家按下注册按钮时,会调用 OnRegClick 方法(尚未实现)。

代码如下:

```
public class LoginPanel : BasePanel {
    //账号输入框
    private InputField idInput;
    //密码输入框
    private InputField pwInput;
    //登录按钮
```

```
private Button loginBtn;
// 注册按钮
private Button regBtn;

……

// 显示
public override void OnShow(params object[] args) {
    // 寻找组件
    idInput = skin.transform.Find("IdInput").GetComponent<InputField>();
    pwInput = skin.transform.Find("PwInput").GetComponent<InputField>();
    loginBtn = skin.transform.Find("LoginBtn").GetComponent<Button>();
    regBtn = skin.transform.Find("RegisterBtn").GetComponent<Button>();
    // 监听
    loginBtn.onClick.AddListener(OnLoginClick);
    regBtn.onClick.AddListener(OnRegClick);
}
……
```

图 9-19 展示了各个变量和 UI 组件的关系。

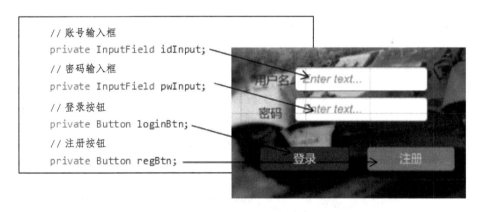

图 9-19 LoginPanel 成员和 UI 组件的关系

## 9.5.7 网络监听

登录面板一般会作为游戏的启动界面。当游戏启动时，客户端需要先连接服务端（NetManager.Connect），后续才能够收发协议。我们让 LoginPanel 在显示时（OnShow）发起网络连接，并且添加对连接成功（NetManager.NetEvent.ConnectSucc）和连接失败（NetManager.NetEvent.ConnectFail）的回调。这里还添加对 MsgLogin 的监听（登录协议的具体内容参见第 7 章），当客户端收到服务端发来的 MsgLogin 协议，会调用 OnMsgLogin 方法。值得注意的是，在面板关闭时（OnClose 方法），需要删去 OnShow 中添加的监听。试想当面板关闭后，LoginPanel 被销毁，loginPanel.OnMsgLogin 方法也就不复存在了。如果 NetManager 回调一个已销毁对象的方法，会引发一些不可预测的后果。

LoginPanel 修改代码如下：

```
//显示
public override void OnShow(params object[] args) {
    //寻找组件监听
    ……
    //网络协议监听
    NetManager.AddMsgListener("MsgLogin", OnMsgLogin);
    //网络事件监听
    NetManager.AddEventListener(
            NetManager.NetEvent.ConnectSucc, OnConnectSucc);
    NetManager.AddEventListener(
            NetManager.NetEvent.ConnectFail, OnConnectFail);
    //连接服务器
    NetManager.Connect("127.0.0.1", 8888);
}


//关闭
public override void OnClose() {
    //网络协议监听
    NetManager.RemoveMsgListener("MsgLogin", OnMsgLogin);
    //网络事件监听
    NetManager.RemoveEventListener(
            NetManager.NetEvent.ConnectSucc, OnConnectSucc);
    NetManager.RemoveEventListener(
            NetManager.NetEvent.ConnectFail, OnConnectFail);
}
```

图 9-20 展示了 LoginPanel 类各个回调函数和 UI 部件的关系。

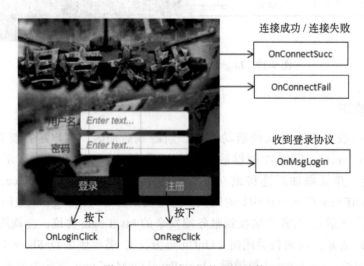

图 9-20　LoginPanel 的回调函数

成功连接服务端的回调函数 OnConnectSucc 和连接失败的回调函数 OnConnectFail 代码如下，只是弹出提示。PanelManager.Open<TipPanel>(err) 中的 TipPanel 指代提示框，会在后续章节中实现。

```
//连接成功回调
void OnConnectSucc(string err){
    Debug.Log("OnConnectSucc");
}

//连接失败回调
void OnConnectFail(string err){
    PanelManager.Open<TipPanel>(err);
}
```

### 9.5.8　登录和注册按钮

当玩家按下登录按钮时，会调用 OnLoginClick 方法。程序会先判断输入框中的用户名和密码是否合法（不为空），然后组装 MsgLogin 协议，发送给服务端。当玩家按下注册按钮时，会调用 PanelManager.Open 打开注册面板（稍后实现）。

```
//当按下登录按钮
public void OnLoginClick() {
    //用户名密码为空
    if (idInput.text == "" || pwInput.text == "") {
    PanelManager.Open<TipPanel>("用户名和密码不能为空");
    return;
    }
    //发送
    MsgLogin msgLogin = new MsgLogin();
    msgLogin.id = idInput.text;
    msgLogin.pw = pwInput.text;
    NetManager.Send(msgLogin);
}

//当按下注册按钮
public void OnRegClick() {
    PanelManager.Open<RegisterPanel>();
}
```

### 9.5.9　收到登录协议

玩家按下登录按钮后，程序会发送 MsgLogin 协议给服务端，服务端处理后，会返回 MsgLogin 协议。MsgLogin 协议的回调函数 OnMsgLogin 会判断是否登录成功（msg.result == 0）。如果登录成功，在场景中添加一辆坦克，然后关闭登录面板；如果登录失败，会弹出提示。

```
//收到登录协议
public void OnMsgLogin (MsgBase msgBase) {
```

```
        MsgLogin msg = (MsgLogin)msgBase;
        if(msg.result == 0){
            Debug.Log("登录成功");
            //进入游戏
            //添加坦克
            GameObject tankObj = new GameObject("myTank");
            CtrlTank ctrlTank = tankObj.AddComponent<CtrlTank>();
            ctrlTank.Init("tankPrefab");
            //设置相机
            tankObj.AddComponent<CameraFollow>();
            //关闭界面
            Close();
        }
        else{
            PanelManager.Open<TipPanel>("登录失败");
        }
    }
}
```

读者可以注释掉涉及 TipPanel 和 RigisterPanel 的报错语句，然后运行程序，看看登录功能是否正常。

## 9.6 注册面板 RegisterPanel

### 9.6.1 制作面板预设

注册面板含有"用户名""密码""重复密码"三个输入框，"注册"和"关闭"两个按钮，如图 9-21 所示。玩家输入用户名和两次密码后，点击"注册"按钮，客户端将向服务端发送 MsgRegister 协议请求注册。点击"关闭"按钮将返回登录面板。

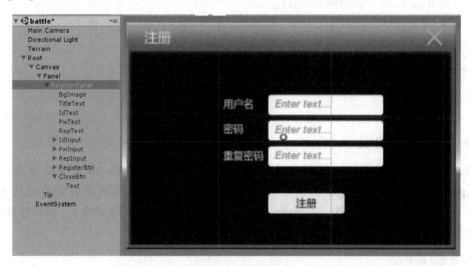

图 9-21 注册面板

各个部件的介绍见表 9-3。

表 9-3　注册面板部件说明

| 部件 | 说明 |
| --- | --- |
| IdInput | 用户名输入框 |
| PwInput | 密码输入框 |
| RepInput | 重复密码输入框 |
| RegisterBtn | 注册按钮 |
| CloseBtn | 关闭按钮<br><br>关闭按钮使用自定义的图片样式，设置如下： |
| IdText | 用户名标签，仅为了美观 |

（续）

| 部件 | 说明 |
|---|---|
| PwText | 密码标签，仅为了美观 |
| RepText | 重复密码标签，仅为了美观 |
| BgImage | 背景图，仅为了美观 |
| TitleText | 标题，仅为了美观 |
| RegisterPanel | 顶层的 RegisterPanel 包含 Image 组件，显示一张白色半透明图片。当注册面板显示在登录面板之上时，这张白色半透明图片可以遮挡登录面板的按钮，使玩家不能点击它们 |

完成后将注册面板（RegisterPanel）做成预设，存放到 Resources 文件夹下，以便让 PanelManager 加载它，如图 9-22 所示。

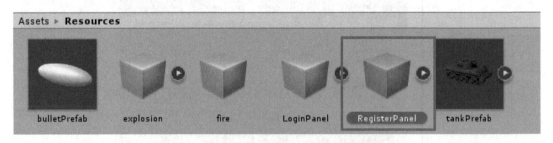

图 9-22 将注册面板（RegisterPanel）做成预设

### 9.6.2 注册面板类

制作好面板资源，新建名为 RegisterPanel 的代码文件，编写面板功能。注册面板类代码的结构如下，其中定义 idInput 指向用户名输入框，pwInput 指向密码输入框，repInput 指向重复输入框，regBtn 指向注册按钮，closeBtn 指向关闭按钮。

在 OnInit 方法中设定皮肤（skinPath）为 RegisterPanel，层级为 PanelManager.Layer.Panel。

```
using System.Collections;
using System.Collections.Generic;
using UnityEngine;
using UnityEngine.UI;
public class RegisterPanel : BasePanel {
    //账号输入框
    private InputField idInput;
    //密码输入框
    private InputField pwInput;
    //重复输入框
    private InputField repInput;
    //注册按钮
    private Button regBtn;
    //关闭按钮
    private Button closeBtn;

    //初始化
    public override void OnInit() {
        skinPath = "RegisterPanel";
        layer = PanelManager.Layer.Panel;
    }

    //显示
    public override void OnShow(params object[] args) {
        ……
    }

    //关闭
    public override void OnClose() {
        ……
    }
}
```

图 9-23 展示了 RegisterPanel 各成员和 UI 组件的关系。

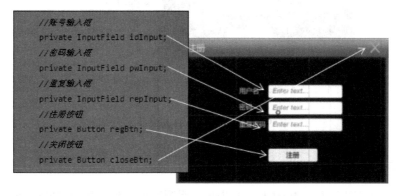

图 9-23　RegisterPanel 成员和 UI 组件的关系

在 RegisterPanel 的 OnShow 方法中，给各个引用 UI 组件的成员赋值，并给按钮添加点击回调。当玩家点击注册按钮时，会调用 OnRegClick 方法，点击关闭按钮时，会调用 OnCloseClick 方法。

当玩家点击注册按钮，客户端会发送 OnMsgRegister 协议，注册面板还需要监听该协议。当服务端返回注册成功或注册失败时，调用 OnMsgRegister 方法，弹出提示。

```
//显示
public override void OnShow(params object[] args) {
    //寻找组件
    idInput = skin.transform.Find("IdInput").GetComponent<InputField>();
    pwInput = skin.transform.Find("PwInput").GetComponent<InputField>();
    repInput = skin.transform.Find("RepInput").GetComponent<InputField>();
    regBtn = skin.transform.Find("RegisterBtn").GetComponent<Button>();
    closeBtn = skin.transform.Find("CloseBtn").GetComponent<Button>();
    //监听
    regBtn.onClick.AddListener(OnRegClick);
    closeBtn.onClick.AddListener(OnCloseClick);
    // 网络协议监听
    NetManager.AddMsgListener("MsgRegister", OnMsgRegister);
}

//关闭
public override void OnClose() {
    // 网络协议监听
    NetManager.RemoveMsgListener("MsgRegister", OnMsgRegister);
}
```

图 9-24 展示了 RegisterPanel 回调函数和 UI 组件的关系。

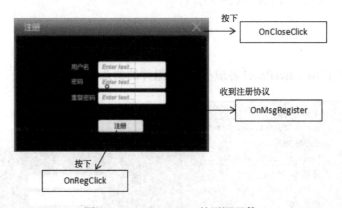

图 9-24　RegisterPanel 的回调函数

## 9.6.3　按钮事件

注册按钮的回调方法 OnRegClick 会先做一系列判断，检验用户名密码是否为空，检验两次输入的密码是否相同，然后向服务端发送 MsgRegister 协议。

关闭按钮的回调方法 OnCloseClick 仅调用 Close 关闭面板。

```
//当按下注册按钮
public void OnRegClick() {
    //用户名密码为空
    if (idInput.text == "" || pwInput.text == "") {
        PanelManager.Open<TipPanel>("用户名和密码不能为空");
        return;
    }
    //两次密码不同
    if (repInput.text != pwInput.text) {
        PanelManager.Open<TipPanel>("两次输入的密码不同")
        return;
    }
    //发送
    MsgRegister msgReg = new MsgRegister();
    msgReg.id = idInput.text;
    msgReg.pw = pwInput.text;
    NetManager.Send(msgReg);
}

//当按下关闭按钮
public void OnCloseClick() {
    Close();
}
```

## 9.6.4 收到注册协议

当收到服务端返回的注册协议，会调用回调函数 OnMsgRegister。如果注册成功（msg.result == 0），会弹出"注册成功"的提示框，然后关闭注册面板；如果注册失败，会弹出"注册失败"的提示框。

```
//收到注册协议
public void OnMsgRegister (MsgBase msgBase) {
    MsgRegister msg = (MsgRegister)msgBase;
    if(msg.result == 0){
        Debug.Log("注册成功");
        //提示
        PanelManager.Open<TipPanel>("注册成功");
        //关闭界面
        Close();
    }
    else{
        PanelManager.Open<TipPanel>("注册失败");
    }
}
```

完成注册面板功能，读者可以注释掉提示面板相关的报错，做些调试工作。

## 9.7 提示面板 TipPanel

### 9.7.1 制作面板预设

提示面板是用于显示"用户名密码错误""两次输入密码不同"等信息的弹出框。它包含用于显示提示语的文本和"好了"按钮，如图 9-25 所示。需要弹出提示框时，只需使用参数给提示面板的文本赋值，类似于 PanelMamger.Open<TipPanel>(" 这是提示框显示的内容 !")。当玩家点击"好的"按钮，关闭面板。各个部件的介绍见表 9-4。

图 9-25　提示面板

表 9-4　提示面板部件说明

| 部件 | 说明 |
| --- | --- |
| Text | 提示文本 |
| OkBtn | "好的"按钮 |
| BgImage | 背景图，仅为了美观 |
| TitleText | 标题，仅为了美观 |
| TipPanel | 顶层 TipPanel 包含 Image 组件，显示一张白色半透明图片，用于屏蔽下层的按钮 |

完成后将提示面板（TipPanel）做成预设，存放到 Resources 文件夹下。

## 9.7.2 提示面板类

提示面板是游戏的通用面板，很多模块都会用到它。登录模块会使用提示面板弹出"用户名密码错误""注册失败"等提示；房间系统（游戏大厅）会使用提示面板弹出"进入房间失败""只有房主才能开始战斗"的提示。我们把提示面板当作通用模块（Common）的功能，在 Script/mudule/Common 目录下建立 TipPanel 类，如图 9-26 所示。

 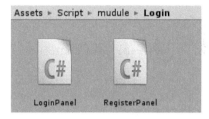

图 9-26　通用模块（Common）和登录模块（Login）

接下来开始编写 TipPanel 类的功能，提示面板代码如下。定义文本类型的 text 指向文本框；okBtn 指向"好的"按钮；设置 skinPath 为"TipPanel"；提示面板往往在所有面板的上层，设置层级为"PanelManager.Layer.Tip"。当玩家点击"好的"按钮时，会回调 OnOkClick 方法，关闭面板。

在 OnShow 方法中，程序通过 args[0] 获取传入的第一个参数，把它转换成 string 类型后给文本赋值。例如使用 PanelManager.Open<TipPanel>("hello") 打开提示面板，OnShow 的"(string)args[0]"语句最终会返回"hello"。

```
using System.Collections;
using System.Collections.Generic;
using UnityEngine;
using UnityEngine.UI;

public class TipPanel : BasePanel {
    //提示文本
    private Text text;
    //确定按钮
    private Button okBtn;

    //初始化
    public override void OnInit() {
        skinPath = "TipPanel";
        layer = PanelManager.Layer.Tip;
    }
    //显示
```

```csharp
    public override void OnShow(params object[] args) {
        //寻找组件
        text = skin.transform.Find("Text").GetComponent<Text>();
        okBtn = skin.transform.Find("OkBtn").GetComponent<Button>();
        //监听
        okBtn.onClick.AddListener(OnOkClick);
        //提示语
        if(args.Length == 1){
            text.text = (string)args[0];
        }
    }

    //关闭
    public override void OnClose() {

    }

    //当按下确定按钮
    public void OnOkClick(){
        Close();
    }
}
```

图 9-27 展示了提示面板的成员和监听方法的关系。

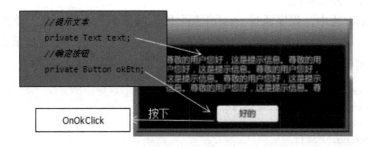

图 9-27  提示面板的成员和监听方法

### 9.7.3 测试面板

编写如下程序，即可测试面板功能。调用 PanelManager 前，需要先使用 PanelManager.Init 初始化它，然后使用 PanelManager.Open 打开对应的面板。

```csharp
void Start () {
    //界面
    PanelManager.Init();
    PanelManager.Open<LoginPanel>();
    PanelManager.Open<TipPanel>("用户名或密码错误！");
    ……
```

运行结果如图 9-28 所示，弹出登录面板和提示面板。当玩家点击"好的"按钮时，提示面板会消失。

图 9-28　程序运行结果

## 9.8　游戏入口 GameMain

### 9.8.1　设计要点

游戏入口类 GameMain 是一个挂载在场景中的组件，它作为整个游戏的驱动类，解决下面几个问题。

1）当玩家打开游戏时，登录面板会作为第一个弹出的面板。那么游戏项目中，应该在哪里调用弹出登录面板的 PanelManager.Open 呢？我们会把游戏的初始功能放置到 GameMain 里。

2）客户端需要保存一些玩家数据，这些数据在整个游戏中都会用到。例如在游戏的很多地方都会显示玩家的 id，如果客户端能够自己记录，便不需要从服务端获取。

3）网络框架 NetManager 需要外部调用它的 Update 方法来驱动，GameMain 可完成这项功能。

4）GameMain 还会完成一些通用事件的处理，例如当网络断开时弹出提示，当玩家被顶下线时也弹出提示。

图 9-29 展示了 GameMain 的功能。

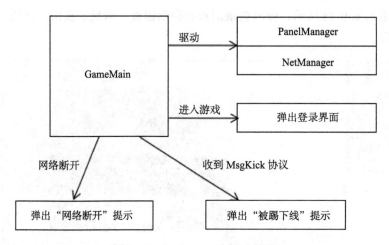

图 9-29　GameMain 功能示意图

## 9.8.2　代码实现

GameMain 作为启动脚本，一般直接放置在代码根目录下，如图 9-30 所示。

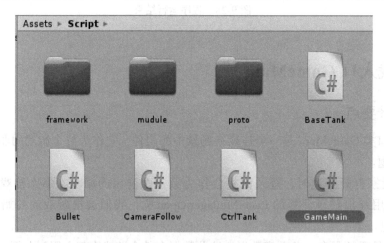

图 9-30　在 Script 目录下创建 GameMain 类

GameMain 的代码如下。其中定义了 static 变量 id，用于记录玩家角色 id，如果后续还需要记录更多的信息，会在 GameMain 中添加更多的成员。在 Start 方法中，程序添加了网络关闭事件的监听，以及 MsgKick 协议的监听。当网络断开，程序会回调 OnConnectClose 方法；当收到 MsgKick 协议，程序会回调 OnMsgKick 方法。

在 Start 和 Update 中，程序调用 PanelManager.Init 和 NetManager.Update 驱动管理器。最后在 Start 中调用 PanelManager.Open 打开登录面板。

```
using System.Collections;
```

```csharp
using System.Collections.Generic;
using UnityEngine;

public class GameMain : MonoBehaviour {
    public static string id = "";

    // Use this for initialization
    void Start () {
        //网络监听
        NetManager.AddEventListener(NetManager.NetEvent.Close, OnConnectClose);
        NetManager.AddMsgListener("MsgKick", OnMsgKick);
        //初始化
        PanelManager.Init();
        //打开登录面板
        PanelManager.Open<LoginPanel>();
    }

    // Update is called once per frame
    void Update () {
        NetManager.Update();
    }
}
```

回调函数 OnConnectClose 和 OnMsgKick 仅弹出提示框。

```csharp
//关闭连接
void OnConnectClose(string err){
    Debug.Log(" 断开连接 ");
}

//被踢下线
void OnMsgKick(MsgBase msgBase){
    PanelManager.Open<TipPanel>(" 被踢下线 ");
}
```

### 9.8.3 缓存用户名

在 LoginPanel 中，如果登录成功，我们会把玩家的 id 记录到 GameMain 中。修改 LoginPanel 的 OnMsgLogin 方法，在服务端返回登录成功的消息时，给 GameMain.id 赋值。LoginPanel 修改的代码如下：

```csharp
//收到登录协议
public void OnMsgLogin (MsgBase msgBase) {
    ……
    if(msg.result == 0){
        //进入游戏 添加坦克 设置相机 ……
        //设置id
        GameMain.id = msg.id;
        //关闭界面
        Close();
    }
    ……
}
```

完成后，将 GameMain 挂载到场景中的 Root 空物体下。当进入场景后，Unity 就会自动调用 GameMain。

## 9.9 功能测试

### 9.9.1 登录

运行游戏，即能够看到登录面板，如图 9-31 所示。

图 9-31 登录界面

若随便输入用户名和密码，会看到"登录失败"的提示，如图 9-32 所示。

图 9-32 登录失败

输入正确的用户名和密码，登录成功，进入游戏，如图 9-33 所示。

图 9-33　进入游戏

## 9.9.2　注册

点击登录面板中的注册按钮，在弹出的注册面板中输入用户名和密码，注册新账号，如图 9-34 所示。

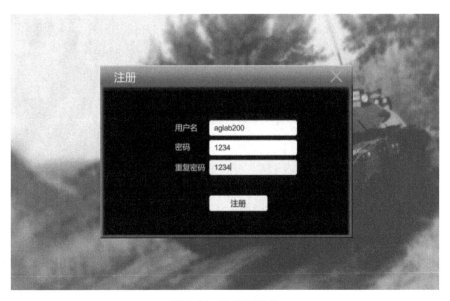

图 9-34　注册新账号

如果两次输入的密码不一致，会弹出密码不一致的提示，如图9-35所示。

图9-35　密码不一致提示

如果用户名已经被注册，会弹出注册失败提示，如图9-36所示。

图9-36　注册失败提示

注册成功，也会弹出注册成功的提示，如图9-37所示。用新注册的用户名和密码，即可登录游戏。

图 9-37　注册成功提示

## 9.9.3　下线

游戏过程中,如果另一客户端登录同一账号,先登录的客户端会被踢下线,如图 9-38 所示。

图 9-38　被踢下线提示

本章完成了游戏的登录和注册,下一章将介绍如何制作游戏大厅。

# 第 10 章
# 游戏大厅和房间

游戏大厅（房间系统）是网络游戏中最常见的系统之一，玩家可以自由地开房间、加入房间，与同一房间里的玩家战斗。房间系统所使用的技术拥有较高的通用性，它不仅涵盖了普通游戏系统的开发方法，还涉及游戏对象（如房间）的管理。理解了房间系统，也就能够理解排行榜、聊天、签到、任务等常见系统的实现方式。

本章将会实现这样的房间系统：玩家登录游戏后，会弹出房间列表面板，如图 10-1 所示，面板中显示了玩家的基本信息，以及当前服务器中的所有房间，玩家可以选择一个房间进入，也可以自己创建房间。

图 10-1　登录游戏后，界面上列出房间列表

进入房间后，会弹出房间面板，如图 10-2 所示，玩家可以看到房间里所有玩家的名字、阵营、胜利次数、失败次数等信息。当房主点击"开始战斗"按钮后，开启一场战斗。

第 10 章　游戏大厅和房间　❖　311

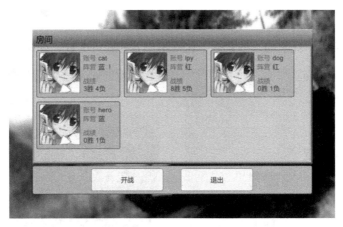

图 10-2　进入房间后，玩家可以看到房间的详细信息

## 10.1　列表面板预设

房间系统涉及"房间列表面板"和"房间面板"两个面板，我们会先制作这两个面板的预设，再编写功能。

### 10.1.1　整体结构

玩家登录游戏后，会弹出房间列表面板，供玩家创建房间或者选择房间加入。面板分为"个人信息""操作"和"房间列表"三大部分，如图 10-3 所示。

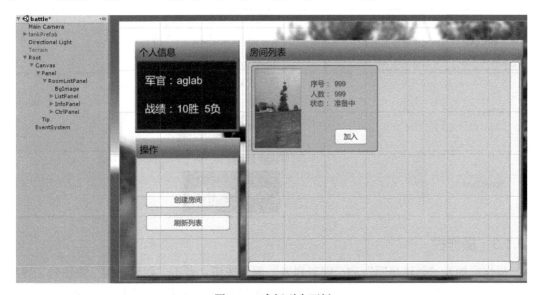

图 10-3　房间列表面板

## 10.1.2 个人信息栏

个人信息栏会显示玩家的一些数据，包括用户名和胜负次数，如图 10-4 所示。

图 10-4 个人信息栏

个人信息栏部件说明见表 10-1。

表 10-1 个人信息栏部件说明

| 主要部件 | 说明 |
| --- | --- |
| InfoPanel | 背景图，仅为了美观 |
| TitleText | 标题文本，仅为了美观<br>个人信息 |
| IdText | 用户名文本框<br>个人信息<br>军官：aglab |
| ScoreText | 战绩文本框<br>战绩：10胜 5负 |

## 10.1.3 操作栏

操作栏拥有"创建房间"和"刷新列表"两个按钮。点击"创建房间"按钮时，客户端会发送创建房间的协议给服务端；点击"刷新列表"按钮时，客户端也会发送查询房间列表的协议，如图 10-5 所示。

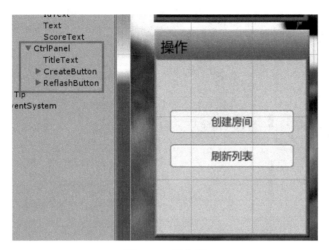

图 10-5　操作栏

操作栏部件说明见表 10-2。

表 10-2　操作栏部件说明

| 主要部件 | 说明 |
| --- | --- |
| CtrlPanel | 背景图，仅为了美观 |
| TitleText | 标题文本，仅为了美观 |
| CreateButton | 创建房间按钮 |
| ReflashButton | 刷新列表按钮 |

## 10.1.4　房间列表栏

房间列表栏显示当前所有的房间信息，每一项都包含房间序号、人数、状态以及"加入"按钮，玩家可以通过该按钮进入一个已经存在的房间，如图 10-6 所示。

房间列表栏部件说明见表 10-3。

314 ❖ Unity3D 网络游戏实战

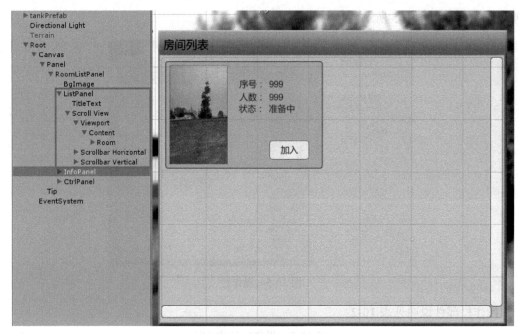

图 10-6 房间列表栏

表 10-3 房间列表栏部件说明

| 主要部件 | 说明 |
| --- | --- |
| ListPanel | 背景图，仅为了美观 |
| TitleText | 标题文本，仅为了美观 |
| Scroll View | Scroll View 是 Unity 内置的 Scroll View 组件，通过右击 Hierarchy → UI → Scroll View 添加。通过 Scroll View 组件，可以实现列表的展示 |

## 10.1.5 Scroll View

Scroll View 是实现列表的最重要部件。Scroll View 包含了名为 Scroll Rect 的组件，它能够实现区域的滑动，还可以设置滑动的方向、绑定滑动条。Scroll Rect 的常用属性见表 10-4。

表 10-4  Scroll Rect 的常用属性

| 常用属性 | 描述 |
| --- | --- |
| Content | 滑动的内容。如下图的例子中，给白色图片添加 ScrollRect 组件，使它成为滑动窗口。指定蓝色图片为它的 Content，蓝色图片将能够在白色图片区域内滑动。对于超出 Scroll Rect 的部分，Content 可以被遮罩 |
| Horizontal | 该区域是否允许水平滑动 |
| Vertical | 该区域是否允许垂直滑动 |
| Horizontal Scrollbar | 对应的水平滑动条。拉动滑动条时，Content 将随之移动 |
| Vertical Scrollbar | 对应的垂直滑动条。拉动滑动条时，Content 将随之移动 |

RoomListPanel 中的 Scroll Rect 各项属性设置应如图 10-7 所示，图中的 Scroll View/Viewport/Content/Room 是列表项，后续会制作。

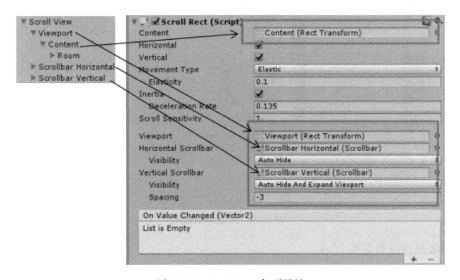

图 10-7  Scroll Rect 各项属性

除了 Scroll Rect，GridLayoutGroup 也是实现列表的必要组件。GridLayoutGroup 是一个布局组件，它可以管理列表中的单元格，设置单元格大小、排列方式、行列参数等。给 Content 添加 GridLayoutGroup 后，Content 的子物体的位置和大小将会由 GridLayoutGroup 自动设定。我们会把列表项当作 Content 的子物体，让 GridLayoutGroup 去排列它们。给 Content 添加 GridLayoutGroup 组件，设置图 10-8 所示的参数。其中 Cell Size 指定列表项的尺寸；Padding 指定列表项与边框的间隔；Spacing 指定列表项与列表项之间的间隔。再给 Content 添加的 Content Size Fiter 组件，它会自动调节 Content 尺寸；当列表项增多时，它会自动增大 Content，反之亦然。

### 10.1.6 列表项 Room

列表项 Room 用于显示房间信息。它包含 idText、CountText 和 StatusText

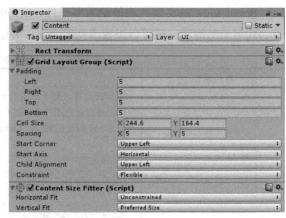

图 10-8　给 Content 添加 GridLayoutGroup 组件

三个文本框，分别用于显示房间序号、房间人数和状态。它还包含"加入"按钮 JoinButton，如图 10-9 所示。

图 10-9　列表项 Room

列表项部件说明见表 10-5。

表 10-5　列表项部件说明

| 主要部件 | 说明 |
| --- | --- |
| Room | 背景框，仅为了美观 |

（续）

| 主要部件 | 说明 |
|---|---|
| BgImage | 背景图，仅为了美观 |
| IdText | 房间序号文本 |
| CountText | 人数文本 |
| StatusText | 状态文本 |
| JoinButton | 加入按钮 |

由于 Content 包含 GridLayoutGroup 组件，会自动调节 Content 的子物体的位置和大小。如果多次复制列表项 Room，如图 10-10 所示，最终会得到图 10-11 所示的表现效果。

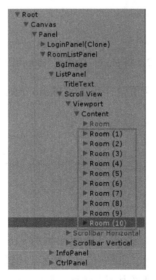

图 10-10　多次复制列表项 Room

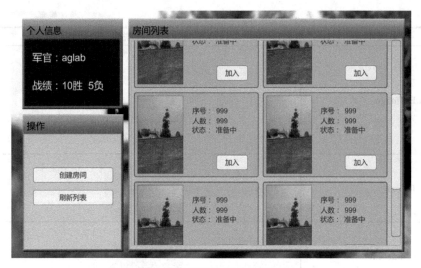

图 10-11 房间列表栏的显示效果

完成列表项 Room，将 Room 移动到 RoomListPanel 中，如图 10-12 所示，让 Content 子物体为空。后续将会由程序实例化 Room，把实例化对象放置到 Content 之下。

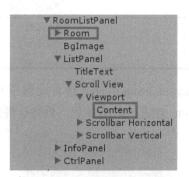

图 10-12 将 Room 移动到 RoomListPanel 中

最后，将 RoomListPanel 做成预设，存放到 Resources 文件夹下，以便让 PanelManager 加载它。

## 10.2 房间面板预设

### 10.2.1 整体结构

玩家创建房间或加入房间后，将通过房间面板看到房间的详细信息。面板还包含"退出房间"和"开始战斗"两个按钮，如图 10-13 所示。当玩家按下"退出房间"按钮时，返回房间列表面板；当玩家按下"开始战斗"时，开启一场战斗。

第 10 章 游戏大厅和房间 ❖ 319

图 10-13 房间面板

## 10.2.2 列表栏

与 10.1.4 节相似,房间面板包含列表栏和控制栏。列表栏的核心是 Scroll View 部件,用于列出房间中的玩家,如图 10-14 所示。

图 10-14 列表栏部件

列表栏部件说明见表 10-6。

表 10-6 列表栏部件说明

| 主要部件 | 说明 |
| --- | --- |
| ListPanel | 背景图,仅为了美观 |

(续)

| 主要部件 | 说明 |
| --- | --- |
| TitleText | 标题文本，仅为了美观 |
| Scroll View | Scroll View 部件，用于显示玩家信息。和 10.1.5 节相同，需要给 Scroll View 的 Content 添加 GridLayoutGroup 组件 |

### 10.2.3 列表项 Player

列表项 Player 用于显示玩家信息，包含 IdText、CampText 和 ScoreText 三个文本框，分别用于显示玩家的账号、阵营和战绩，如图 10-15 所示。

图 10-15 列表项部件

列表项部件说明见表 10-7。

表 10-7 列表项部件说明

| 主要部件 | 说明 |
| --- | --- |
| Player | 背景框，仅为了美观 |
| BgImage | 头像，仅为了美观 |
| IdText | 账号文本 |

（续）

| 主要部件 | 说明 |
| --- | --- |
| CampText | 阵营文本<br>阵营 红 |
| ScoreText | 战绩文本<br>战绩<br>10胜 5败 |

如果多次复制列表项 Player，最终会得到图 10-16 所示的表现效果。

图 10-16　列表栏的显示效果

完成列表项 Player，将其移动到 RoomPanel 中，如图 10-17 所示，后续将会由程序实例化它。

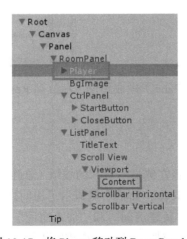

图 10-17　将 Player 移动到 RoomPanel 中

### 10.2.4 控制栏

控制栏包含 StartButton 和 CloseButton 两个按钮，对应于开战和退出房间的功能，如图 10-18 所示。

图 10-18 控制栏

控制栏部件说明见表 10-8。

表 10-8 控制栏部件说明

| 主要部件 | 说明 |
| --- | --- |
| CtrlPanel | 背景框，仅为了美观 |
| StartButton | 开战按钮 |
| CloseButton | 退出按钮 |

完成后将房间面板（RoomPanel）做成预设，存放到 Resources 文件夹下。

## 10.3 协议设计

打开房间列表面板后，面板左侧显示玩家的战绩（总胜利次数和总失败次数），需要定义查询战绩的协议 MsgGetAchieve；面板右侧显示了房间列表，需要获取房间列表的协议 MsgGetRoomList；面板中有"新建房间"和"加入房间"按钮，涉及 MsgCreateRoom 和 MsgEnterRoom 两条协议；若玩家加入房间，需要获取房间信息（MsgGetRoomInfo 协议）；

玩家还可以选择离开房间（MsgLeaveRoom 协议）或者开始战斗（MsgStartBattle）。综上，设计下面七条用于房间系统的协议。

在 proto 目录中新建名为 RoomMsg 的文件，编写房间系统的协议类，如图 10-19 所示。

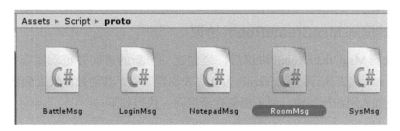

图 10-19　RoomMsg 的文件，编写房间系统的协议类

### 10.3.1　查询战绩 MsgGetAchieve 协议

服务端收到 MsgGetAchieve 协议后，返回玩家的总胜利次数 win 和总失败次数 lost。协议类代码如下：

```
//查询成绩
public class MsgGetAchieve:MsgBase {
    public MsgGetAchieve() {protoName = "MsgGetAchieve";}
    //服务端回
    public int win = 0;
    public int lost = 0;
}
```

### 10.3.2　查询房间列表 MsgGetRoomList 协议

服务端收到 MsgGetRoomList 协议后，会将所有房间信息发送给客户端。协议类包含 RoomInfo 类型的数组，而 RoomInfo 类包含了房间的各种信息，包括序号（id）、人数（count）、状态（status）。status 为 0 代表"准备中"状态，status 为 1 代表"开战中"状态。

RoomInfo 由"[System.Serializable]"修饰，代表这个类是可以被序列化的。只有加上这个修饰符，Unity 的 JsonUtility 才能够正确解析 rooms 数组。协议类代码如下：

```
//房间信息
[System.Serializable]
public class RoomInfo{
    public int id = 0;          //房间 id
    public int count = 0;       //人数
    public int status = 0;      //状态 0-准备中 1-战斗中
}

//请求房间列表
public class MsgGetRoomList:MsgBase {
```

```csharp
    public MsgGetRoomList() {protoName = "MsgGetRoomList";}
    //服务端回
    public RoomInfo[] rooms;
}
```

### 10.3.3　创建房间 MsgCreateRoom 协议

服务端收到 MsgCreateRoom 协议后，会创建一个新的房间并把玩家添加到新的房间里。返回值 result 代表执行结果，result 为 0 代表创建成功，其他数值代表创建失败。例如，如果玩家已经加入别的房间中，便不能创建新房间。代码如下：

```csharp
//创建房间
public class MsgCreateRoom:MsgBase {
    public MsgCreateRoom() {protoName = "MsgCreateRoom";}
    //服务端回
    public int result = 0;
}
```

### 10.3.4　进入房间 MsgEnterRoom 协议

玩家请求加入房间时将房间序号（id）发送给服务端，服务端把玩家添加到房间中。服务端的返回值 result 代表执行结果，result 为 0 代表成功进入，其他数值代表进入失败。例如玩家已经在房间中，就不能重复进入。代码如下：

```csharp
//进入房间
public class MsgEnterRoom:MsgBase {
    public MsgEnterRoom() {protoName = "MsgEnterRoom";}
    //客户端发
    public int id = 0;
    //服务端回
    public int result = 0;
}
```

### 10.3.5　查询房间信息 MsgGetRoomInfo 协议

玩家进入房间后，可以通过 MsgGetRoomInfo 协议请求该房间的详细信息。服务端返回 PlayerInfo 类型的数组 players，告诉客户端房间里所有玩家的信息，包括账号（id）、所在队伍（camp）、胜利总数（win）、失败总数（lost）、是否是房主（isOwner）。camp 的取值为 1 或者 2，代表在第一个阵营或者第二个阵营；如果 isOwner 为 1，代表玩家是房主，如果为 0，代表是普通成员。如有玩家加入或离开房间，服务端还会给房间里的所有玩家推送该协议，让客户端更新界面。代码如下：

```csharp
//玩家信息
[System.Serializable]
```

```
public class PlayerInfo{
    public string id = "lpy";      //账号
    public int camp = 0;           //阵营
    public int win = 0;            //胜利数
    public int lost = 0;           //失败数
    public int isOwner = 0;        //是否是房主
}

//获取房间信息
public class MsgGetRoomInfo:MsgBase {
    public MsgGetRoomInfo() {protoName = "MsgGetRoomInfo";}
    //服务端回
    public PlayerInfo[] players;
}
```

经过 Json 协议的编码，MsgGetRoomInfo 会被编码成如下形式的字符串，会以"[ ]"代表数组。

```
{"players":[{"id":"aglab100","camp":2,"win":12,"lost":3,"isOwner":1}],"protoName":"MsgGetRoomInfo"}
```

### 10.3.6 退出房间 MsgLeaveRoom 协议

玩家退出房间时发送 MsgLeaveRoom 协议，服务端的返回值 result 代表离开房间的结果，result 为 0 代表离开成功，其他数值代表离开失败（如玩家不在房间中却发送离开房间的协议）。代码如下：

```
//离开房间
public class MsgLeaveRoom:MsgBase {
    public MsgLeaveRoom() {protoName = "MsgLeaveRoom";}
    //服务端回
    public int result = 0;
}
```

### 10.3.7 开始战斗 MsgStartBattle 协议

当房主点击开始战斗按钮时，客户端会发送 MsgStartBattle 协议。服务端的返回值 result 代表开始战斗的结果，result 为 0 代表成功，其他数值代表失败。代码如下：

```
//开战
public class MsgStartBattle:MsgBase {
    public MsgStartBattle() {protoName = "MsgStartBattle";}
    //服务端回
    public int result = 0;
}
```

## 10.4 列表面板逻辑

打开房间列表面板时，客户端会向服务端发送请求，服务端将返回房间列表信息，客户端再根据收到的信息刷新列表。

在 Room 模块中新增两个文件 RoomListPanel 和 RoomPanel，分别编写房间列表面板和房间面板的逻辑，如图 10-20 所示。

图 10-20　新增两个文件 RoomListPanel 和 RoomPanel

### 10.4.1　面板类

RoomListPanel 的基本结构如下，它继承自 BasePanel，皮肤为 "RoomListPanel"，层级为 PanelManager.Layer.Panel。

```
using System.Collections;
using System.Collections.Generic;
using UnityEngine;
using UnityEngine.UI;

public class RoomListPanel : BasePanel {

    //初始化
    public override void OnInit() {
        skinPath = "RoomListPanel";
        layer = PanelManager.Layer.Panel;
    }

    //显示
    public override void OnShow(params object[] args) {
    }

    //关闭
    public override void OnClose() {
    }
}
```

### 10.4.2　获取部件

房间列表面板是本书最复杂的面板，它涉及较多的部件和功能。在 RoomListPanel 中定义指向各个面板部件的变量，idText 代表账号文本，scoreText 代表战绩文本，createButton 代表创建房间按钮，reflashButton 代表刷新列表按钮，content 代表列表容器，roomObj 代表列表项，如图 10-21 所示。还给创建房间按钮添加点击事件回调 OnCreateClick，给刷新列表按钮添加回调 OnReflashClick。图 10-21 展示了各变量和面板部件的对应关系。

第 10 章　游戏大厅和房间　❖　327

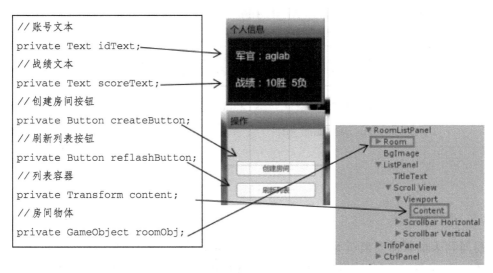

图 10-21　各变量和面板部件的对应关系

由于登录之后，用户名会由客户端保存在 GameMain.id 中，直接给 idText 赋值即可。roomObj 默认不应该显示出来，需要将它设置为不激活状态，程序将会以 roomObj 为模板，实例化出列表项。

代码如下：

```
public class RoomListPanel : BasePanel {
    //账号文本
    private Text idText;
    //战绩文本
    private Text scoreText;
    //创建房间按钮
    private Button createButton;
    //刷新列表按钮
    private Button reflashButton;
    //列表容器
    private Transform content;
    //房间物体
    private GameObject roomObj;

    //显示
    public override void OnShow(params object[] args) {
        //寻找组件
        idText = skin.transform.Find("InfoPanel/IdText").GetComponent<Text>();
        scoreText = skin.transform.Find("InfoPanel/ScoreText").GetComponent<Text>();
        createButton = skin.transform.Find("CtrlPanel/CreateButton").GetComponent<Button>();
        reflashButton = skin.transform.Find("CtrlPanel/ReflashButton").GetComponent <Button>();
```

```csharp
        content = skin.transform.Find("ListPanel/Scroll View/Viewport/Content");
        roomObj = skin.transform.Find("Room").gameObject;
        //按钮事件
        createButton.onClick.AddListener(OnCreateClick);
        reflashButton.onClick.AddListener(OnReflashClick);
        //不激活房间
        roomObj.SetActive(false);
        //显示id
        idText.text = GameMain.id;
    }
    ......
}
```

### 10.4.3 网络监听

房间列表面板需要监听 MsgGetAchieve（查询战绩）、MsgGetRoomList（刷新房间列表）、MsgCreateRoom（创建房间）和 MsgEnterRoom（进入房间）四条协议。收到服务端发送的这几条协议后，客户端调用 OnMsgGetAchieve 和 OnMsgGetRoomList 更新界面，调用 OnMsgCreateRoom 和 OnMsgEnterRoom 执行进入房间的逻辑。

在面板打开时，客户端会主动查询战绩和房间列表（MsgGetAchieve 和 MsgGetRoomList），所以在 OnShow 中将这两条协议发给服务端，待服务端回应时，更新面板。代码如下：

```csharp
//显示
public override void OnShow(params object[] args) {
    //寻找组件、按钮事件、不激活房间、显示id
    ......
    //协议监听
    NetManager.AddMsgListener("MsgGetAchieve", OnMsgGetAchieve);
    NetManager.AddMsgListener("MsgGetRoomList", OnMsgGetRoomList);
    NetManager.AddMsgListener("MsgCreateRoom", OnMsgCreateRoom);
    NetManager.AddMsgListener("MsgEnterRoom", OnMsgEnterRoom);
    //发送查询
    MsgGetAchieve msgGetAchieve = new MsgGetAchieve();
    NetManager.Send(msgGetAchieve);
    MsgGetRoomList msgGetRoomList = new MsgGetRoomList();
    NetManager.Send(msgGetRoomList);
}

//关闭
public override void OnClose() {
    //协议监听
    NetManager.RemoveMsgListener("MsgGetAchieve", OnMsgGetAchieve);
    NetManager.RemoveMsgListener("MsgGetRoomList", OnMsgGetRoomList);
    NetManager.RemoveMsgListener("MsgCreateRoom", OnMsgCreateRoom);
    NetManager.RemoveMsgListener("MsgEnterRoom", OnMsgEnterRoom);
}
```

## 10.4.4 刷新战绩

客户端收到 MsgGetAchieve 协议后，调用 OnMsgGetAchieve 方法，它会根据服务端返回的胜（win）负（lost）数，更新 scoreText。

```
//收到成绩查询协议
public void OnMsgGetAchieve (MsgBase msgBase) {
    MsgGetAchieve msg = (MsgGetAchieve)msgBase;
    scoreText.text = msg.win + "胜 " + msg.lost + "负";
}
```

图 10-22 刷新战绩文本

## 10.4.5 刷新房间列表

客户端收到 MsgGetRoomList 协议后，调用 OnMsgGetRoomList 方法。它会先删去已经生成的列表项。然后根据服务端发来的房间信息重新生成列表项（GenerateRoom 方法）。下面代码中，程序通过 content.GetChild 获取已经生成的列表项，再通过 Destroy 方法摧毁它们，执行完"清除房间列表"的操作，content 将没有任何子物体。由于 msg.rooms 是一个包含所有房间信息的数组，程序遍历这个数组，再调用 GenerateRoom 创建列表项。

```
//收到房间列表协议
public void OnMsgGetRoomList (MsgBase msgBase) {
    MsgGetRoomList msg = (MsgGetRoomList)msgBase;
    //清除房间列表
    for(int i = content.childCount-1; i >= 0 ; i--){
        GameObject o = content.GetChild(i).gameObject;
        Destroy(o);
    }
    //如果没有房间，不需要进一步处理
    if(msg.rooms == null){
        return;
    }
    for(int i = 0; i < msg.rooms.Length; i++){
        GenerateRoom(msg.rooms[i]);
    }
}
```

GenerateRoom 是创建列表项（房间信息）的方法，它通过 Instantiate 生成列表项，把列表项设为 content 的子对象。由于 content 包含了 GridLayoutGroup 组件，它会自动调节列表项的大小和位置。然后 GenerateRoom 根据参数 RoomInfo（在协议文件 RoomMsg.cs 中定义）的数据给列表项的部件赋值。对应关系见图 10-23。

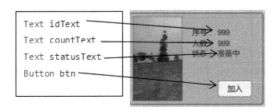

图 10-23 GenerateRoom 中变量与组件的对应关系

GenerateRoom 代码如下:

```csharp
// 创建一个房间单元
public void GenerateRoom(RoomInfo roomInfo){
    // 创建物体
    GameObject o = Instantiate(roomObj);
    o.transform.SetParent(content);
    o.SetActive(true);
    o.transform.localScale = Vector3.one;
    // 获取组件
    Transform trans = o.transform;
    Text idText = trans.Find("IdText").GetComponent<Text>();
    Text countText = trans.Find("CountText").GetComponent<Text>();
    Text statusText = trans.Find("StatusText").GetComponent<Text>();
    Button btn = trans.Find("JoinButton").GetComponent<Button>();
    // 填充信息
    idText.text = roomInfo.id.ToString();
    countText.text = roomInfo.count.ToString();
    if(roomInfo.status == 0){
        statusText.text = "准备中";
    }
    else{
        statusText.text = "战斗中";
    }
    // 按钮事件
    btn.name = idText.text;
    btn.onClick.AddListener(delegate(){
        OnJoinClick(btn.name);
    });
}
```

当玩家点击加入按钮时，OnJoinClick 方法被调用，它的参数是按钮名字，即房间序号。点击按钮后，客户端将会向服务端发送 MsgEnterRoom 协议（稍后实现）。

### 10.4.6　加入房间

玩家点击"加入"按钮请求加入房间，客户端会发送 MsgEnterRoom 协议并期待服务端回应。如果服务端返回 0，表示成功进入房间，需要打开房间面板。如果返回其他值，表示进入房间失败，弹出提示。

OnJoinClick 的具体实现如下，参数 idString 代表要加入房间的序号。

```csharp
// 点击加入房间按钮
public void OnJoinClick(string idString) {
    MsgEnterRoom msg = new MsgEnterRoom();
    msg.id = int.Parse(idString);
    NetManager.Send(msg);
}
```

收到进入房间协议的回调方法 OnMsgEnterRoom 如下。它根据服务端的返回值弹出提示。

```
//收到进入房间协议
public void OnMsgEnterRoom (MsgBase msgBase) {
    MsgEnterRoom msg = (MsgEnterRoom)msgBase;
    //成功进入房间
    if(msg.result == 0){
        PanelManager.Open<RoomPanel>();
        Close();
    }
    //进入房间失败
    else{
        PanelManager.Open<TipPanel>("进入房间失败");
    }
}
```

## 10.4.7 创建房间

玩家点击"创建房间"按钮，客户端向服务端发送 MsgCreateRoom 协议。服务端返回后，客户端读取返回值。如果返回 0，代表创建成功，打开房间面板；如果返回其他值，表示创建失败，弹出失败提示。

点击新建房间按钮代码如下：

```
//点击新建房间按钮
public void OnCreateClick() {
    MsgCreateRoom msg = new MsgCreateRoom();
    NetManager.Send(msg);
}
```

**MsgCreateRoom 协议处理代码如下：**

```
//收到新建房间协议
public void OnMsgCreateRoom (MsgBase msgBase) {
    MsgCreateRoom msg = (MsgCreateRoom)msgBase;
    //成功创建房间
    if(msg.result == 0){
        PanelManager.Open<TipPanel>("创建成功");
        PanelManager.Open<RoomPanel>();
        Close();
    }
    //创建房间失败
    else{
        PanelManager.Open<TipPanel>("创建房间失败");
    }
}
```

## 10.4.8 刷新按钮

当玩家点击"刷新列表"按钮，客户端向服务端发送 MsgGetRoomList 协议。当服务端返回时，10.4.5 节的 OnMsgGetRoomList 方法会被调用，重新生成列表项。

```
//点击刷新按钮
public void OnReflashClick(){
    MsgGetRoomList msg = new MsgGetRoomList();
    NetManager.Send(msg);
}
```

为测试面板能否正确显示，读者可以自行编写协议然后手动调用 OnMsgGetRoomList 等方法，模拟服务端的数据。

## 10.5 房间面板逻辑

房间面板会显示房间里所有玩家的信息，开始编写房间面板的逻辑吧！

### 10.5.1 面板类

定义如下的房间面板类，它继承自 BasePanel，设置皮肤（skinPath）为"RoomPanel"，层级（layer）为"PanelManager.Layer.Panel"。

```
using System.Collections;
using System.Collections.Generic;
using UnityEngine;
using UnityEngine.UI;

public class RoomPanel : BasePanel {

    //初始化
    public override void OnInit() {
        skinPath = "RoomPanel";
        layer = PanelManager.Layer.Panel;
    }

    //显示
    public override void OnShow(params object[] args) {
        ……
    }

    //关闭
    public override void OnClose() {
        ……
    }
}
```

## 10.5.2 获取部件

房间面板主要涉及玩家列表和开始战斗、退出房间两个按钮。定义 startButton 指向开始战斗按钮，closeButton 指向退出战斗按钮，content 指向列表容器，playerObj 指向列表项，房间面板中变量与部件的对应关系如图 10-24 所示。

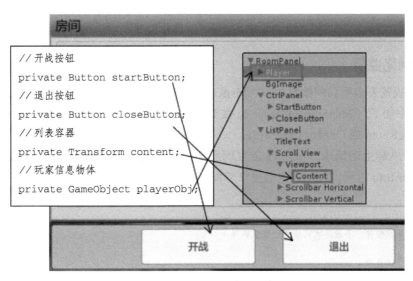

图 10-24 房间面板中变量与部件的对应关系

与列表面板一样，将列表项（playerObj）设置为不激活状态，同时给开始战斗按钮添加点击事件回调 OnStartClick，给关闭房间按钮添加回调 OnCloseClick。

代码如下：

```csharp
public class RoomPanel : BasePanel {
    //开战按钮
    private Button startButton;
    //退出按钮
    private Button closeButton;
    //列表容器
    private Transform content;
    //玩家信息物体
    private GameObject playerObj;

    //显示
    public override void OnShow(params object[] args) {
        //寻找组件
        startButton = skin.transform.Find("CtrlPanel/StartButton").GetComponent<Button>();
        closeButton = skin.transform.Find("CtrlPanel/CloseButton").GetComponent<Button>();
        content = skin.transform.Find("ListPanel/Scroll View/Viewport/Content");
```

```
        playerObj =  skin.transform.Find("Player").gameObject;
        //不激活玩家信息
        playerObj.SetActive(false);
        //按钮事件
        startButton.onClick.AddListener(OnStartClick);
        closeButton.onClick.AddListener(OnCloseClick);
    }
}
```

### 10.5.3　网络监听

房间面板需要监听房间信息协议（MsgGetRoomInfo）、离开房间协议（MsgLeaveRoom）和开始战斗协议（MsgStartBattle），当收到这些协议时，会回调 OnMsgGetRoomInfo、OnMsgLeaveRoom 或 OnMsgStartBattle。

除了客户端主动请求，服务端会在玩家加入、退出房间时向房间里的所有玩家广播 MsgGetRoomInfo 协议，以便客户端更新界面。

```
//显示
public override void OnShow(params object[] args) {
    //寻找组件、不激活玩家信息、按钮事件
    ......
    //协议监听
    NetManager.AddMsgListener("MsgGetRoomInfo", OnMsgGetRoomInfo);
    NetManager.AddMsgListener("MsgLeaveRoom", OnMsgLeaveRoom);
    NetManager.AddMsgListener("MsgStartBattle", OnMsgStartBattle);
    //发送查询
    MsgGetRoomInfo msg = new MsgGetRoomInfo();
    NetManager.Send(msg);
}

//关闭
public override void OnClose() {
    //协议监听
    NetManager.RemoveMsgListener("MsgGetRoomInfo", OnMsgGetRoomInfo);
    NetManager.RemoveMsgListener("MsgLeaveRoom", OnMsgLeaveRoom);
    NetManager.RemoveMsgListener("MsgStartBattle", OnMsgStartBattle);
}
```

### 10.5.4　刷新玩家列表

与 10.4.5 节的处理过程相似，客户端收到 MsgGetRoomInfo 协议后，会先清除房间面板的列表项，再根据服务端返回的信息，一个个添加。

```
//收到玩家列表协议
public void OnMsgGetRoomInfo (MsgBase msgBase) {
    MsgGetRoomInfo msg = (MsgGetRoomInfo)msgBase;
    //清除玩家列表
```

```
        for(int i = content.childCount-1; i >= 0 ; i--){
            GameObject o = content.GetChild(i).gameObject;
            Destroy(o);
        }
        //重新生成列表
        if(msg.players == null){
            return;
        }
        for(int i = 0; i < msg.players.Length; i++){
            GeneratePlayerInfo(msg.players[i]);
        }
    }
```

GeneratePlayerInfo 会根据服务端发来的 PlayerInfo 信息，添加一个列表项，并设置列表项中各个部件的属性，图 10-25 展示了玩家列表项中变量与部件的对应关系。

图 10-25  玩家列表项中变量与部件的对应关系

GeneratePlayerInfo 会先实例化（Instantiate）列表项，将它设置为 content 的子物体（transform.SetParent）。如果玩家在第一阵营，会显示"红"阵营；如果玩家在第二阵营，会显示"蓝"阵营；如果玩家是该房间的房主，会在阵营后面加上"!"，以区分房主和普通玩家。代码如下：

```
//创建一个玩家信息单元
public void GeneratePlayerInfo(PlayerInfo playerInfo){
    //创建物体
    GameObject o = Instantiate(playerObj);
    o.transform.SetParent(content);
    o.SetActive(true);
    o.transform.localScale = Vector3.one;
    //获取组件
    Transform trans = o.transform;
    Text idText = trans.Find("IdText").GetComponent<Text>();
    Text campText = trans.Find("CampText").GetComponent<Text>();
    Text scoreText = trans.Find("ScoreText").GetComponent<Text>();
    //填充信息
    idText.text = playerInfo.id;
    if(playerInfo.camp == 1){
        campText.text = "红";
    }
    else{
        campText.text = "蓝";
```

```
        }
        if(playerInfo.isOwner == 1){
            campText.text = campText.text + "！";
        }
        scoreText.text = playerInfo.win + "胜" + playerInfo.lost + "负";
    }
```

### 10.5.5  退出房间

玩家点击退出按钮时，客户端向服务端发送 MsgLeaveRoom 协议。如果服务端的返回值为 0，代表退出成功，重新打开房间列表面板。代码如下：

```
//点击退出按钮
public void OnCloseClick(){
    MsgLeaveRoom msg = new MsgLeaveRoom();
    NetManager.Send(msg);
}

//收到退出房间协议
public void OnMsgLeaveRoom (MsgBase msgBase) {
    MsgLeaveRoom msg = (MsgLeaveRoom)msgBase;
    //成功退出房间
    if(msg.result == 0){
        PanelManager.Open<TipPanel>("退出房间");
        PanelManager.Open<RoomListPanel>();
        Close();
    }
    //退出房间失败
    else{
        PanelManager.Open<TipPanel>("退出房间失败");
    }
}
```

### 10.5.6  开始战斗

当玩家点击开始战斗按钮，客户端会发送 MsgStartBattle 协议，如果服务端的返回值为 0，代表操作成功，关闭面板。如果操作失败，会弹出提示。房间模块仅关闭面板，不做额外的处理。

在下一章实现的战场功能中，如果成功开战，服务端会向房间里的所有玩家广播 MsgEnterBattle 协议，并附带上战场信息，战斗模块会监听这条协议，然后初始化战场。代码如下：

```
//点击开战按钮
public void OnStartClick(){
    MsgStartBattle msg = new MsgStartBattle();
    NetManager.Send(msg);
}
```

```csharp
}
//收到开战返回
public void OnMsgStartBattle (MsgBase msgBase) {
    MsgStartBattle msg = (MsgStartBattle)msgBase;
    //开战
    if(msg.result == 0){
        //关闭界面
        Close();
    }
    //开战失败
    else{
        PanelManager.Open<TipPanel>("开战失败！两队至少都需要一名玩家，只有队长可以开始战斗！");
    }
}
```

## 10.6 打开列表面板

当玩家成功登录游戏，程序会打开房间列表面板。需要在 LoginPanel 收到登录协议的回调方法中，打开列表面板。

LoginPanel 修改代码如下：

```csharp
//收到登录协议
public void OnMsgLogin (MsgBase msgBase) {
    MsgLogin msg = (MsgLogin)msgBase;
    if(msg.result == 0){
        Debug.Log("登录成功");
        //设置 id
        GameMain.id = msg.id;
        //打开房间列表界面
        PanelManager.Open<RoomListPanel>();
        //关闭界面
        Close();
    }
    else{
        PanelManager.Open<TipPanel>("登录失败");
    }
}
```

完成了客户端的功能，服务端又该怎样处理房间系统呢？下一节继续。

## 10.7 服务端玩家数据

完成房间系统客户端部分，接着我们便着手实现房间系统的服务端功能。游戏服务端需要记录玩家数据、管理房间、处理客户端发来的协议，房间系统的服务端功能会基于之前实现的服务端框架，进一步编写游戏逻辑。

### 10.7.1 存储数据

房间列表面板和房间面板都会显示玩家的战绩，指示玩家一共打赢了多少场战斗，以及输掉多少场战斗。战绩的数据不会因为玩家的上线下线而重置，需要保存在数据库中。在定义玩家存储数据的 PlayerData 中添加代表胜利数的 win 和代表失败数的 lost。代码如下：

```
public class PlayerData{
    //金币
    public int coin = 0;
    //记事本
    public string text = "new text";
    //胜利数
    public int win = 0;
    //失败数
    public int lost = 0;
}
```

### 10.7.2 临时数据

当玩家进入房间后，服务端需要记录玩家所在的房间号（roomId，-1 代表没有在房间里）、阵营（camp）等数据。当玩家开始一场战斗时，服务端需要记录坦克的位置和旋转角度（x, y, z, ex, ey, ez)，还需要记录坦克的生命值（hp）。每当玩家进入战场，这些数据都会被刷新，不需要存入数据库。在 Player 类中定义如下临时数据：

```
public class Player {
    //id、ClientState、构造函数、Send（略）
    // 坐标和旋转
    public int x;
    public int y;
    public int z;
    public float ex;
    public float ey;
    public float ez;
    // 在哪个房间
    public int roomId = -1;
    //阵营
    public int camp = 1;
    // 坦克生命值
    public int hp = 100;
    ……
}
```

图 10-26 展示了客户端状态 clientState 的结构，标注底纹的成员是此次添加的成员。

第 10 章 游戏大厅和房间 ◆ 339

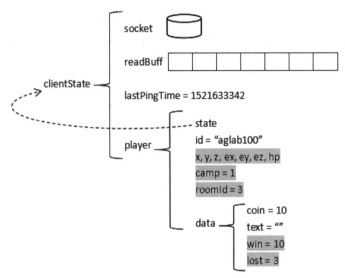

图 10-26 一个客户端连接对应的数据结构

## 10.8 服务端房间类

### 10.8.1 管理器和房间类的关系

在服务端中，每一个房间是一个房间类对象，它们存放在房间管理器的列表中，由管理器添加和删除。在图 10-27 中，客户端房间列表面板显示了两个房间，对应的，服务端的 roomManager 也带有两个房间对象，和客户端上显示的信息一一对应。

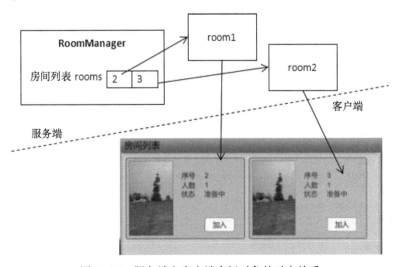

图 10-27 服务端和客户端房间对象的对应关系

在服务端中的逻辑代码中添加 Room.cs 和 RoomManager.cs，分别用于编写房间类和房间管理器。在 proto 中添加房间系统协议 RoomMsg.cs，将 10.3 节的协议复制进来，如图 10-28 所示。

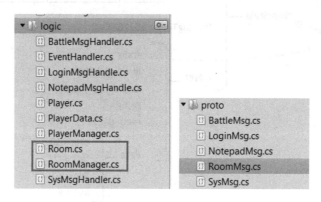

图 10-28　添加房间系统文件

## 10.8.2　房间类的设计要点

房间对象应当包含这个房间的所有信息，包括房间 id、玩家列表、房主是谁、房间状态。定义如下的 Room 类，其中：id 代表房间的序号；maxPlayer 代表该房间最多能够容纳多少名玩家，默认为 6 名；playerIds 列表会索引房间里的玩家，它是一个 Dictionary<string, bool> 类型的数据，用玩家的 id 做索引，如果 bool 类型的值为 true，代表这名玩家在房间里；ownerId 代表房主的 id，创建房间的玩家即是房主；status 代表房间的状态，房间会有准备中（PREPARE）和战斗中（FIGHT）两种状态，玩家只能进入准备状态的房间。

```
using System;
using System.Collections.Generic;

public class Room {
    //id
    public int id = 0;
    //最大玩家数
    public int maxPlayer = 6;
    //玩家列表
    public Dictionary<string, bool> playerIds = new Dictionary<string, bool>();
    //房主id
    public string ownerId = "";
    //状态
    public enum Status {
        PREPARE = 0,
        FIGHT = 1 ,
    }
```

```
    public Status status = Status.PREPARE;
    ......
}
```

图 10-29 展示了服务端房间类成员与客户端面板的关系。

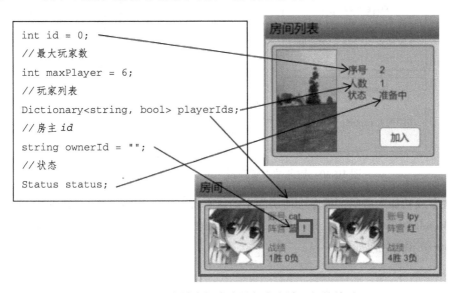

图 10-29　服务端房间类成员与客户端面板的关系

### 10.8.3　添加玩家

当玩家创建房间或者请求进入一个已经存在的房间时，程序需要把这个玩家添加到房间里。具体来说就是在 Room 对象的 playerIds 列表中添加一项，对应这名玩家的 id。同时，为了方便索引，还会设置 Player 对象的 roomId 属性。图 10-30 展示了服务端中各个管理器和具体对象的索引关系，房间对象（room）通过 playerIds 列表索引着玩家 id，而 player 对象通过 roomId 属性索引着它所在的房间。

程序需要对玩家能否进入房间做一系列判断，比如房间人满的时候加入失败；房间如果已经是开战状态，也不能添加玩家；或者请求加入房间的玩家已经在某一个房间里面，在他退出所在房间之前，不能重复加入。

定义给房间添加玩家的方法 AddPlayer，它的参数 id 代表要加入房间的玩家 id。如果 AddPlayer 返回 true，代表加入成功；如果返回 false，代表加入失败。

在一系列判断之后，程序会设置房间和玩家的索引属性（playerIds 列表和 roomId）；通过 SwitchCamp 方法（稍后实现）给玩家选择一个阵营；还会判断当前房间是否是新建的（房主 ownerId 为空），如果是新建的房间，第一个加入的玩家即是房主。

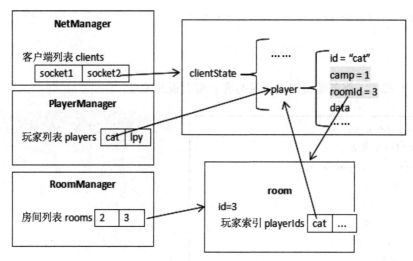

图 10-30　服务端中管理器、房间、玩家的索引关系

当玩家成功加入房间，程序会向房间中的所有玩家广播 MsgGetRoomInfo 协议（具体代码是"Broadcast(ToMsg())"，稍后会实现 Broadcast 和 ToMsg 方法），让客户端更新界面。

Room 类相关代码如下：

```
//添加玩家
public bool AddPlayer(string id){
    //获取玩家
    Player player = PlayerManager.GetPlayer(id);
    if(player == null){
        Console.WriteLine("room.AddPlayer fail, player is null");
        return false;
    }
    //房间人数
    if(playerIds.Count >= maxPlayer){
        Console.WriteLine("room.AddPlayer fail, reach maxPlayer");
        return false;
    }
    //准备状态才能加入
    if(status != Status.PREPARE){
        Console.WriteLine("room.AddPlayer fail, not PREPARE");
        return false;
    }
    //已经在房间里
    if(playerIds.ContainsKey(id)){
        Console.WriteLine("room.AddPlayer fail, already in this room");
        return false;
    }
    //加入列表
    playerIds[id] = true;
    //设置玩家数据
```

```
    player.camp = SwitchCamp();
    player.roomId = this.id;
    //设置房主
    if(ownerId == ""){
        ownerId = player.id;
    }
    //广播
    Broadcast(ToMsg());
    return true;
}
```

图 10-31 展示了 AddPlayer 的流程。

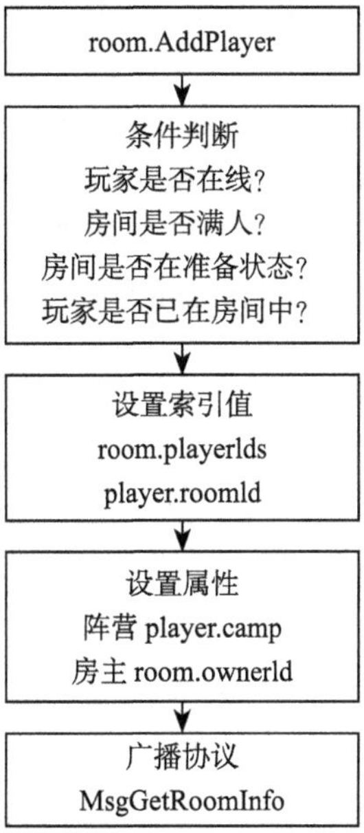

### 10.8.4 选择阵营

玩家加入房间时，AddPlayer 会调用 SwitchCamp 给玩家分配一个阵营。SwitchCamp 会分别统计房间中两个阵营的人数（count1 和 count2），选择人数少的阵营返回。

代码如下：

```
//分配阵营
public int SwitchCamp() {
    //计数
    int count1 = 0;
    int count2 = 0;
    foreach(string id in playerIds.Keys) {
        Player player = PlayerManager.GetPlayer(id);
        if(player.camp == 1) {count1++;}
        if(player.camp == 2) {count2++;}
    }
    //选择
    if (count1 <= count2){
        return 1;
    }
    else{
        return 2;
    }
}
```

图 10-31　AddPlayer 流程图

### 10.8.5 删除玩家

定义删除玩家的方法 RemovePlayer。和 AddPlayer 相反，RemovePlayer 会删去玩家列表（playerIds）中对应的玩家，同时将玩家身上的房间索引（player.roomId）设置成 -1，代表没有在房间中。

RemovePlayer 会做一系列判断，比如玩家如果没有在房间里，那就不存在删除玩家的事情，它会返回 false 代表删除失败。

如果删除的玩家恰好是房主（通过 isOwner 方法判断，稍后实现），需要指定另一名玩家作为房主，程序会根据 SwitchOwner 方法（稍后实现）返回的新房主 id，设置 room.ownerId。

无论是玩家进入房间还是退出房间，程序都需要给房间里面的所有玩家推送 MsgGetRoomInfo 协议，让客户端更新界面。如果该名玩家退出之后，房间里面已经没有人了，说明这个房间已经被废弃，可以删除它。程序会判断房间人数是否为 0，如果为 0，调用 RoomManager.RemoveRoom（后面实现）删除它。代码如下：

```
//删除玩家
public bool RemovePlayer(string id) {
    //获取玩家
    Player player = PlayerManager.GetPlayer(id);
    if(player == null){
        Console.WriteLine("room.RemovePlayer fail, player is null");
        return false;
    }
    //没有在房间里
    if(!playerIds.ContainsKey(id)){
        Console.WriteLine("room.RemovePlayer fail, not in this room");
        return false;
    }
    //删除列表
    playerIds.Remove(id);
    //设置玩家数据
    player.camp = 0;
    player.roomId = -1;
    //设置房主
    if(isOwner(player)){
        ownerId = SwitchOwner();
    }
    //房间为空
    if(playerIds.Count == 0){
        RoomManager.RemoveRoom(this.id);
    }
    //广播
    Broadcast(ToMsg());
    return true;
}
```

图 10-32 展示了 RemovePlayer 的流程。

判断玩家是不是房主的方法 isOwner 代码如下。它只是简单的拿玩家 id 和 room.ownerId 做比较。如果玩家是房主，isOwner 会返回 true，否则返回 false。代码如下：

```
//是不是房主
public bool isOwner(Player player){
```

图 10-32 RemovePlayer 流程图

```
        return player.id == ownerId;
}
```

### 10.8.6　选择新房主

若房主退出房间，需要重新选取房主。SwitchOwner 方法会选择 playerIds 列表中第一位玩家作为新的房主。在 10.8.5 节中，程序先调用 playerIds.Remove(id) 将退出房间的玩家从列表中删去，再调用 SwitchOwner 选择一名新的房主。代码如下：

```
//选择房主
public string SwitchOwner() {
    //选择第一个玩家
    foreach(string id in playerIds.Keys) {
        return id;
    }
    //房间没人
    return "";
}
```

图 10-33 展示了 SwitchOwner 的流程。

图 10-33　将列表中的第一位玩家设为房主

### 10.8.7　广播消息

添加给房间内所有玩家发送协议的方法 Broadcast，它遍历玩家列表，然后调用 player.Send 发送协议。Broadcast 方法在添加玩家和删除玩家等地方被用到，可以向房间里的玩家广播最新的房间信息。代码如下：

```
//广播消息
public void Broadcast(MsgBase msg){
    foreach(string id in playerIds.Keys) {
        Player player = PlayerManager.GetPlayer(id);
        player.Send(msg);
    }
}
```

### 10.8.8　生成房间信息

根据 10.3 节定义的 MsgGetRoomInfo 协议，在房间类中添加 ToMsg 方法，它会返回包含该房间信息的 MsgGetRoomInfo 协议对象。ToMsg 会遍历 playerIds 列表，逐个填充玩家信息，包括账号、阵营、胜利数、失败数和是否为房主。

代码如下：

```
// 生成 MsgGetRoomInfo 协议
public MsgBase ToMsg(){
    MsgGetRoomInfo msg = new MsgGetRoomInfo();
    int count = playerIds.Count;
    msg.players = new PlayerInfo[count];
    //players
    int i = 0;
    foreach(string id in playerIds.Keys){
        Player player = PlayerManager.GetPlayer(id);
        PlayerInfo playerInfo = new PlayerInfo();
        //赋值
        playerInfo.id = player.id;
        playerInfo.camp = player.camp;
        playerInfo.win = player.data.win;
        playerInfo.lost = player.data.lost;
        playerInfo.isOwner = 0;
        if(isOwner(player)){
            playerInfo.isOwner = 1;
        }

        msg.players[i] = playerInfo;
        i++;
    }
    return msg;
}
```

图 10-34 展示了 MsgGetRoomInfo 各变量和客户端的对应关系。

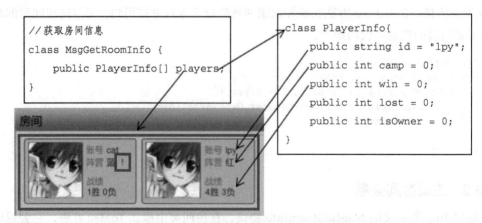

图 10-34　MsgGetRoomInfo 各变量和客户端的对应关系

## 10.9 服务端房间管理器

### 10.9.1 数据结构

房间管理器是管理服务端中所有房间的静态类，它的核心内容是一个名为 rooms 的列表（Dictionary<int, Room> 类型）。rooms 列表以房间的序号为索引，保存着具体的房间对象。成员 maxId 的功能是给房间分配一个唯一的 id，每当创建新房间，maxId 会加 1。这样第一个创建的房间序号为 1，第二个序号为 2，以此类推。代码如下：

```
using System;
using System.Collections.Generic;

public class RoomManager
{
    //最大 id
    private static int maxId = 1;
    //房间列表
    public static Dictionary<int, Room> rooms =
        new Dictionary<int, Room>();
}
```

图 10-35 展示了房间管理器的结构。

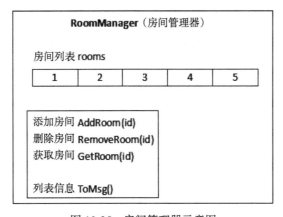

图 10-35　房间管理器示意图

### 10.9.2 获取房间

给房间管理器添加根据序号（id）获取房间对象的方法 GetRoom，它会根据参数 id 查找房间列表 rooms。如果存在 id，返回房间对象；如果房间不存在，返回 null。

代码如下：

```
//获取房间
public static Room GetRoom(int id) {
```

```csharp
        if(rooms.ContainsKey(id)){
            return rooms[id];
        }
        return null;
}
```

### 10.9.3　添加房间

给房间管理器添加创建房间的方法 AddRoom，它会新建一个 room 对象，然后把 room 对象添加到房间列表 rooms 中。AddRoom 会根据 maxId 给新建的房间设定唯一编号。

代码如下：

```csharp
//创建房间
public static Room AddRoom(){
    maxId++;
    Room room = new Room();
    room.id = maxId;
    rooms.Add(room.id, room);
    return room;
}
```

### 10.9.4　删除房间

给房间管理器添加删除房间的方法 RemoveRoom，RemoveRoom 的参数 id 指明要删除的房间序号。和 AddRoom 的过程相反，RemoveRoom 会将指定 id 的房间从 rooms 列表中删除。

代码如下：

```csharp
//删除房间
public static bool RemoveRoom(int id) {
    rooms.Remove(id);
    return true;
}
```

### 10.9.5　生成列表信息

根据 10.3 节定义的 MsgGetRoomList 协议，管理器的 ToMsg 方法会根据当前的房间信息生成 MsgGetRoomList 对象。它会把每个房间的序号、人数、状态添加到协议对象中。

代码如下：

```csharp
//生成 MsgGetRoomList 协议
public static MsgBase ToMsg(){
    MsgGetRoomList msg = new MsgGetRoomList();
    int count = rooms.Count;
    msg.rooms = new RoomInfo[count];
```

```
//rooms
int i = 0;
foreach(Room room in rooms.Values){
    RoomInfo roomInfo = new RoomInfo();
    //赋值
    roomInfo.id = room.id;
    roomInfo.count = room.playerIds.Count;
    roomInfo.status = (int)room.status;

    msg.rooms[i] = roomInfo;
    i++;
}
return msg;
}
```

图 10-36 展示了 MsgGetRoomList 各变量和客户端的对应关系。

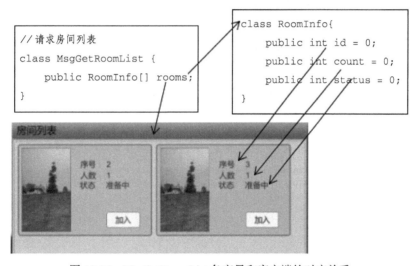

图 10-36　MsgGetRoomList 各变量和客户端的对应关系

房间和房间管理器是服务端房间系统的核心部分，完成这两项之后，便要解决客户端与服务端交互的问题。

## 10.10　服务端消息处理

服务端收到客户端的协议后，经过消息分发，会调用对应的处理方法。在房间系统中，服务端需要处理查询战绩 MsgGetAchieve、查询房间列表 MsgGetRoomList、创建房间 MsgCreateRoom、进入房间 MsgEnterRoom、查询房间信息 MsgGetRoomInfo、退出房间 MsgLeaveRoom 和开始战斗 MsgLeaveRoom 共七条协议。

在服务端的逻辑代码中，添加名为 RoomMsgHandle.cs 的文件，专门处理房间系统的协议，如图10-37所示。

RoomMsgHandle.cs 代码如下，我们会在里面添加各种消息处理的方法。

```
using System;
public partial class MsgHandler {
    ……
}
```

### 10.10.1 查询战绩 MsgGetAchieve

服务端收到查询战绩的协议后，返回玩家的总胜利次数 win 和总失败次数 lost。在 RoomMsgHandle.cs 中添加方法，完成 MsgGetAchieve 协议的处理。

图10-37 添加名为 RoomMsgHandle.cs 的文件

MsgGetAchieve 协议处理方法如下：

```
//查询战绩
public static void MsgGetAchieve(ClientState c, MsgBase msgBase){
    MsgGetAchieve msg = (MsgGetAchieve)msgBase;
    Player player = c.player;
    if(player == null) return;

    msg.win = player.data.win;
    msg.lost = player.data.lost;

    player.Send(msg);
}
```

### 10.10.2 查询房间列表 MsgGetRoomList

服务端收到获取房间列表协议后，将房间列表信息发送给客户端。由于 RoomManager.ToMsg 会返回带有列表信息的 MsgGetRoomList 对象，只要把它发送给客户端即可。

MsgGetRoomList 协议处理方法如下：

```
//请求房间列表
public static void MsgGetRoomList(ClientState c, MsgBase msgBase){
    MsgGetRoomList msg = (MsgGetRoomList)msgBase;
    Player player = c.player;
    if(player == null) return;

    player.Send(RoomManager.ToMsg());
}
```

## 10.10.3 创建房间 MsgCreateRoom

服务端收到创建房间协议后，先进行一些条件检测，如果玩家在房间中或者在战斗中，返回 1 表示不能创建。通过条件检测后，调用 RoomManager 的 AddRoom 方法创建房间，再通过 room.AddPlayer 把玩家添加到房间里面。最后返回 0（msg.result）表示创建成功。

MsgCreateRoom 协议处理方法如下：

```
//创建房间
public static void MsgCreateRoom(ClientState c, MsgBase msgBase){
    MsgCreateRoom msg = (MsgCreateRoom)msgBase;
    Player player = c.player;
    if(player == null) return;
    //已经在房间里
    if(player.roomId >=0 ){
        msg.result = 1;
        player.Send(msg);
        return;
    }
    //创建
    Room room = RoomManager.AddRoom();
    room.AddPlayer(player.id);

    msg.result = 0;
    player.Send(msg);
}
```

## 10.10.4 进入房间 MsgEnterRoom

服务端根据客户端发来的房间序号（msg.id）找到房间，然后通过 room.AddPlayer 方法把玩家添加到房间中。在下面的代码中，程序会先做一些条件判断，如果玩家已经在房间里，那他不能够再进入房间；如果客户端发送的房间序号（msg.id）不正确，服务端并没有这个房间，也会返回失败。接着程序通过 room.AddPlayer 把玩家加入到房间里。room.AddPlayer 也会做一系列判断，比如房间是否处于准备状态，房间是否满员了，如果这些条件不满足，依然会返回失败。如果满足了 room.AddPlayer 的条件，程序不仅把玩家添加到房间中，还会把房间信息推送给房间内的玩家（参考 10.8.3 节）。

MsgEnterRoom 协议处理方法如下：

```
//进入房间
public static void MsgEnterRoom(ClientState c, MsgBase msgBase){
    MsgEnterRoom msg = (MsgEnterRoom)msgBase;
    Player player = c.player;
    if(player == null) return;
    //已经在房间里
    if(player.roomId >=0 ){
        msg.result = 1;
        player.Send(msg);
```

```
        return;
    }
    //获取房间
    Room room = RoomManager.GetRoom(msg.id);
    if(room == null){
        msg.result = 1;
        player.Send(msg);
        return;
    }
    //进入
    if(!room.AddPlayer(player.id)){
        msg.result = 1;
        player.Send(msg);
        return;
    }
    //返回协议
    msg.result = 0;
    player.Send(msg);
}
```

### 10.10.5　查询房间信息 MsgGetRoomInfo

进入房间后，客户端会发送 MsgGetRoomInfo 协议请求该房间的详细信息。在下面的处理方法中，程序先判断玩家是否在房间里（if(room == null)）。如果玩家不在房间，会回应空消息（msg.players 没有值）；如果玩家在某个房间里面，程序会调用 room.ToMsg 获取该房间的信息（参考 10.8.8 节），然后发送给客户端。

MsgGetRoomInfo 协议处理方法如下：

```
//获取房间信息
public static void MsgGetRoomInfo(ClientState c, MsgBase msgBase){
    MsgGetRoomInfo msg = (MsgGetRoomInfo)msgBase;
    Player player = c.player;
    if(player == null) return;

    Room room = RoomManager.GetRoom(player.roomId);
    if(room == null){
        player.Send(msg);
        return;
    }

    player.Send(room.ToMsg());
}
```

### 10.10.6　离开房间 MsgLeaveRoom

服务端收到离开房间的协议后，会调用 room.RemovePlayer 将玩家移出房间。下面的代码中，程序先会判断玩家是否在某个房间里（if(room == null)），如果不在，自然就不存在退出房间的操作，会返回失败（msg.result = 1）。如果玩家确实在某个房间里，直接调用 room.RemovePlayer 将玩家移出房间，room.RemovePlayer 还会给房间里的其他玩家广播

MsgGetRoomInfo，让客户端更新界面。

MsgLeaveRoom 协议处理方法如下：

```
//离开房间
public static void MsgLeaveRoom(ClientState c, MsgBase msgBase){
    MsgLeaveRoom msg = (MsgLeaveRoom)msgBase;
    Player player = c.player;
    if(player == null) return;

    Room room = RoomManager.GetRoom(player.roomId);
    if(room == null){
        msg.result = 1;
        player.Send(msg);
        return;
    }

    room.RemovePlayer(player.id);
    //返回协议
    msg.result = 0;
    player.Send(msg);
}
```

## 10.11 玩家事件处理

网络游戏中，总避免不了网络断线的情况，程序应当作出适当的处理。假如玩家加入某个房间后突然掉线，可视为玩家在网络断开前自行退出房间。事件处理类 EventHandler 的 OnDisconnect 会在掉线前被调用，可以在这里做退出房间的处理。

程序会通过 player.roomId 是否大于等于 0 判断玩家是否在房间里，如果在房间，调用 room.RemovePlayer 让玩家退出。由于 room.RemovePlayer 会将房间信息广播给其他玩家，其他玩家会看到这名玩家在房间中消失。

代码如下：

```
public partial class EventHandler {
    public static void OnDisconnect(ClientState c){
        Console.WriteLine("Close");
        //Player下线
        if(c.player != null){
            // 离开战场
            int roomId = c.player.roomId;
            if(roomId >= 0){
                Room room = RoomManager.GetRoom(roomId);
                room.RemovePlayer(c.player.id);
            }
            //保存数据
            DbManager.UpdatePlayerData(c.player.id, c.player.data);
            //移除
            PlayerManager.RemovePlayer(c.player.id);
```

            }
        }
        ……
}

## 10.12 测试

完成房间系统客户端和服务端程序，必然迫不及待地调试它。打开服务端，开启客户端，登录游戏后会看到图 10-38 所示的界面。

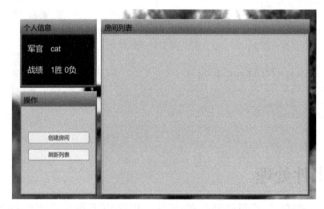

图 10-38　没有房间的房间列表面板

点击操作栏的创建房间按钮，可以创建一个房间，如图 10-39 所示。

图 10-39　创建房间

创建房间后，玩家会被拉入自己创建的房间，并且成为房主（阵营后面有个感叹号标识）。房间面板中会显示房间内所有玩家的信息，目前只有自己一个人，如图 10-40 所示。

打开另一个客户端程序，登录另一个账号。会发现房间列表面板中显示了之前其他玩家（cat）创建的房间，该房间处于准备中状态，如图 10-41 所示。

图 10-40　只有一名玩家的房间面板

图 10-41　拥有一个房间的房间列表面板

点击房间列表的加入按钮，可以加入该房间。此时房间里面有两名玩家，位于不同的阵营，如图 10-42 所示。

图 10-42　加入房间

再打开另一个客户端程序，登录另一个账号（hero）。会发现房间列表面板中房间信息的不同，房间里的人数是 2，如图 10-43 所示。

图 10-43　第三位玩家看到的面板

如果某一个玩家退出房间（cat），他会看到退出房间的提示，如图 10-44 所示。

图 10-44　某一个玩家退出房间

由于 cat 是房主，在他退出之后，房间里的另一个玩家（lpy）成为房主，如图 10-45 所示。

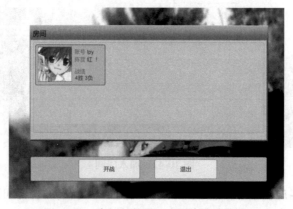

图 10-45　房间里的另一个玩家成为房主

切换到第三位登录的玩家（hero），刷新房间列表，会看到房间的人数变成了1，如图10-46所示。

图 10-46 房间人数变成 1

当房主点击"开始战斗"按钮，会开启一场多人坦克对战，这也是坦克游戏的核心玩法。那么怎样实现一个战场？又怎样实现战场上坦克的位置同步呢？我们将在下一章继续。

# Chapter 11 第 11 章

# 战斗和胜负判定

玩家点击房间面板的"开始战斗"按钮，会开启一场多人坦克对战。坦克会从各自的出生点开始行动，以歼灭敌人为目标，各自奋战。歼灭敌方阵营的所有坦克，将会获得胜利。完整的战场系统功能见表 11-1。

表 11-1 战场系统的功能

| 功能 | 说明 |
| --- | --- |
| 定义初始状态 | 定义战场的初始状态，比如战场中每辆坦克的阵营和初始坐标（出生点） |
| 同步 | 客户端需要实时更新战场中坦克的位置信息，以及各个坦克的血量等信息，这一部分会在第 12 章讨论 |
| 胜负判定 | 如果歼灭了敌人，应看到胜利的提示 |

本章及下一章将会介绍战场系统的实现方法，本章会实现初始状态和胜负判定两大内容，使玩家可以跑通整个战斗流程，下一章主要探讨游戏中的同步方法。战场系统在对战类游戏中具有较高的普遍性（如图 11-1 所示），可运用于各种 MMORPG、ARPG、枪战、棋类等游戏。

图 11-1 对战中的坦克

## 11.1 协议设计

玩家点击房间面板的"开始战斗"

按钮，客户端会向服务端发送 MsgStartBattle 协议（参考 10.5.6 节）。服务端在收到该协议后，会做一系列的条件判断：判断发送协议的玩家是不是房主；判断房间是否处于准备状态，然后回应 MsgStartBattle。MsgStartBattle 仅作为发起者的回应，不会附带战场的信息。如果符合各项条件，可以开启一场战斗，那么服务端会初始化战场，设置每辆坦克的初始位置和方向，重置坦克的生命值，然后服务端会广播 MsgEnterBattle 协议，告诉客户端开启战斗。战斗过程中，程序会通过 MsgSyncTank、MsgFire、MsgHit 等协议去同步坦克的位置、炮弹位置等信息。当某个阵营取得胜利，服务端会广播 MsgBattleResult 协议，通知客户端哪个阵营获得了胜利。

接下来在客户端和服务端程序中添加协议文件 proto/BattleMsg.cs，编写战场协议。

### 11.1.1 进入战斗 MsgEnterBattle

如果成功开启一场战斗，服务端向房间内所有玩家广播 MsgEnterBattle 协议，把玩家"拉入"战场，该协议包含战场初始状态的信息。数组 msgEnterBattle.tanks 代表战场里面的所有坦克信息，包括坦克的玩家账号（id）、阵营（camp）、生命值（hp）以及出生点的位置坐标和旋转角度（x, y, z, ex, ey, ez）。msgEnterBattle.mapId 代表使用哪一张地图，由于目前只有一张地图，该值没有实际意义，作为预留属性。代码如下：

```
//坦克信息
[System.Serializable]
public class TankInfo{
    public string id = "";      //玩家id
    public int camp = 0;         //阵营
    public int hp = 0;           //生命值

    public float x = 0;          //位置
    public float y = 0;
    public float z = 0;
    public float ex = 0;         //旋转
    public float ey = 0;
    public float ez = 0;
}


//进入战场（服务端推送）
public class MsgEnterBattle:MsgBase {
    public MsgEnterBattle() {protoName = "MsgEnterBattle";}
    //服务端回
    public TankInfo[] tanks;
    public int mapId = 1;        //地图，只有一张
}
```

### 11.1.2 战斗结果 MsgBattleResult

战斗开始后，服务端会持续地判断是否有某一阵营取得胜利。如果某个阵营歼灭了敌

人，服务端向房间内的玩家广播 MsgBattleResult 协议，说明战斗结果。它的参数 winCamp 指明取得胜利的阵营。如果 winCamp 等于 1，说明红方取得胜利；如果为 2，说明蓝方取得胜利。代码如下：

```
//战斗结果（服务端推送）
public class MsgBattleResult:MsgBase {
    public MsgBattleResult() {protoName = "MsgBattleResult";}
    //服务端回
    public int winCamp = 0;        //获胜的阵营
}
```

### 11.1.3　退出战斗 MsgLeaveBattle

网络游戏不可避免会出现战斗中掉线的情况，当战场中有玩家掉线，服务端会向房间内的其他玩家广播 MsgLeaveBattle 协议，通过参数 id 告知谁退出了比赛。代码如下：

```
//玩家退出（服务端推送）
public class MsgLeaveBattle:MsgBase {
    public MsgLeaveBattle() {protoName = "MsgLeaveBattle";}
    //服务端回
    public string id = "";        //玩家 id
}
```

## 11.2　坦克

为适应战场需求，我们会对之前的坦克类做些许修改。

### 11.2.1　不同阵营的坦克预设

为了区分战场中的坦克，不同阵营的坦克应有不同的外观。本书附带的资源提供了两套坦克贴图（如图 11-2 所示），读者可以再建立几个材质球，应用到新的坦克预设，做成不同外观的坦克。

图 11-2　本书附带的资源提供的第二套坦克贴图

图 11-3 展示了两辆不同外观的坦克 tankPrefab 和 tankPrefab2，把它们都放到 Resources 目录下，方便后续使用。

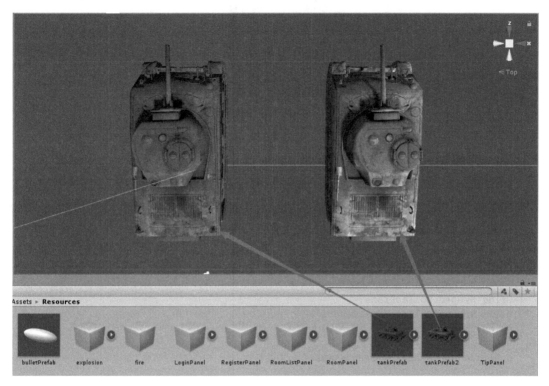

图 11-3　两辆不同外观的坦克

## 11.2.2　战斗模块

我们将战场相关的代码都放到战斗模块 mudule/Battle 之下，如图 11-4 所示，并在战斗模块中添加 SyncTank 和 BattleManager 两个文件。SyncTank 是同步坦克类，它与 CtrlTank 相对应；BattleManager 是战斗管理器，会管理整个客户端战场。

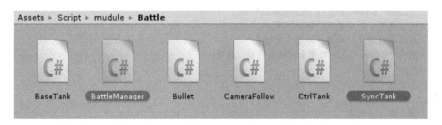

图 11-4　战斗模块的代码文件

整理后，代码目录会变得简洁与工整，如图 11-5 所示。

图 11-5 简洁工整的代码目录

### 11.2.3 同步坦克 SyncTank

在第 8 章中，我们设计了坦克类的结构。坦克类由坦克基类 BaseTank 和两个派生类 CtrlTank 和 SyncTank 所组成，CtrlTank 代表玩家控制的坦克，SyncTank 代表由网络驱动的坦克。第 8 章中仅仅实现了 CtrlTank，现需要编写 SyncTank。SyncTank 的基本代码如下。它继承自 BaseTank，目前它还只是一个空类，待后续需要编写 SyncTank 的特殊功能时，再填充它的内容。

```csharp
using System.Collections;
using System.Collections.Generic;
using UnityEngine;

public class SyncTank : BaseTank {


}
```

### 11.2.4 坦克的属性

作为战场中的坦克，它会有一些和战斗相关的属性，除了第 8 章中定义的生命值 hp，还需要记录该坦克是由哪一位玩家操控（id）以及玩家的阵营（camp）。在坦克基类 BaseTank 中添加这两个属性，代码如下：

```csharp
public class BaseTank : MonoBehaviour {
    //坦克模型、转向速度、移动速度
    //炮塔旋转速度、炮塔、炮管、发射点
    //炮弹 Cd 时间、上一次发射炮弹的时间、物理
    ……
    //生命值
    public float hp = 100;
    //属于哪一名玩家
    public string id = "";
    //阵营
    public int camp = 0;
    ……
```

## 11.3 战斗管理器

### 11.3.1 设计要点

为方便管理战场,定义战斗管理器 BattleManager。BattleManager 有以下几项功能。

1)拉入战斗。当房主选择开战时,服务端会给房间里所有的玩家推送 MsgEnterBattle 协议。BattleManager 会监听该协议,然后初始化战场(例如生成坦克和相机)。

2)管理战场。BattleManager 中会有一个名为 tanks 的列表,索引战场里的坦克,还会提供添加坦克、删除坦克等方法,管理战场中的坦克。战斗管理器的结构如图 11-6 所示。

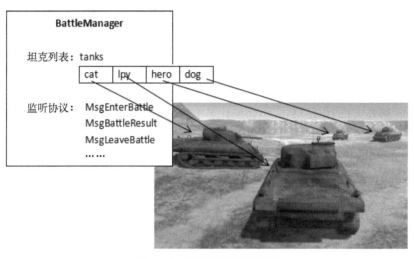

图 11-6 战斗管理器示意图

3)结束战斗。战斗的结果是由服务端判定的,当服务端认为某一个阵营取得胜利,它会广播 MsgBattleResult 协议。BattleManager 会监听该协议,弹出战斗结果。

4)战场同步。在战斗中,坦克的移动、开炮等操作都需要同步,BattleManager 需要监听相关的协议,做出适当处理。如果战斗中有玩家离开战场(服务端推送 MsgLeaveBattle 协议),BattleManager 也要做出处理。

### 11.3.2 管理器类

初步定义如下的战场管理器类。由于战场管理器会一直存在,可以把它做成静态类。BattleManager 包含了坦克列表 tanks(Dictionary<string, BaseTank> 类型,由 static 修饰)。列表以玩家账号为键,以坦克组件(BaseTank、CtrlTank、SyncTank)为值。再给 BattleManager 定义初始化方法 Init,添加 MsgEnterBattle、MsgBattleResult 和 MsgLeaveBattle 三条协议的监听,对应 OnMsgEnterBattle、OnMsgBattleResult 和 OnMsgLeaveBattle 三个回调方法(后面实现)。

```
using System.Collections;
```

```csharp
using System.Collections.Generic;
using UnityEngine;

public class BattleManager {
    //战场中的坦克
    public static Dictionary<string, BaseTank> tanks =
        new Dictionary<string, BaseTank>();

    //初始化
    public static void Init () {
        //添加监听
        NetManager.AddMsgListener("MsgEnterBattle", OnMsgEnterBattle);
        NetManager.AddMsgListener("MsgBattleResult", OnMsgBattleResult);
        NetManager.AddMsgListener("MsgLeaveBattle", OnMsgLeaveBattle);
    }
}
```

我们会在游戏入口 GameMain 中初始化各个管理器（如下代码），所以，当游戏开启后，客户端就会自动地监听战场相关的协议。

GameMain 修改代码如下：

```csharp
public class GameMain : MonoBehaviour {
    public static string id = "";

    // Use this for initialization
    void Start () {
        //网络监听
        NetManager.AddEventListener(NetManager.NetEvent.Close, OnConnectClose);
        NetManager.AddMsgListener("MsgKick", OnMsgKick);
        //初始化
        PanelManager.Init();
        BattleManager.Init();
        //打开登录面板
        PanelManager.Open<LoginPanel>();
    }
}
```

### 11.3.3 坦克管理

为方便管理战场中的坦克，给战斗管理器添加 AddTank、RemoveTank、GetTank 和 GetCtrlTank 四个方法。AddTank 为增加坦克的方法，它会把参数中的 id 和坦克组件记录到坦克列表 tanks 中；RemoveTank 为删除坦克的方法，它会根据参数 id 删除列表中对应的项；GetTank 是一个根据玩家账号查找坦克的方法，例如服务端推送了移动协议 MsgSync（下一章实现），MsgSync 会附带坦克的 id 以及它的坐标，客户端就可以使用 GetTank 找到对应的坦克，然后设置新坐标；GetCtrlTank 是获取玩家控制的坦克的方法，如想要获取玩家当前生命值，便可以使用 GetCtrlTank().hp。

BattleManager 新增方法代码如下：

```
//添加坦克
public static void AddTank(string id, BaseTank tank){
    tanks[id] = tank;
}

//删除坦克
public static void RemoveTank(string id){
    tanks.Remove(id);
}

//获取坦克
public static BaseTank GetTank(string id) {
    if(tanks.ContainsKey(id)){
        return tanks[id];
    }
    return null;
}

//获取玩家控制的坦克
public static BaseTank GetCtrlTank() {
    return GetTank(GameMain.id);
}
```

### 11.3.4 重置战场

开启一场新的战斗前，需要清空场景里的坦克，初始化坦克列表。定义 Reset 方法实现该功能，程序会遍历 tanks 列表，然后调用 MonoBehaviour.Destroy 摧毁所有坦克。

BattleManager 新增如下方法：

```
//重置战场
public static void Reset() {
    //场景
    foreach(BaseTank tank in tanks.Values){
        MonoBehaviour.Destroy(tank.gameObject);
    }
    //列表
    tanks.Clear();
}
```

图 11-7 展示了上述代码的工作结果。

图 11-7　清除战场中的坦克

### 11.3.5　开始战斗

当客户端收到服务端推送的进入战斗协议 MsgEnterBattle，战斗管理器的 OnMsgEnterBattle 方法会被调用。一切数据以服务端为准，无论当前客户端是什么状态，战斗管理器都会立即开启一场战斗。

OnMsgEnterBattle（调用 EnterBattle）会先做一些清理战场的工作。其一是调用 11.3.4 节编写的 Reset 方法，删除战场中残留的坦克。其二是关闭所有可能打开着的面板，例如玩家加入房间后，弹出了房间面板，当房主点击开战，所有房间内的玩家都会收到 MsgEnterBattle 协议，此时房间面板还是打开着的，需要把它关掉。另一个需要关掉的面板是 ResultPanel（战斗结果面板，后面实现），因为当一场战斗结束后，房主可能在其他玩家手动关闭 ResultPanel 之前就点击了开战。

由于 MsgEnterBattle 包含了战场初始状态各个坦克的信息（生命值、位置、旋转等），程序会遍历 msg.tanks，将坦克信息传入 GenerateTank（下一节实现），生成一辆坦克。

BattleManager 新增如下方法：

```
//收到进入战斗协议
public static void OnMsgEnterBattle(MsgBase msgBase){
    MsgEnterBattle msg = (MsgEnterBattle)msgBase;
    EnterBattle(msg);
}

//开始战斗
public static void EnterBattle(MsgEnterBattle msg) {
    //重置
```

```
        BattleManager.Reset();
        //关闭界面
        PanelManager.Close("RoomPanel"); //可以放到房间系统的监听中
        PanelManager.Close("ResultPanel");
        //产生坦克
        for(int i=0; i<msg.tanks.Length; i++){
            GenerateTank(msg.tanks[i]);
        }
    }
```

## 11.3.6 产生坦克

定义产生坦克的 GenerateTank 方法，它将根据传入坦克信息（tankInfo）实例化一辆坦克，它主要完成下面几件事情。

1）生成坦克物体。程序会使用 new GameObject 生成一个空物体，把它命名为"Tank_账号"（如 Tank_cat）。

2）添加坦克组件。程序会判断这辆坦克是玩家控制的坦克还是别人的坦克，给坦克物体添加 CtrlTank 或 SyncTank 组件。

3）添加相机跟随组件。程序会给玩家控制的坦克添加相机跟随组件（CameraFollow），让相机紧跟着坦克。

4）设置坦克属性。传入的参数 tankInfo 包含了玩家账号（id）、生命值（hp）、阵营等属性，程序会给坦克组件的对应属性赋值。

5）设置位置和旋转。程序会根据 tankInfo 的坐标信息 (x,y,z,ex,ey,ez) 设置坦克的坐标和旋转角度。

6）初始化坦克组件。调用坦克组件的 Init 方法，让坦克组件去加载坦克皮肤。根据阵营的不同，加载不同的皮肤（tankPrefab1 和 tankPrefab2）。

7）列表处理：将生成的坦克组件添加到坦克列表中（调用 AddTank 方法），以便查找该坦克。

GenerateTank 方法代码如下：

```
//产生坦克
public static void GenerateTank(TankInfo tankInfo){
    //GameObject
    string objName = "Tank_" + tankInfo.id;
    GameObject tankObj = new GameObject(objName);
    //AddComponent
    BaseTank tank = null;
    if(tankInfo.id == GameMain.id) {
        tank = tankObj.AddComponent<CtrlTank>();
    }
    else {
        tank = tankObj.AddComponent<SyncTank>();
    }
```

```
        //camera
        if(tankInfo.id == GameMain.id) {
            CameraFollow cf = tankObj.AddComponent<CameraFollow>();
        }
        //属性
        tank.camp = tankInfo.camp;
        tank.id = tankInfo.id;
        tank.hp = tankInfo.hp;
        //pos rotation
        Vector3 pos = new Vector3(tankInfo.x, tankInfo.y, tankInfo.z);
        Vector3 rot = new Vector3(tankInfo.ex, tankInfo.ey, tankInfo.ez);
        tank.transform.position = pos;
        tank.transform.eulerAngles = rot;
        //init
        if(tankInfo.camp == 1){
            tank.Init("tankPrefab");
        }
        else{
            tank.Init("tankPrefab2");
        }
        // 列表
        AddTank(tankInfo.id, tank);
}
```

图 11-8 展示了多次调用 GenerateTank 生成多辆坦克。

图 11-8　多次调用 GenerateTank 生成的坦克

### 11.3.7 战斗结束

当战斗管理器收到 MsgBattleResult 协议，会调用 OnMsgBattleResult 方法。MsgBattleResult 指示了一场战斗的结束，还指示了胜利方是谁（msg.winCamp）。OnMsgBattleResult 根据 msg.winCamp 和玩家控制的坦克所在的阵营（GetCtrlTank() 和 tank.camp），调用战斗结果面板 ResultPanel（稍后实现），ResultPanel 会根据参数 isWin 显示胜利或失败。

```
//收到战斗结束协议
public static void OnMsgBattleResult(MsgBase msgBase){
    MsgBattleResult msg = (MsgBattleResult)msgBase;
    //判断显示胜利还是失败
    bool isWin = false;
    BaseTank tank = GetCtrlTank();
    if(tank!= null && tank.camp == msg.winCamp){
        isWin = true;
    }
    //显示界面
    PanelManager.Open<ResultPanel>(isWin);
}
```

### 11.3.8 玩家离开

当有玩家离开战场，服务端会推送 MsgLeaveBattle 协议，战斗管理器的协议处理方法 OnMsgLeaveBattle 会把对应玩家的坦克删掉。

```
//收到玩家退出协议
public static void OnMsgLeaveBattle(MsgBase msgBase){
    MsgLeaveBattle msg = (MsgLeaveBattle)msgBase;
    //查找坦克
    BaseTank tank = GetTank(msg.id);
    if(tank == null){
        return;
    }
    //删除坦克
    RemoveTank(msg.id);
    MonoBehaviour.Destroy(tank.gameObject);
}
```

## 11.4 战斗结果面板

当战斗结束，客户端会弹出战斗结果面板，指示玩家取得了胜利或者失败。

### 11.4.1 面板预设

图 11-9 展示了战斗结果面板的结构，中间的图片可以替换成胜利或者失败两种样式，

面板还包含了一个"好的"按钮，点击后会关闭面板。

图 11-9　战斗结果面板

战斗结果面板部件说明见表 11-2。

表 11-2　战斗结果面板部件说明

| 部件 | 说明 |
| --- | --- |
| WinImage | 胜利图片，当玩家取得胜利时，会显示该图片 |
| LostImage | 失败图片，当玩家输掉比赛时，会显示该图片 |
| OkBtn | "好的"按钮 |

(续)

| 部件 | 说明 |
|---|---|
| BgImage | 背景图，仅为了美观 |
| TitleText | 标题，仅为了美观 |
| ResultPanel | 顶层的 ResultPanel 包含 Image 组件，显示一张白色半透明图片，用于屏蔽下层的按钮 |

完成后将战斗结果面板（ResultPanel）做成预设，存放到 Resources 文件夹下。

### 11.4.2 面板逻辑

战斗结果面板的逻辑和提示面板很类似，唯一不同的是，提示面板会根据参数显示不同的文字，而战斗结果面板会根据参数显示不同的图片（胜利或失败）。在 Script/mudule/Battle 中新建 ResultPanel 类，开始编写面板逻辑。

定义 Image 类型的 winImage 指向胜利图片；lostImage 指向失败图片；okBtn 指向"好的"按钮；设置 skinPath 为"ResultPanel"；层级和提示面板相同，设置为"PanelManager.Layer.Tip"。当玩家点击"好的"按钮时，会回调 OnOkClick 方法，关闭面板。由于战斗结束后，玩家会退回房间，开始新的战斗，OnOkClick 还会重新打开房间面板。

在 OnShow 方法中，程序通过 args[0] 获取传入的第一个参数，把它转换成 bool 类型后给 isWin 赋值。isWin 代表是否取得胜利，如果 isWin 为 true，显示 winImage，否则显示 lostImage。外部程序可以通过 PanelManager.Open<ResultPanel>(true) 打开胜利样式的战斗结果面板，通过 PanelManager.Open<ResultPanel>(false) 打开失败样式的战斗结果面板。

ResultPanel 代码如下：

```
using System.Collections;
using System.Collections.Generic;
using UnityEngine;
using UnityEngine.UI;
public class ResultPanel : BasePanel {
    //胜利提示图片
    private Image winImage;
    //失败提示图片
    private Image lostImage;
    //确定按钮
    private Button okBtn;

    //初始化
    public override void OnInit() {
        skinPath = "ResultPanel";
        layer = PanelManager.Layer.Tip;
```

```csharp
        }
        //显示
        public override void OnShow(params object[] args) {
            //寻找组件
            winImage = skin.transform.Find("WinImage").GetComponent<Image>();
            lostImage = skin.transform.Find("LostImage").GetComponent<Image>();
            okBtn = skin.transform.Find("OkBtn").GetComponent<Button>();
            //监听
            okBtn.onClick.AddListener(OnOkClick);
            //显示哪个图片
            if(args.Length == 1){
                bool isWin = (bool)args[0];
                if(isWin){
                    winImage.gameObject.SetActive(true);
                    lostImage.gameObject.SetActive(false);
                }else{
                    winImage.gameObject.SetActive(false);
                    lostImage.gameObject.SetActive(true);
                }
            }
        }

        //关闭
        public override void OnClose() {

        }

        //当按下确定按钮
        public void OnOkClick(){
            PanelManager.Open<RoomPanel>();
            Close();
        }
}
```

图11-10展示了战斗结果面板的成员和监听方法的关系。

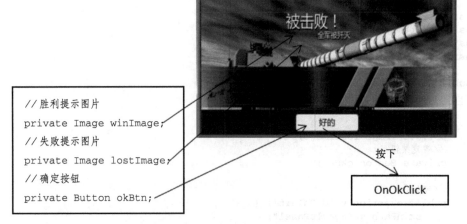

图11-10 战斗结果面板的成员和监听方法

## 11.5 服务端开启战斗

完成了战场系统的客户端部分，接着制作服务端部分。服务端部分需要实现两个功能：其一是开启战斗的逻辑处理，其二是判断哪一方获得胜利。在开启战斗的逻辑处理中，第一步要判断房间是否符合开战的条件。

### 11.5.1 能否开始战斗

在服务端的 Room 类中添加名为 CanStartBattle 的方法，用于判断房间能否开启战斗。CanStartBattle 会返回 true 或者 false。程序首先判断房间是否处于准备状态，只有准备状态的房间才能开战；其次，程序会判断房间里每个阵营是否至少有一名玩家，只有两个阵营都有人，才能开战。

Room.cs 中 CanStartBattle 代码如下：

```
//能否开战
public bool CanStartBattle() {
    //已经是战斗状态
    if (status != Status.PREPARE){
        return false;
    }
    //统计每个阵营的玩家数
    int count1 = 0;
    int count2 = 0;
    foreach(string id in playerIds.Keys) {
        Player player = PlayerManager.GetPlayer(id);
        if(player.camp == 1){ count1++; }
        else { count2++; }
    }
    //每个阵营至少要有1名玩家
    if (count1 < 1 || count2 < 1){
        return false;
    }

    return true;
}
```

### 11.5.2 定义出生点

开战时，服务端会初始化整个战场的信息，然后通过 MsgEnterBattle 协议广播给客户端。MsgEnterBattle 中最重要的数据是每辆坦克的信息，包括生命值、位置和旋转等。我们会在地图上定义图 11-11 圈定的六个出生点。如果是阵营 1 的坦克，程序会选择左下角三个出生点中的一个给坦克，如果是阵营 2 的坦克，会选择右上角三个出生点中的一个。

读者可以在地图上摆放几辆坦克，让他们位于出生点上，并且调整合适的角度。通过图 11-12 所示的属性栏，记录下出生点的信息。

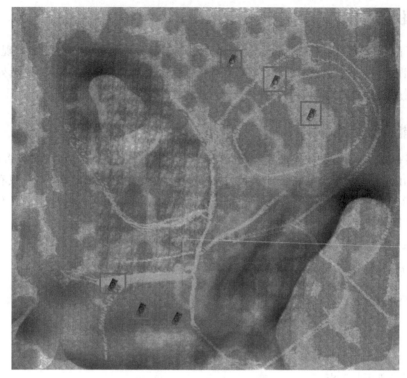

图 11-11　出生点示意图

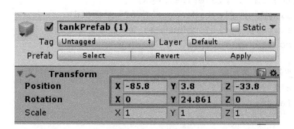

图 11-12　记录位置和旋转

在 Room 类中添加一个名为 birthConfig 的变量，它是个三维数组，第一维代表坦克的阵营，第二维代表出生点序号，第三维度代表出生点信息。birthConfig 的定义如下：

```
//出生点位置配置
static float[,,] birthConfig = new float[2, 3, 6] {
    //阵营1出生点
    {
        {-85.8f, 3.8f, -33.8f, 0, 24.9f, 0f},//出生点1
        {-49.9f, 3.8f, -61.4f, 0, 21.4f, 0f},//出生点2
        {-6.2f,  3.8f, -70.7f, 0, 21.9f, 0f},//出生点3
    },
    //阵营2出生点
```

```
        {
            {150f, 0f, 178.9f, 0, -156.8f, 0f},//出生点1
            {105f, 0f, 216.5f, 0, -156.8f, 0f},//出生点2
            {52.0f,0f, 239.2f, 0, -156.8f, 0f},//出生点3
        },
};
```

以 static 修饰 birthConfig，让它成为静态变量。主要是考虑到各个房间的出生点都相同，无须让每个房间对象复制一份数据。

birthConfig 第一维代表阵营，可以填入 0 或者 1。例如 birthConfig[0] 代表第一个阵营的三个出生点，birthConfig[1] 代表第二个阵营的 3 个出生点。第二维代表每个阵营出生点的序号，如 birthConfig[0,1] 代表阵营 1 的第二个出生点。birthConfig 第三维的六个数字分别代表 x 坐标、y 坐标、z 坐标和 x 轴旋转、y 轴旋转、z 轴旋转。例如第一列的｛-85.8f, 3.8f, -33.8f, 0, 24.9f, 0f｝代表坦克位置是（-85.8f, 3.8f, -33.8f），旋转角度是（0, 24.9f, 0f）。所以可以通过 birthConfig[0, 0, 0] 获取第一个阵营第一个出生点的 x 坐标，通过 birthConfig[0, 0, 1] 获取第一个阵营第一个出生点的 y 坐标。birthConfig 的结构如图 11-13 所示。

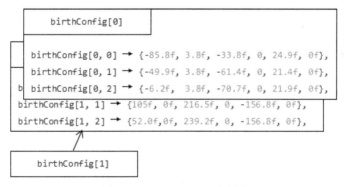

图 11-13　birthConfig 示意图

为了方便处理，编写如下的 SetBirthPos 方法。它接受两个参数，一个是玩家对象 player，另一个是出生点的序号。SetBirthPos 将会根据出生点配置 birthConfig，给玩家对象的坐标和旋转赋值。具体代码如下，程序会自动获取玩家的阵营（camp），作为 birthConfig 的第一维，将参数 index 作为 birthConfig 的第二维。

```
//初始化位置
private void SetBirthPos(Player player, int index){
    int camp = player.camp;

    player.x  = birthConfig[camp-1, index, 0];
    player.y  = birthConfig[camp-1, index, 1];
    player.z  = birthConfig[camp-1, index, 2];
    player.ex = birthConfig[camp-1, index, 3];
    player.ey = birthConfig[camp-1, index, 4];
```

```
            player.ez = birthConfig[camp-1, index, 5];
}
```

战斗开始前，服务端需要初始化所有玩家的战斗属性。定义重置数据的方法 ResetPlayers，它会给房间里的玩家赋予合适的出生点，再会重置它们的生命值。程序会先遍历房间里的玩家（foreach(string id in playerIds.Keys)），根据 count1 和 count2 的计数，递增地选择出生点序号，再调用 SetBirthPos 设置玩家的出生点。

```
//重置玩家战斗属性
private void ResetPlayers(){
    //位置和旋转
    int count1 = 0;
    int count2 = 0;
    foreach(string id in playerIds.Keys) {
        Player player = PlayerManager.GetPlayer(id);
        if(player.camp == 1){
            SetBirthPos(player, count1);
            count1++;
        }
        else {
            SetBirthPos(player, count2);
            count2++;
        }
    }
    //生命值
    foreach(string id in playerIds.Keys) {
        Player player = PlayerManager.GetPlayer(id);
        player.hp = 100;
    }
}
```

### 11.5.3 坦克信息

开启战斗后，服务端会向房间内的玩家广播 MsgEnterBattle 协议，而 MsgEnterBattle 最重要的数据是 TankInfo 类型的数组 tanks，它包含所有坦克的信息。为了方便后面调用，在 Room 中定义名为 PlayerToTankInfo 的方法，它会根据参数 player 的信息，生成 TankInfo 类型的数据。填充的内容包括坦克阵营 camp、位置 x、y、z 和旋转 ex、ey、ez。

```
//玩家数据转成 TankInfo
public TankInfo PlayerToTankInfo(Player player){
    TankInfo tankInfo = new TankInfo();
    tankInfo.camp = player.camp;
    tankInfo.id   = player.id;
    tankInfo.hp   = player.hp;

    tankInfo.x    = player.x;
    tankInfo.y    = player.y;
```

```
    tankInfo.z  = player.z;
    tankInfo.ex = player.ex;
    tankInfo.ey = player.ey;
    tankInfo.ez = player.ez;

    return tankInfo;
}
```

### 11.5.4 开启战斗

定义开启战斗的方法 StartBattle，只要调用它，程序就会将房间设置成战斗状态（status = Status.FIGHT），然后重置所有玩家的战斗属性（ResetPlayers），最后生成 MsgEnterBattle 协议广播出去。在生成 MsgEnterBattle 协议的过程中，程序会遍历房间内的玩家，调用 PlayerToTankInfo 生成每一个玩家的坦克信息。StartBattle 会返回 true 或者 false，代表开启成功或失败。

```
//开战
public bool StartBattle() {
    if(!CanStartBattle()){
        return false;
    }
    //状态
    status = Status.FIGHT;
    //玩家战斗属性
    ResetPlayers();
    //返回数据
    MsgEnterBattle msg = new MsgEnterBattle();
    msg.mapId = 1;
    msg.tanks = new TankInfo[playerIds.Count];

    int i=0;
    foreach(string id in playerIds.Keys) {
        Player player = PlayerManager.GetPlayer(id);
        msg.tanks[i] = PlayerToTankInfo(player);
        i++;
    }
    Broadcast(msg);
    return true;
}
```

### 11.5.5 消息处理

当服务端收到客户端发来的 MsgStartBattle 协议，它需要做一系列判断。其一是根据玩家的索引信息（player.roomId）找到对应房间，如果玩家没有在房间中，那自然找不到房间，会返回错误（msg.result = 1）。因为只有房主才能发起战斗，程序会判断发起协议的玩家是不是房主（if(!room.isOwner(player))），如果不是，也会返回错误信息。最后调用 room.

StartBattle 开启战斗。

RoomMsgHandle 中的协议处理方法 MsgStartBattle 如下：

```
//请求开始战斗
public static void MsgStartBattle(ClientState c, MsgBase msgBase){
    MsgStartBattle msg = (MsgStartBattle)msgBase;
    Player player = c.player;
    if(player == null) return;
    //room
    Room room = RoomManager.GetRoom(player.roomId);
    if(room == null){
        msg.result = 1;
        player.Send(msg);
        return;
    }
    //是否是房主
    if(!room.isOwner(player)){
        msg.result = 1;
        player.Send(msg);
        return;
    }
    //开战
    if(!room.StartBattle()){
        msg.result = 1;
        player.Send(msg);
        return;
    }
    //成功
    msg.result = 0;
    player.Send(msg);
}
```

至此，当房主点击开始战斗按钮时，所有玩家会被拉入战场。

## 11.6　服务端胜负判断

服务端需要处理战斗开始和战斗结束两项大事，当服务端判断某一个阵营获得胜利，就会广播 MsgBattleResult 协议，并且让房间返回准备状态。

图 11-14 展示了胜负判断功能的整体程序结构。程序每隔 10 秒会调用一次 Judgment 判断战局，如果某一方获得了胜利，会将房间重新设置成准备状态，再计算玩家的战绩，胜利方加一个胜利次数，失败方加一个失败次数，随后将战斗结果（MsgBattleResult）发送给客户端。图 11-14 展示了服务端胜负判断功能的程序结构。

# 第 11 章 战斗和胜负判定

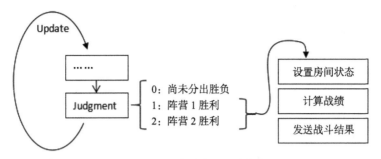

图 11-14 胜负判断的程序结构

## 11.6.1 是否死亡

在 Room 中定义一个判断坦克是否死亡的方法 IsDie，它简单地判断玩家的生命值是否小于等于 0，然后返回 true 或者 false。

```
//是否死亡
public bool IsDie(Player player){
    return player.hp <= 0;
}
```

## 11.6.2 胜负决断函数

当某一个阵营的所有坦克都死了，另一个阵营获得胜利。在 Room 中定义判断胜负的方法 Judgment，它可能会返回 0、1 或 2。如果返回 0，代表尚未分出胜负；如果返回 1，代表阵营 1 取得了胜利；如果返回 2，代表阵营 2 取得了胜利。

Judgment 方法会记录下两个阵营的存活人数（count1 和 count2）。如果某个阵营的存活人数是 0，说明全被歼灭，另一个阵营获得胜利。

```
//胜负判断
public int Judgment(){
    //存活人数
    int count1 = 0;
    int count2 = 0;
    foreach(string id in playerIds.Keys) {
        Player player = PlayerManager.GetPlayer(id);
        if(!IsDie(player)){
            if(player.camp == 1){count1++;};
            if(player.camp == 2){count2++;};
        }
    }
    //判断
    if(count1 <= 0){
        return 2;
```

```
    }
    else if(count2 <= 0){
        return 1;
    }
    return 0;
}
```

### 11.6.3 定时器

还记得网络模块中的定时事件吗？eventHandler 中有个名为 OnTimer 的方法，它大概每秒会执行一次，在第 7 章中我们使用它完成心跳机制的处理。现在在 OnTimer 中再添加一行代码，让程序定时执行 RoomManager 的 Update 方法。

```
public static void OnTimer(){
    CheckPing();
    RoomManager.Update();
}
```

RoomManager 的 Update 方法很简单，它只是遍历房间列表，然后调用各个房间的 Update 方法（稍后实现）。

```
//Update
public static void Update(){
    foreach(Room room in rooms.Values){
        room.Update();
    }
}
```

### 11.6.4 Room::Update

每个房间会有一个 Update 方法，由 OnTimer 和 RoomManager.Update 驱动，它大概每秒会执行一次，我们将在 Update 方法中完成胜负判断的功能。依照图 11-14 所示的流程，Update 方法会先判断房间是否处于战斗状态，只有在战斗状态的房间才需要判断胜负；然后它会每 10 秒调用一次 Judgment 方法（通过代表上一次判断时间的 lastJudgeTime 实现）。如果此时尚未分出胜负，程序不做任何调整，直接 return 掉；如果某个阵营取得了胜利，程序会做出结束战斗的处理，具体为三个方面。

1）将房间设置为准备状态（status = Status.PREPARE）。

2）统计战绩，给胜利玩家的胜利次数加 1（player.data.win++），给失败玩家的失败次数加 1（player.data.lost++）。

3）发送战斗结果，服务端会发送 MsgBattleResult 协议，告诉客户端哪一个阵营获得了胜利（msg.winCamp）。

Update 代码如下：

```csharp
//上一次判断结果的时间
private long lastJudgeTime = 0;

//定时更新
public void Update(){
    //状态判断
    if(status != Status.FIGHT){
        return;
    }
    //时间判断
    if(NetManager.GetTimeStamp() - lastJudgeTime < 10f){
        return;
    }
    lastJudgeTime = NetManager.GetTimeStamp();
    //胜负判断
    int winCamp = Judgment();
    //尚未分出胜负
    if(winCamp == 0){
        return;
    }
    //某一方胜利，结束战斗
    status = Status.PREPARE;
    //统计信息
    foreach(string id in playerIds.Keys) {
        Player player = PlayerManager.GetPlayer(id);
        if(player.camp == winCamp){player.data.win++;}
        else{player.data.lost++;}
    }
    //发送 Result
    MsgBattleResult msg = new MsgBattleResult();
    msg.winCamp = winCamp;
    Broadcast(msg);
}
```

## 11.7 服务端断线处理

正如 10.11 节所描述的，网络游戏中，总避免不了网络断线的情况，程序应当作出适当的处理。若玩家在战斗中掉线，服务端需要向房间内的所有玩家广播 MsgLeaveBattle 协议，让客户端把下线玩家的坦克删掉。由于玩家断线时，程序会调用 room.RemovePlayer 方法，只需对它稍加处理即可。

修改后的 Room 类 RemovePlayer 方法如下：

```csharp
//删除玩家
public bool RemovePlayer(string id) {
    //获取玩家、有没有在房间里、删除列表、设置房主
    ……
```

```
//战斗状态退出
if(status == Status.FIGHT){
    player.data.lost++;
    MsgLeaveBattle msg = new MsgLeaveBattle();
    msg.id = player.id;
    Broadcast(msg);
}
//房间为空的情况处理、广播消息
......
}
```

为了避免玩家在快输掉时退出游戏，以达到不扣分（失败次数加 1）的目的。上述程序中，无论什么原因，当玩家在战斗中退出，都视为输掉比赛（player.data.lost++）。

## 11.8 测试

完成了战场系统客户端和服务端两部分，开始测试。

### 11.8.1 进入战场

选择一个账号（如 lpy）登录游戏，创建一个房间。由于是房间内的第一个玩家，lpy 成为房主。如果点击开战按钮，会弹出"两队至少都需要一名玩家"的提示，如图 11-15 所示。

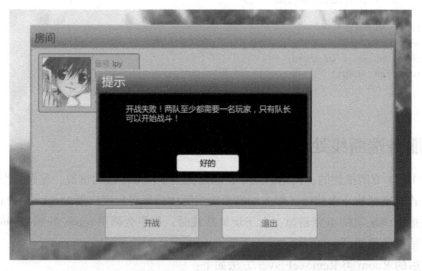

图 11-15 弹出"两队至少都需要一名玩家"的提示

登录更多账号（cat、dog、hero），进入同一房间。此时每个阵营各有两名玩家（如图 11-16 所示），可以进入战斗。

第 11 章 战斗和胜负判定 ❖ 383

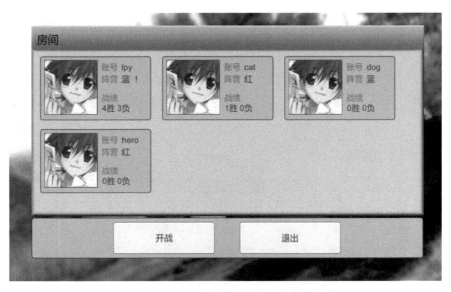

图 11-16 拥有 4 名玩家的房间

当房主点击开战，4 个客户端都会进入战场，它们的初始位置如图 11-17 所示。

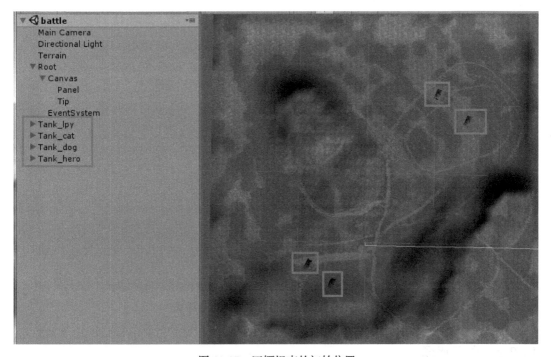

图 11-17 四辆坦克的初始位置

图 11-18 展示了从某个玩家的视角，看到另一阵营的两个敌人。

图 11-18　某玩家看到两个敌人

我方坦克和敌方坦克有着不同的颜色和样式，用于区分阵营，如图 11-19 所示。

图 11-19　不同阵营对应不同的坦克样式

## 11.8.2　离开战场

当某个玩家（如 hero）退出时，服务端会广播 MsgLeaveBattle 协议，客户端收到后会删掉该名玩家对应的坦克，如图 11-20 所示。

图 11-20  某位玩家退出

当某一个阵营的玩家全部退出时,另一个阵营的玩家会看到战斗胜利的提示,如图 11-21 所示。

图 11-21  战斗胜利提示

至于战斗过程中坦克移动、炮弹、伤害的同步,将在下一章中实现。

# 第 12 章
# 同步战斗信息

战场中,玩家能够看到其他玩家的坦克。坦克移动时,战场上的玩家也应能够看到坦克的位置变化;开炮时,玩家要能看到纷飞的弹片。"同步"是网络游戏的一大课题,也是很难做到完美的课题。图 12-1 展示了四个客户端的同步,每个玩家都看到相同的战场。

图 12-1 四个客户端的同步

网络传播会有延迟，玩家看到的坦克轨迹和真实轨迹会有误差，怎样减少误差呢？如果要得到准确的同步信息，就要求高频率地发送同步信息，游戏性能可能受到影响，又该怎样解决呢？

本章会先介绍两种同步方法——状态同步和指令同步（帧同步是一种常见的指令同步），再将它们运用到坦克游戏中，完成坦克游戏。

## 12.1 同步理论

### 12.1.1 同步的过程

在客户端—服务端架构中，无论是用什么样的同步方法，都始终遵循着图 12-2 所示的过程。客户端 1 向服务端发送一条消息，服务端收到后稍作处理，把它广播给所需的客户端（客户端 1、客户端 2 和客户端 3）。所传递的消息可以是坦克的位置、旋转这样的状态值，也可以是"向前走"这样的指令值。前者称之为状态同步，后者称之为指令同步。

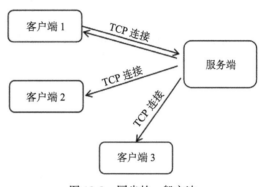

图 12-2　同步的一般方法

### 12.1.2 同步的难题

由于存在网络延迟和抖动，往往很难做到精确的同步。图 12-3 左图展示的是理想的网络情况，服务端定时发送消息给客户端，客户端立刻就能够收到。而实际的网络情况并非如此，更像图 12-3 右图所展示的，存在两个问题：其一，消息的传播需要时间，会有延迟；其二，消息的到达时间并不稳定，有时候两条消息会相隔较长时间，有时候却相隔很短。

表 12-1 列举了网络延迟时间的参考值，即服务端发送一条消息给客户端，客户端多久才能够收到。尽管只是一个参考值，但也可以看出不同

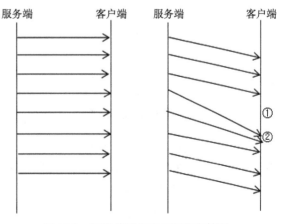

图 12-3　网络传播的理想和现实情况

环境下网络延迟有很大的不同。在本地测试的时候，延迟时间几乎可以忽略不计，若把服务器部署到外网，就必须要考虑延迟问题。为了照顾网络不好的玩家，我们会假定网络延迟都比较高，比如 100 毫秒。

表 12-1　网络延迟时间参考值

| 网　　络 | 时　　间 |
|---|---|
| 局域网 | 0.1 毫秒 |
| PC 宽带—外网服务器 | 12 毫秒 |
| 手机 wifi—外网服务器 | 25 毫秒 |
| 手机 4G—外网服务器 | 50 毫秒 |

图 12-4 展示了在网络不太通畅的情况下，服务端每隔 0.033 秒（即每秒发送 30 次）发送消息给客户端，客户端收到消息的间隔时间。可见，有部分接近 0.4 秒，对应图 12-3 右图①的情形，还有部分接近 0，对应图 12-3 右图②的情形。平均间隔时间约为 0.1 秒，相当于每秒同步 10 次，远不及服务端发送的 30 次。

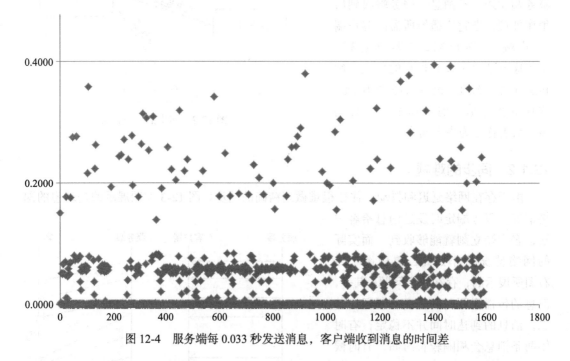

图 12-4　服务端每 0.033 秒发送消息，客户端收到消息的时间差

假如客户端每隔 0.033 秒向服务端发送坦克的位置信息，服务端转发给其他客户端，其他客户端并不能保证每隔 0.033 秒就更新一次位置，较坏的情况下，有可能每 1 秒才更新一次位置，玩家会明显感觉到卡顿。

图 12-5 展示了坦克游戏中可能的不同步情况。玩家 1 控制的坦克从 A 点走向 C 点，玩家 2 看到的坦克总是延迟了一小段时间，所以玩家 1 和玩家 2 看到的战场不会完全一致。

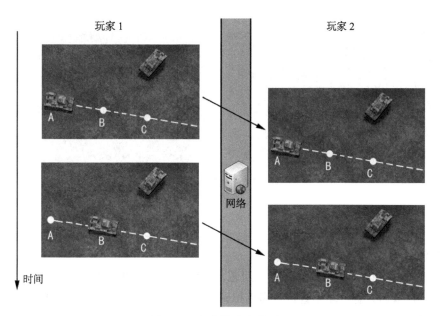

图 12-5　坦克游戏中的延迟

网络延迟问题基本无解,只能权衡。比如,尽量发送更少的数据,数据越少,发生数据丢失并重传的概率就越小,平均速度越快。又比如,在客户端上做些"障眼法",让玩家感受不到延迟。

## 12.2　状态同步

状态同步指的是同步状态信息。在坦克游戏中,客户端把坦克的位置坐标、旋转发送给服务端,服务端再做广播。

### 12.2.1　直接状态同步

❑ **是什么**

最直接的同步方案莫过于客户端定时向服务端报告位置,其他玩家收到转发的消息后,直接将对方坦克移动到指定位置。

❑ **分析**

假设玩家 1 为发送位置信息的一方,玩家 2 为同步方,网络延迟为 250 毫秒。如图 12-6 所示,玩家 1 在经过 B 点时发送同步信息,经过一定的网络延迟,当玩家 1 的坦克走到 C 点时,玩家 B 才收到消息。这时两个客户端的误差为"速度 * 延迟"。假设玩家 1 在 C 点时又发送了位置信息,玩家 2 看到的同步坦克是瞬移的,从 B 直接跳到了 C,很不自然。所以,商业游戏中一般不会这么直接地同步位置。

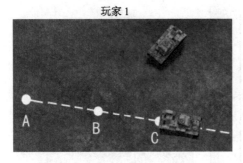 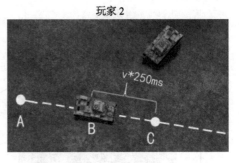

图 12-6 直接状态同步

## 12.2.2 跟随算法

❏ 是什么

为了解决"直接状态同步"的瞬移问题,人们引入了一种障眼法,称为"跟随算法"。在收到同步协议后,客户端不直接将坦克拉到目的地,而是让坦克以一定的速度移动。

❏ 分析

如图 12-7 所示,玩家 1 经过 B 点时发送同步信息,玩家 2 收到后,将坦克以同样的速度从 A 点移动到 B 点。此种情况下,误差更大了,因为在玩家 1 从 B 点移到 C 点的过程中,玩家 2 看到的坦克才从 A 点移向 B 点。

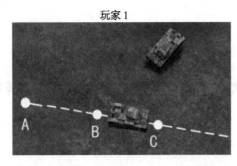 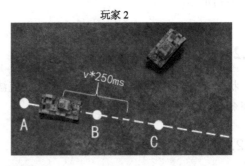

图 12-7 跟随算法

然而很多时候,游戏并不需要非常精确的同步,只要同步频率足够高(玩家每 1 秒发送位置的次数,比如每秒发送 30 次),误差就可以忽略。跟随和预测算法普遍应用在商业游戏中。

## 12.2.3 预测算法

❏ 是什么

跟随算法的一大缺陷就是误差会变得很大,那么还有没有办法可以减少误差呢?在某些有规律可循的条件下,比如坦克匀速运动,或者匀加速运动,我们能够预测坦克在接下来某个时间点的位置,让坦克提前走到预测的位置上去。这就是预测算法。

❑ 分析

在图 12-8 中，假设坦克匀速前进。玩家 1 经过 B 点时发送位置信息，玩家 2 根据"距离 = 速度 * 时间"可以计算出下一次收到同步信息时，坦克应移动到 C 点。于是玩家 2 让同步坦克移向 C 点，玩家 1 和玩家 2 之间的误差会很小。

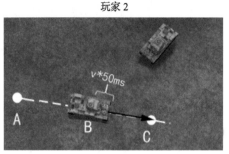

图 12-8 预测算法

然而玩家 1 操控的坦克不可能一直保持匀速。当玩家 1 突然停下，玩家 2 看到的坦克会向前移动一段距离，又再向后移动一段距离，如图 12-9 所示。

跟随算法和预测算法各有优缺点，具体使用哪种算法，应当视项目需求而定。由于预测算法相对复杂，本章我们会使用预测算法来实现同步。

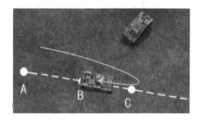

图 12-9 预测算法的缺点

## 12.3 帧同步

帧同步是指令同步的一种，即同步操作信息。基本上所有指令同步方法都结合了帧同步，两者可以视为一体。这里"帧"的概念与 Unity 中"每一帧执行一次 Update""30FPS（每秒传输帧数，Frames Per Second）"里的"Unity 帧"有所不同，我们会实现独立于"Unity 帧"的另外一种"同步帧"。

### 12.3.1 指令同步

❑ 是什么

状态同步所同步的是状态信息，如果要同步坦克的位置和旋转，那就需要同步六个值（三个坐标值和三个旋转值）。12.1.2 节中提到，缓解网络延迟的一个办法是减少传输的数据量，如果只传输玩家的操作指令，数据量就会减少很多。

❑ 分析

图 12-10 中，当玩家 1 要移动坦克，按下键盘上的"上"键时，玩家 1 会发送"往前走"的消息给服务端，经由转发，玩家 2 收到后，让同步坦克向前移动。当玩家 1 要停止移动

坦克，会放开按键，发送"停止"指令，玩家2收到后，让坦克停止移动。

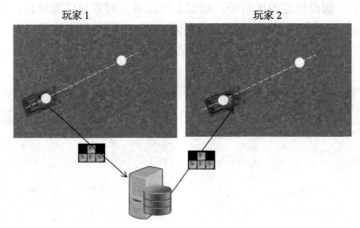

图 12-10　操作同步

❑ **缺点**

上述过程的一大缺点是误差的累积。有些电脑速度快，有些电脑速度慢，尽管玩家2收到了玩家1的指令，但只要两者的电脑运行速度不同，可能有人看到坦克走了很远，有人看到的却只移动了一点点的距离。为了解决这个问题，人们在操作同步的基础上，引入了"同步帧"的概念。

## 12.3.2　从 Update 说起

如果有一种办法，让不同的电脑有一致的运行效果，便可以解决指令同步中的误差累积问题。在第8章中，我们在 Update 中设置控制坦克的新位置，代码如下：

```
public void MoveUpdate(){        //Update 中调用
    ……
    float y = Input.GetAxis("Vertical");    //如果是 SyncTank，改为由网络传播的指令
    Vector3 s = y*transform.forward * speed * Time.deltaTime;
    transform.transform.position += s;
}
```

由于采用了"速度*时间"的计算式，理论上说，无论电脑运行速度快慢，坦克移动的路程都能够保持一致。因为当电脑很慢时，Update 的执行次数会变少，但 Time.deltaTime 的值变大，反之亦然，但坦克移动的路程保持不变。

尽管如此，我们还不能够保证经由网络同步的坦克能够有一致的行为。因为网络延迟的存在，从发出"前进"到"停止"指令之间的时间可能不一致，坦克移动的路程也就不同。一种解决办法是，在发送命令的时候附带时间信息，客户端根据指令的时间信息去修正路程的计算方式，使所有客户端表现一致。人们定义了一种名为"帧"的概念，来表示时间（为和 Unity 本身的帧区分，这里称为"同步帧"）。

## 12.3.3 什么是同步帧

假如我们自己实现一个类似 Update 的方法，称之为 FrameUpdate，程序会固定每隔 0.1 秒就调用它一次。每一次调用 FrameUpdate 称之为一帧，第 1 次调用称为第 1 帧，第 2 次调用称为第 2 帧，以此类推。在图 12-11 中，在第 0.1 秒的时候执行了第 1 帧，在第 0.2 秒的时候执行了第 2 帧。

然而图 12-11 展示的是一种理想情况，现实往往很残酷。比如在执行第 2 帧的时候，系统突然卡顿了一下，这一帧的执行时间变长了，超过 0.1 秒（图 12-12），这会导致第 3 帧无法按时执行。为了保证后面的帧能够按时执行，程序需要做出调整，即减少第 2 帧和第 3 帧之间、第 3 帧和第 4 帧之间的时间间隔，保证程序在第 0.5 秒时，执行到第 5 帧。

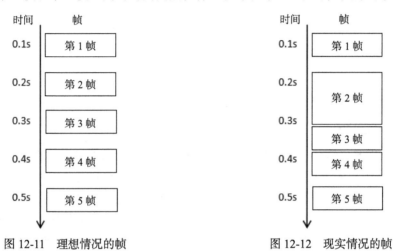

图 12-11　理想情况的帧　　　　图 12-12　现实情况的帧

同步帧的具体实现如下：

```
int frame = 0;              // 当前执行到第几帧
float interval = 0.1f;      // 两帧之间的理想间隔时间

public void Update(){
    while(Time.time > frame*interval){
        FrameUpdate();
        frame++;
    }
}
```

上述程序中，如果某几帧的执行时间太长，程序就会立刻调用下一帧（注意使用到 while 循环），间隔时间为 0。程序尽量保证在第 N 秒的时候，执行到第 10*N 帧。FrameUpdate 每执行一次，即表示执行一次同步帧。如果程序运行了较长时间，FrameUpdate 的执行频率会相对稳定。

帧同步所保证的，就是各个客户端在执行到同一个"同步帧"时，表现效果完全一样。如果将移动坦克的逻辑写在 FrameUpdate 里，无论这一帧的执行时间多长，每一帧移动的距离都设定为"速度*0.1秒",只要执行相同的帧数,移动的距离必然相同。

### 12.3.4 指令

比起操作同步,在指令同步中,客户端向服务端发送的指令包含了具体的指令和时间信息,即是在哪一帧(特指同步帧)做了哪些操作。例如:在第10帧发出了"前进"指令(按下"上"键),在第20帧发出了"后退"指令(按下"下"键)。

指令同步的协议形式如下,cmd代表指令的内容,可能是前进、后退、左转、右转、停止。frame代表该指令在第几帧发出。

```
//同步协议
public class MsgFrameSync:MsgBase {
    public MsgFrameSync() {protoName = "MsgFrameSync";}
    //指令,0-前进 1-后退 2-左转 3-右转  4-停止  ...
    public int cmd = 0;
    //在第几帧发生事件
    public int frame = 0;
}
```

### 12.3.5 指令的执行

为了保证所有客户端有一样的表现,往往要做一些妥协,有两种常见的妥协方案。

1)有的客户端运行速度快,有的运行速度慢,如果要让它们表现一致,那只能让快的客户端去等待慢的客户端,所有客户端和最慢的客户端保持一致,才有可能表现一致,毕竟,慢的客户端无论如何都快不了。这种方案对速度快的客户端较为不利。达成此方案的一个方法称为延迟执行,如果客户端1在第3帧发出向前的指令,由于网络延迟,客户端2可能在第5帧才收到,所以客户端1的坦克也只能在第5帧(或之后的某一帧)才开始前进。

2)对于速度慢客户端所发送的,丢弃那些已经过时的指令,直到它赶上来。此种方案也称之为乐观帧同步,对速度慢的玩家较为不利,因为某些操作指令会被丢弃。比如发出"前进"指令,但该指令被丢弃了,坦克不会移动。

所以,帧同步是一种为了保证多个客户端表现一致,让某些客户端做妥协的方案。而且如果启用了延迟执行,在玩家发出"前进"指令之后,要隔一小段时间坦克才能移动,玩家会感受到延迟。但无论如何,只要帧率(每秒执行多少帧)足够高,玩家就不会感觉到明显的延迟。

在方案一中,为了让各个客户端知道对方是否执行完某一帧,我们假定客户端每一帧都需要向服务端发送指令,没有操作也要发送一个代表"没有操作"的指令。服务端要收集各个客户端的指令,收集满时,才在接下来的某一帧广播出去。而客户端也只有在收到服务端的消息时,才执行下一帧。此时客户端的帧调用完全由服务端控制。

图12-13展示了一种帧同步的执行情况。在第1帧时(0.1s)客户端1和客户端2都向

服务端发送指令，由于网络延迟，指令到达的时间也不同。服务端收集两个客户端的指令后将两条指令都广播出去，两个客户端会根据指令去执行，比如让坦克向前移动。如果某一个客户端执行很慢，另一个客户端也要等待很久才能收到服务端的指令，才会执行新的一帧，相当于等待慢的客户端。

按照每秒执行 30 帧的频率，客户端和服务端之间的信息交流也许太过频繁，会带来较大的网络负担。于是人们把多个帧合称为一轮（比如 4 帧组成一轮），每一轮向服务端同步一次指令，如图 12-14 所示。

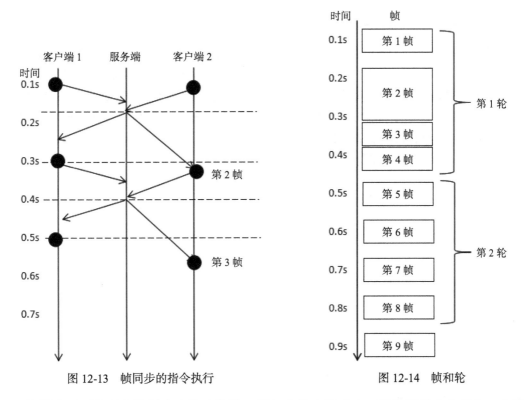

图 12-13　帧同步的指令执行　　　　　　图 12-14　帧和轮

帧同步还可以配合投票法来防止作弊。例如在坦克游戏中，某个玩家击中另外一个玩家，由于所有客户端的运行结果严格一致，它们都可以向服务端发送"谁击中了谁"的消息。服务端可以收集这些信息，如果半数以上的玩家都发送了击中消息，才认为有效。

## 12.4　协议设计

本章将会以状态同步的方式来演示坦克游戏。坦克需要定时上报它的位置、旋转、炮塔角度等信息，还需要告知服务端是否发射了炮弹，以及是否击中了敌人。在客户端和服务端的协议目录里，添加名为 SyncMsg.cs 的文件，编写同步战场的协议，如图 12-15 所示。

图 12-15　新增文件 SyncMsg

## 12.4.1　位置同步 MsgSyncTank

坦克需要定时告诉服务端它的位置和坐标，定义如下的 MsgSyncTank 协议，协议中包含了坦克的位置（x，y，z），坦克的旋转（ex，ey，ez）和炮塔旋转角度 turretY。协议中还包含了玩家的 id，战场中的客户端可以根据 id 值找到对应的坦克，然后设置坦克坐标。由于在收到协议时，服务端能够知道玩家 id，所以发送位置的客户端无须填写该值，由服务端填充即可，可以省去几个字节的数据量。

MsgSyncTank 协议类如下：

```
//同步坦克信息
public class MsgSyncTank:MsgBase {
    public MsgSyncTank() {protoName = "MsgSyncTank";}
    //位置、旋转、炮塔旋转
    public float x = 0f;
    public float y = 0f;
    public float z = 0f;
    public float ex = 0f;
    public float ey = 0f;
    public float ez = 0f;
    public float turretY = 0f;
    //服务端补充
    public string id = "";     //哪个坦克
}
```

## 12.4.2　开火 MsgFire

坦克发射炮弹时，其他客户端也应能看到炮弹从坦克炮管中发射。发射炮弹的坦克会发送 MsgFire 协议给服务端，经由转发，其他客户端便可以在坦克开火点产生一颗炮弹。然而状态同步下，多个客户端的坦克位置会有一定的误差，炮弹的轨迹很难统一。MsgFire 会附带炮弹出生点的位置（x，y，z）和旋转（ex，ey，ez），其他客户端在 MsgFire 指定的位置产生新炮弹，只要初始的位置和旋转相同，炮弹的轨迹必然相同。代码如下：

```
//开火
public class MsgFire:MsgBase {
    public MsgFire() {protoName = "MsgFire";}
    //炮弹初始位置、旋转
```

```
        public float x = 0f;
        public float y = 0f;
        public float z = 0f;
        public float ex = 0f;
        public float ey = 0f;
        public float ez = 0f;
        //服务端补充
        public string id = "";          //哪个坦克
}
```

### 12.4.3　击中 MsgHit

当炮弹击中敌人，发射炮弹的客户端向服务端发送 MsgHit 协议。协议中的 id 和 targetId 代表谁击中了谁；x，y，z 代表击中点的位置。目前没有实际作用。它可以给服务端提供作弊校验的数据，如果击中位置和坦克位置相差甚远，那玩家就有作弊的嫌疑。damage 代表炮弹伤害值，hp 代表被击中后受击坦克的生命值。所有的伤害值都由服务端计算，客户端只是告诉服务端谁打中了谁，坦克的血量都以服务端的数据为准。代码如下：

```
//击中
public class MsgHit:MsgBase {
    public MsgHit() {protoName = "MsgHit";}
    //击中谁
    public string targetId = "";
    //击中点
    public float x = 0f;
    public float y = 0f;
    public float z = 0f;
    //服务端补充
    public string id = "";          //哪个坦克
    public int hp = 0;              //被击中坦克血量
    public int damage = 0;          //受到的伤害
}
```

## 12.5　发送同步信息

客户端需要定时发送 MsgSyncTank 协议，在开炮时发送 MsgFire 协议，以及在炮弹击中敌人时发送 MsgHit 协议。

### 12.5.1　发送位置信息

由玩家控制的坦克需要定时发送 MsgSyncTank 协议，向服务端报告自己的位置、旋转等信息。我们在 CtrlTank 中定义两个变量，记录上一次发送同步信息时间的 lastSendSyncTime 和设定同步频率的 syncInterval，这里设置为每 0.1 秒发送一次同步信息。然后在 Update 中调用处理发送同步信息的 SyncUpdate（后面实现）。

CtrlTank 修改代码如下：

```
public class CtrlTank : BaseTank {
    //上一次发送同步信息的时间
    private float lastSendSyncTime = 0;
    //同步帧率
    public static float syncInterval = 0.1f;


    new void Update(){
        base.Update();
        //移动控制、炮塔控制、开炮
        ......
        //发送同步信息
        SyncUpdate();
    }
```

SyncUpdate 会处理两件事情。其一，处理时间间隔，它会判断距离上一次同步的时间是否超过了 syncInterval（0.1 秒），满足条件才往下执行。其二，它会组装并发送 MsgSyncTank 协议。代码如下：

```
//发送同步信息
public void SyncUpdate(){
    //时间间隔判断
    if(Time.time - lastSendSyncTime < syncInterval){
        return;
    }
    lastSendSyncTime = Time.time;
    //发送同步协议
    MsgSyncTank msg = new MsgSyncTank();
    msg.x = transform.position.x;
    msg.y = transform.position.y;
    msg.z = transform.position.z;
    msg.ex = transform.eulerAngles.x;
    msg.ey = transform.eulerAngles.y;
    msg.ez = transform.eulerAngles.z;
    msg.turretY = turret.localEulerAngles.y;
    NetManager.Send(msg);
}
```

图 12-16 展示了发送 MsgSyncTank 的时序。

### 12.5.2 发送开火信息

在 CtrlTank 中，当玩家按下空格键，就会发射炮弹。只需稍作修改，在发射炮弹的同时发送 MsgFire 协议即可。具体修改的代码如下：

图 12-16　定时发送 MsgSyncTank

```
//开炮
public void FireUpdate(){
    //是否已经死亡、按键判断、cd时间判断
    ……
    //发射
    Bullet bullet = Fire();
    //发送同步协议
    MsgFire msg = new MsgFire();
    msg.x = bullet.transform.position.x;
    msg.y = bullet.transform.position.y;
    msg.z = bullet.transform.position.z;
    msg.ex = bullet.transform.eulerAngles.x;
    msg.ey = bullet.transform.eulerAngles.y;
    msg.ez = bullet.transform.eulerAngles.z;
    NetManager.Send(msg);
}
```

BaseTank 的 Fire 方法会返回炮弹组件 bullet，通过炮弹组件可以获取炮弹的位置和旋转信息，可用它们填充 MsgFire 协议。

### 12.5.3 发送击中信息

当炮弹击中敌人，客户端会发送 MsgHit 协议，稍微修改 Bullet 类的碰撞方法 OnCollisionEnter。在击中坦克时调用 SendMsgHit（后面实现），以发送击中信息。至于击中后坦克的扣血、摧毁，会以服务端的信息为准，此处不做处理。

```
//碰撞
void OnCollisionEnter(Collision collisionInfo) {
    //打到的坦克
    GameObject collObj = collisionInfo.gameObject;
    BaseTank hitTank = collObj.GetComponent<BaseTank>();
    //不能打自己
    if(hitTank == tank){
        return;
    }
    //打到其他坦克
    if(hitTank != null){
        SendMsgHit(tank, hitTank);
    }
    //显示爆炸效果、摧毁自身
    ……
}
```

SendMsgHit 代码如下。第一个参数 tank 代表发射炮弹的坦克，第二个参数 hitTank 代表被击中的坦克。SendMsgHit 会做一系列的判断，然后组装 MsgHit 协议，发送给服务端。

```
//发送伤害协议
void SendMsgHit(BaseTank tank, BaseTank hitTank){
    if(hitTank == null || tank == null){
```

```csharp
            return;
        }
        //不是自己发出的炮弹
        if(tank.id != GameMain.id){
            return;
        }
        MsgHit msg = new MsgHit();
        msg.targetId = hitTank.id;
        msg.id = tank.id;
        msg.x = transform.position.x;
        msg.y = transform.position.y;
        msg.z = transform.position.z;
        NetManager.Send(msg);
    }
```

## 12.6 处理同步信息

### 12.6.1 协议监听

本章定义了 MsgSyncTank、MsgFire 和 MsgHit 三条同步协议，这几条协议都会经由服务端转发给房间里的所有玩家。客户端需要监听这三条协议，再做处理。修改战斗管理器 BattleManager，添加如下的监听。

```csharp
public class BattleManager {
    //战场中的坦克
    public static Dictionary<string, BaseTank> tanks = new Dictionary<string, BaseTank>();

    //初始化
    public static void Init() {
        //添加监听
        NetManager.AddMsgListener("MsgEnterBattle", OnMsgEnterBattle);
        NetManager.AddMsgListener("MsgBattleResult", OnMsgBattleResult);
        NetManager.AddMsgListener("MsgLeaveBattle", OnMsgLeaveBattle);

        NetManager.AddMsgListener("MsgSyncTank", OnMsgSyncTank);
        NetManager.AddMsgListener("MsgFire", OnMsgFire);
        NetManager.AddMsgListener("MsgHit", OnMsgHit);
    }
```

OnMsgSyncTank、OnMsgFire 和 OnMsgHit 会根据协议附带的 id 找到对应的坦克，然后调用同步坦克的相关方法，如图 12-17 所示。

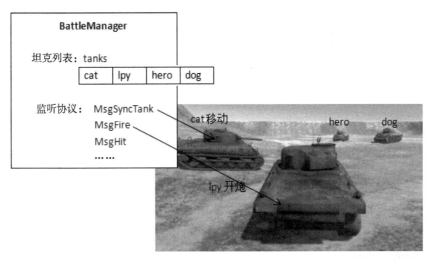

图 12-17　同步协议处理示意图

### 12.6.2　OnMsgSyncTank

当收到位置同步的协议 MsgSyncTank 时，战斗管理器的 OnMsgSyncTank 会被调用。OnMsgSyncTank 会根据 MsgSyncTank 附带的 id 找到对应的同步坦克，然后调用它的 SyncPos 方法（后面实现）。由于只需设置同步坦克的信息，OnMsgSyncTank 还会屏蔽自己的信息（if(msg.id == GameMain.id)）。

SyncPos 会根据协议的具体内容，设置坦克的位置和旋转：

```
//收到同步协议
public static void OnMsgSyncTank(MsgBase msgBase){
    MsgSyncTank msg = (MsgSyncTank)msgBase;
    //不同步自己
    if(msg.id == GameMain.id){
        return;
    }
    //查找坦克
    SyncTank tank = (SyncTank)GetTank(msg.id);
    if(tank == null){
        return;
    }
    //移动同步
    tank.SyncPos(msg);
}
```

### 12.6.3　OnMsgFire

和 OnMsgSyncTank 相似，OnMsgFire 会根据 id 找到同步坦克，再调用它的 SyncFire 方法（后面实现）。SyncFire 会根据 MsgFire 的位置信息，产生一颗炮弹：

```csharp
//收到开火协议
public static void OnMsgFire(MsgBase msgBase){
    MsgFire msg = (MsgFire)msgBase;
    //不同步自己
    if(msg.id == GameMain.id){
        return;
    }
    //查找坦克
    SyncTank tank = (SyncTank)GetTank(msg.id);
    if(tank == null){
        return;
    }
    //开火
    tank.SyncFire(msg);
}
```

### 12.6.4 OnMsgHit

也是和 OnMsgSyncTank 相似，OnMsgHit 会根据 id 找到同步坦克，再调用它的 Attacked 方法。我们已经在第 8 章实现了 Attacked。代码如下：

```csharp
//收到击中协议
public static void OnMsgHit(MsgBase msgBase){
    MsgHit msg = (MsgHit)msgBase;
    //查找坦克
    BaseTank tank = GetTank(msg.targetId);
    if(tank == null){
        return;
    }
    //被击中
    tank.Attacked(msg.damage);
}
```

## 12.7 同步坦克 SyncTank

在第 11 章中，我们新建了空的 SyncTank 类，但并没有给它添加功能。现在需要给 SyncTank 添加 SyncPos、SyncFire 等方法，让坦克拥有处理同步协议的能力。

### 12.7.1 预测算法的成员变量

为了实现预测算法，在 SyncTank 中定义如下几个变量。其中 lastPos 和 lastRot 代表最近一次收到的位置同步协议（MsgSyncTank）的位置和旋转信息，forecastPos 和 forecastRot 代表预测的信息；forecastTime 代表最近一次收到的位置同步协议的时间。

SyncTank 修改如下：

```csharp
public class SyncTank : BaseTank {
```

```
// 预测信息，哪个时间到达哪个位置
private Vector3 lastPos;
private Vector3 lastRot;
private Vector3 forecastPos;
private Vector3 forecastRot;
private float forecastTime;
```

在图 12-18 中，服务端在 0.1s 的时候转发 MsgSyncTank 协议，指示坦克当前的位置在 A 点，此时客户端将坦克放置在 A 点的位置。

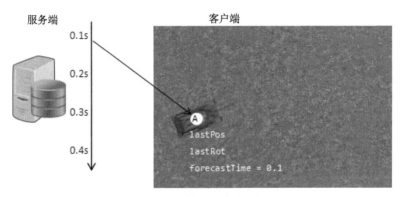

图 12-18　预测算法示例（A 点）

在图 12-19 中，服务端在第 0.2s 的时候转发第二条 MsgSyncTank 协议，指示坦克当前的位置在 B 点。客户端只需根据 A 点位置（lastPos 和 lastRot）就能够计算出预测位置 C 点（假设坦克匀速前进）。有了预测位置后，客户端需要让坦克匀速运动，在第 0.3 秒时刚好走到 C 点。

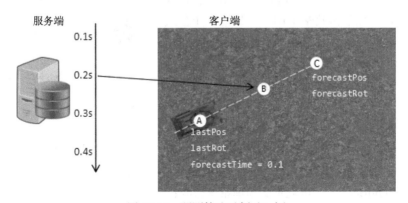

图 12-19　预测算法示例（B 点）

### 12.7.2　移动到预测位置

在 SyncTank 中添加名为 ForecastUpdate 的方法，并在 Update 中调用它。ForecastUpdate 会让坦克在指定时间移动到预测位置（旋转同理）。ForecastUpdate 会先计算归一化的时间差 t。在图 12-20 的例子中：如果客户端时间是 0.2 秒，t==0；如果客户端时间是 0.3 秒，t==1；如果客户端时间是 0.23 秒，t==0.3。然后使用 Vector3.Lerp 计算出坦克当前的位置。

SyncTank 修改的代码如下：

```
new void Update(){
    base.Update();
    //更新位置
    ForecastUpdate();
}


//更新位置
public void ForecastUpdate(){
    //时间
    float t = (Time.time - forecastTime)/CtrlTank.syncInterval;
    t = Mathf.Clamp(t, 0f, 1f);
    //位置
    Vector3 pos = transform.position;
    pos = Vector3.Lerp(pos, forecastPos, t);
    transform.position = pos;
    //旋转
    Quaternion quat = transform.rotation;
    Quaternion forecastQuat = Quaternion.Euler(forecastRot);
    quat = Quaternion.Lerp(quat, forecastQuat, t) ;
    transform.rotation = quat;
}
```

Vector3.Lerp 是计算两个向量之间线性插值的方法。它带有三个参数，分别为初始位置 from、目标位置 to、参数 t。插值是数学上的一个概念，用公式表示就是：from + (to - from) * t，这也就是 Lerp 的返回值，如图 12-20 所示。同理，Quaternion.Lerp 是计算两个旋转角度之间线性插值的方法。

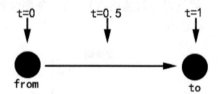

图 12-20　Vector3.Lerp 示意图

### 12.7.3　初始化

由于同步坦克的位置完全由网络信息驱动，我们不希望它受到物理系统的影响。在 SyncTank 中重写初始化坦克的 Init 方法，完成如下三项功能。

1）冻结 rigidBody，让坦克不受物理系统影响；
2）设置 useGravity，让坦克不受重力影响；
3）初始化 lastPos、lastRot 等成员。

代码如下：

```
//重写 Init
public override void Init(string skinPath){
```

```
        base.Init(skinPath);
        //不受物理运动影响
        rigidBody.constraints = RigidbodyConstraints.FreezeAll;
        rigidBody.useGravity = false;
        //初始化预测信息
        lastPos = transform.position;
        lastRot = transform.eulerAngles;
        forecastPos = transform.position;
        forecastRot = transform.eulerAngles;
        forecastTime = Time.time;
    }
```

运行游戏时，能够看到同步坦克的 Rigidbody 属性发生变化，如图 12-21 所示。

图 12-21　冻结了的 rigidBody

### 12.7.4　更新预测位置

在 12.6.2 节中，当客户端收到 Msg-SyncTank 协议，最终会调用到指定坦克的 SyncPos 方法。编写如下的 SyncPos 方法，用于更新预测位置。SyncPos 的参数 msg 是服务端转发的 MsgSyncTank 协议，它包含了当前坦克的位置、旋转等信息。

由于坦克游戏使用固定的同步时间（0.1 秒），如果坦克的速度保持不变，那么它在接下来的 0.1 秒所移动的距离，

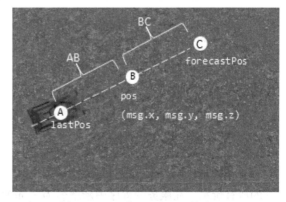

图 12-22　C 点 = A 点 + 2 * 线段 AB

与之前的移动的距离相同。故而可以通过"forecastPos = pos + 2*(pos − lastPos)"计算预测位置。同理可以计算预测的旋转角度。图 12-22 展示了代码中各个变量的含义。

SyncPos 代码如下：

```csharp
//移动同步
public void SyncPos(MsgSyncTank msg){
    //预测位置
    Vector3 pos = new Vector3(msg.x, msg.y, msg.z);
    Vector3 rot = new Vector3(msg.ex, msg.ey, msg.ez);
    forecastPos = pos + 2*(pos - lastPos);
    forecastRot = rot + 2*(rot - lastRot);
    //更新
    lastPos = pos;
    lastRot = rot;
    forecastTime = Time.time;
    //炮塔
    Vector3 le = turret.localEulerAngles;
    le.y = msg.turretY;
    turret.localEulerAngles = le;
}
```

为了简单化，我们没有预测炮塔的旋转角度，而是直接给它赋值，读者可以自行实现。

### 12.7.5 炮弹同步

在 12.6.3 节中，当客户端收到 MsgFire 协议，最终会调用到指定坦克的 SyncFire 方法。编写如下的 SyncFire 方法，用于产生炮弹，以及设置它的初始位置和旋转。

```csharp
//开火
public void SyncFire(MsgFire msg){
    Bullet bullet = Fire();
    //更新坐标
    Vector3 pos = new Vector3(msg.x, msg.y, msg.z);
    Vector3 rot = new Vector3(msg.ex, msg.ey, msg.ez);
    bullet.transform.position = pos;
    bullet.transform.eulerAngles = rot;
}
```

至此，我们已经完成客户端的同步功能。网络游戏需要客户端和服务端的配合，接下来编写服务端的功能。

## 12.8 服务端消息处理

对于同步协议，服务端只需做简单的记录（方便检测作弊行为），然后将协议转发给房间里的所有玩家。在服务端程序中新增名为 SyncMsgHandle.cs 的文件，我们会在里面编写战场同步的消息处理逻辑。另外记得把协议文件 SyncMsg.cs 复制到服务端，如图 12-23 所示。

SyncMsgHandle.cs 初始代码如下：

```
using System;

public partial class MsgHandler {

}
```

## 12.8.1 位置同步 MsgSyncTank

协议处理方法 MsgSyncTank 如下。程序会先判断发送协议的玩家是否真的在房间里（if(room == null)），如果不在房间里，自然就不存在战场同步的需要，不去处理它。程序还会判断房间是否处于开战状态（if(room.status!= Room.Status.FIGHT)），否则也不去处理它。

如果玩家作弊，用特殊手段调整坦克的位置，服务端应当有一定的检测能力。处理程序会粗略地判断两次同步信息的位置差。如果相差太大，很可能坦克不是自然地走过去，程序会打印出"疑似作弊"的日志。

最后，程序会更新 player 的属性（player.x、player.y 等），然后调用 Broadcast 将消息转发给房间里的所有玩家。

协议处理代码如下：

```
//同步位置协议
public static void MsgSyncTank(ClientState c,
MsgBase msgBase){
    MsgSyncTank msg = (MsgSyncTank)msgBase;
    Player player = c.player;
    if(player == null) return;
    //room
    Room room = RoomManager.GetRoom(player.roomId);
    if(room == null){
        return;
    }
    //status
    if(room.status != Room.Status.FIGHT){
        return;
    }
    //是否作弊
    if(Math.Abs(player.x - msg.x) > 5 ||
        Math.Abs(player.y - msg.y) > 5 ||
        Math.Abs(player.z - msg.z) > 5){
        Console.WriteLine("疑似作弊" + player.id);
    }
    //更新信息
```

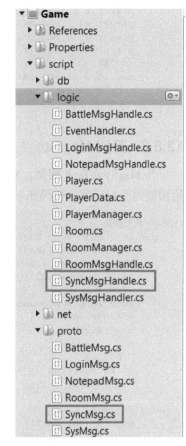

图 12-23 新增的文件

```
    player.x = msg.x;
    player.y = msg.y;
    player.z = msg.z;
    player.ex = msg.ex;
    player.ey = msg.ey;
    player.ez = msg.ez;
    //广播
    msg.id = player.id;     //填充id
    room.Broadcast(msg);
}
```

## 12.8.2 开火 MsgFire

与MsgSyncTank相似,MsgFire的处理方法也是先做一系列的判断,然后将消息广播给房间内所有玩家。代码如下:

```
//开火协议
public static void MsgFire(ClientState c, MsgBase msgBase){
    MsgFire msg = (MsgFire)msgBase;
    Player player = c.player;
    if(player == null) return;
    //room
    Room room = RoomManager.GetRoom(player.roomId);
    if(room == null){
        return;
    }
    //status
    if(room.status != Room.Status.FIGHT){
        return;
    }
    //广播
    msg.id = player.id;
    room.Broadcast(msg);
}
```

图12-24展示了炮弹同步的流程。

图12-24 炮弹同步

### 12.8.3　击中 MsgHit

与 MsgSyncTank 相似，MsgHit 的处理方法也是先做一系列的判断，然后将消息广播给房间内所有玩家。

MsgHit 会根据 msg.targetId 查找被击中的坦克，如果 targetId 不正确（if(targetPlayer == null)），程序不会处理它。如果玩家不在房间里（if(room == null)）或房间不是战斗状态（if(room.status!=Room.Status.FIGHT)），程序也不会处理。炮弹击中坦克，客户端就会发送 MsgHit 协议，在一个 6 人房间里，对于同一次击中，服务端可能会收到 6 次协议。服务端需要做出甄别，只处理其中一条。所以服务端会校验协议的发送者（player.id != msg.id），只处理发射炮弹的玩家。

假设炮弹的攻击力是 35，服务端需要扣除坦克血量，填充协议，最后将协议广播给房间里所有玩家。代码如下：

```
//击中协议
public static void MsgHit(ClientState c, MsgBase msgBase){
    MsgHit msg = (MsgHit)msgBase;
    Player player = c.player;
    if(player == null) return;
    //targetPlayer
    Player targetPlayer = PlayerManager.GetPlayer(msg.targetId);
    if(targetPlayer == null){
        return;
    }
    //room
    Room room = RoomManager.GetRoom(player.roomId);
    if(room == null){
        return;
    }
    //status
    if(room.status != Room.Status.FIGHT){
        return;
    }
    // 发送者校验
    if(player.id != msg.id){
        return;
    }
    //状态
    int damage = 35;
    targetPlayer.hp -= damage;
    //广播
    msg.id = player.id;
    msg.hp = player.hp;
    msg.damage = damage;
    room.Broadcast(msg);
}
```

至此，我们也完成了战场同步的服务端部分。

### 12.8.4 调试

开启服务端，打开多个客户端。移动坦克时，另外的客户端也能看到坦克移动，如图 12-25 所示。

图 12-25　移动同步

发射炮弹，另外的客户端也能看到炮弹发射出去，如图 12-26 所示，炮弹也应在同一个地方爆炸，如图 12-27 所示。

图 12-26　炮弹同步

第 12 章 同步战斗信息 ❖ 411

图 12-27 炮弹爆炸

摧毁敌人时,两个客户端都能看到坦克着火的特效,如图 12-28 所示。

图 12-28 坦克着火

等待几秒钟,一个客户端会弹出胜利提示,另一个会弹出失败提示,如图 12-29 所示。

图 12-29 战斗结果

## 12.9 完善细节

至此,我们也完成了坦克游戏的核心功能。在本书附带的游戏成品中,还对游戏做了一些细节上的优化。这些优化并不复杂,读者可以直接参考游戏代码。

### 12.9.1 滚动的轮子和履带

在坦克移动的过程中,会让轮子和履带滚动,使游戏更加真实(如图 12-30 所示)。

图 12-30 滚动的轮子和履带

## 12.9.2 灵活操作

添加使用鼠标滚轮调整相机距离的功能；添加点击鼠标左键开炮的功能；还调整了相机的角度（如图 12-31 所示）。

图 12-31　远距离观察坦克

## 12.9.3 准心

添加准心面板，显示准心（如图 12-32 所示）。

图 12-32　准心（注意中间的圆圈）

### 12.9.4 自动瞄准

当敌人在可视范围内时,坦克会自动旋转炮塔和炮管,使它瞄准敌人。

### 12.9.5 界面和场景优化

重新排布了游戏的界面和场景,使游戏美术提高一个层次(如图 12-33 到图 12-35 所示)。

图 12-33　优化版登录面板

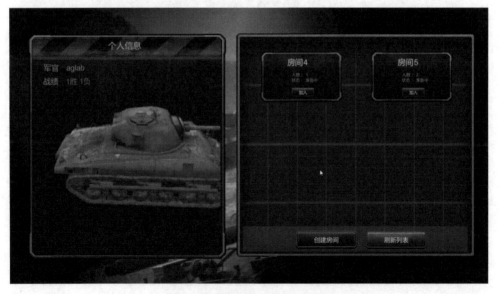

图 12-34　优化版房间列表面板

图 12-35 优化版房间面板

## 12.9.6 战斗面板

添加战斗面板,在战场中,该面板会显示玩家的血量,以及两个阵营还存活的坦克数量。读者可以在战斗面板上添加摇杆操作、小地图等功能(如图 12-36 所示)。

图 12-36 战斗面板

### 12.9.7 击杀提示

添加击杀面板,当玩家击杀敌人时,会弹出提示(如图 12-37 所示)。

图 12-37 击杀提示

## 12.10 结语

本书给予读者一个明确的学习目标,便是要制作一款完整的多人对战游戏,然后一步一步去实现它。读完本书,相信读者已经具备一定的游戏开发能力,也能够独立完成一款小型网络游戏。然而作为实例教程,本书偏重于例子中涉及的知识点,很多细节未能详尽展开。希望读者能够搜寻更多的学习资料,不断深造。

受限于作者的水平,书中难免会有错漏之处,敬请读者指正!如果读者制作出好玩的游戏,勿忘与笔者分享(aglab@foxmail.com)。